U0163066

Deep Things out of Darkness
A History of Natural History

探赜索隐

博物学史

【美】约翰·G.T.安德森 著　冯倩丽 译　祝锦杰 校

上海交通大学出版社
SHANGHAI JIAO TONG UNIVERSITY PRESS

内容提要

博物学源于人对周围事物的观察、认知和利用，它是世界上最古老的学科。早先它只服务于人类果腹蔽体的实际需求，演进至今，成为对植物、动物、矿物及周遭环境的系统性认知。本书作者约翰·G. T. 安德森是博物学家和生态学家。他通过讲述一群了不起的博物学家的经历和贡献，勾勒出博物学兴起、繁荣、衰落和复兴的历史。从约翰·雷、缪尔、达尔文到卡森，一代代博物学家突破艰难困顿，只为增进人对世界的了解。安德森汇集大量罕为人知的史料，用引人入胜的叙事风格书写从史前到当代的博物学历程。在生态环境急剧变化的当今世界，本书旨在唤醒人们心中的博物精神，重建人和大自然的紧密联结。

图书在版编目（CIP）数据

探赜索隐：博物学史/（美）约翰·G. T. 安德森著；冯倩丽译. —上海：上海交通大学出版社，2021（2023重印）
（博物学文化丛书）
ISBN 978-7-313-24776-6

Ⅰ. ①探… Ⅱ. ①约…②冯… Ⅲ. ①博物学－历史
Ⅳ. ①N91

中国版本图书馆 CIP 数据核字（2021）第 040354 号

探赜索隐：博物学史
TANZE-SUOYIN BOWUXUE SHI

著　者：[美] 约翰·G. T. 安德森		译　者：冯倩丽	
出版发行：上海交通大学出版社		地　址：上海市番禺路 951 号	
邮政编码：200030		电　话：021-64071208	
印　制：上海万卷印刷股份有限公司		经　销：全国新华书店	
开　本：710mm×1000mm　1/16		印　张：24.75	
字　数：326 千字			
版　次：2021 年 6 月第 1 版		印　次：2023 年 4 月第 2 次印刷	
书　号：ISBN 978-7-313-24776-6			
定　价：98.00 元			

致中国读者

亲爱的中国读者：

感谢你拿起这本书翻阅。非常荣幸这本书能被译成中文，希望你的阅读体验如我的写作体验一般有趣。我写作《探赜索隐》是为了帮助大家了解博物学这门和人类同样古老，又最终演化为现代生态学的学科。最重要的是，我希望带你认识历史上那些了不起的男女博物学家，随他们历遍山川湖海，赏尽丰饶万物，结交同侪诤友，随着这本书穿越时空，将他们的发现带回今天和所有人分享。如果这本书能激发你探索的热望，无论去环游世界还是观赏自家花园，对我而言就是这本书的成功。

约翰·G. T. 安德森

2021 年 3 月

博物学文化丛书总序

　　博物学（natural history）是人类与大自然打交道的一种古老的适应于环境的学问，也是自然科学的四大传统之一。它发展缓慢，却稳步积累着人类的智慧。历史上，博物学也曾大红大紫过，但最近被迅速遗忘，许多人甚至没听说过这个词。

　　不过，只要看问题的时空尺度大一些，视野宽广一些，就一定能够重新发现博物学的魅力和力量。说到底，"静为躁君"，慢变量支配快变量。

　　在西方古代，亚里士多德及其大弟子特奥弗拉斯特是地道的博物学家，到了近现代，约翰·雷、吉尔伯特·怀特、林奈、布丰、达尔文、华莱士、赫胥黎、梭罗、缪尔、法布尔、谭卫道、迈尔、卡森、劳伦兹、古尔德、威尔逊等都是优秀的博物学家，他们都有重要的博物学著作存世。这些人物，人们似曾相识，因为若干学科涉及他们，比如某一门具体的自然科学，还有科学史、宗教学、哲学、环境史等。这些人曾被称作这个家那个家，但是，没有哪一头衔比博物学家（naturalist）更适合于描述其身份。中国也有自己不错的博物学家，如张华、郦道元、沈括、徐霞客、朱橚、李渔、吴其濬、竺可桢、陈兼善等，甚至可以说中国古代的学问尤以博物见长，只是以前我们不注意、不那么看罢了。

长期以来，各地的学者和民众在博物实践中形成了丰富、精致的博物学文化，为人们的日常生活和天人系统的可持续生存奠定了牢固的基础。相比于其他强势文化，博物学文化如今显得低调、无用，但自有其特色。博物学文化本身也非常复杂、多样，并非都好得很。但是，其中的一部分对于反省"现代性逻辑"、批判工业化文明、建设生态文明，可能发挥独特的作用。人类个体传习、修炼博物学，能够开阔眼界，也确实有利于身心健康。

中国温饱问题基本解决，正在迈向小康社会。我们主张在全社会恢复多种形式的博物学教育，也得到一些人的赞同。但对于推动博物学文化发展，正规教育和主流学术研究一时半会儿帮不上忙。当务之急是多出版一些可供国人参考的博物学著作。总体上看，国外大量博物学名著没有中译本，比如特奥弗拉斯特、老普林尼、格斯纳、林奈、布丰、拉马克等人的著作。我们自己的博物学遗产也有待细致整理和研究。或许，许多人、许多出版社多年共同努力才有可能改变局面。

上海交通大学出版社的这套"博物学文化丛书"自然有自己的设想、目标。限于条件，不可能在积累不足的情况下贸然全方位地着手出版博物学名著，而是根据研究现状，考虑可读性，先易后难，摸索着前进，计划在几年内推出约二十种作品。既有二阶的，也有一阶的，比较强调二阶的。希望此丛书成为博物学研究的展示平台，也成为传播博物学的一个有特色的窗口。我们想创造点条件，让年轻朋友更容易接触到古老又常新的博物学，"诱惑"其中的一部分人积极参与进来。

丛书主编 刘华杰
2015 年 7 月 2 日于北京大学

前　言

　　我们生来都是博物学家，随后的发展则取决于每个人的机会、环境和境遇。很幸运，我的父母都是严肃的业余博物学家。我的母亲在生我之前是一名实验科学家，我的父亲则是一位古典考古学家，但他们都钟情于野生动植物和野外环境，以持之以恒的热情观察周围的环境。我在20世纪六七十年代的加利福尼亚州长大，在那时人们的普遍观念中，一个孩子不仅可以，而且应该尽量到户外锻炼自己。作为最后一代童子军，户外技能是我的看家本领。少年时代的每一个夏天里，我都会花上多达一个月的时间在塞拉山脉（Sierra）徒步、露营，在冰湖中游泳，从融雪汇成的溪流中畅饮未过滤的水。

　　我在夏令营独自锻炼了几个夏天后，父亲开始每年夏天都来访问一个礼拜，担任驻地家长，并指导我争取自然荣誉奖章。想要获得这枚奖章，我们必须认识很多动植物，并了解它们的生活范围、习性及周围的环境。我记得自己蹑手蹑脚接近在营地上游的石矶上晒太阳的旱獭时那种妙不可言的滋味，也记得在完成识别植物列表的最后关头，终于找到一株血晶兰时的如释重负。这些经历加上安德森教授的测试，让我深深体会到对自然的认识正像那枚奖章一样"来之不易"，而非唾手可得。

随后我进入加州大学伯克利分校学习。我可不是一个好学生。真希望我能把这一切归咎于花了太多时间躺在旧金山湾区的金山坡上，观察秃鹫盘旋翻飞，或者跪在地上观察花纹蛇在布满灰尘的小径上蜿蜒爬过。然而，我恐怕不得不承认自己只是懒惰和自满，当终于醒悟，发现我的成绩不够进入医学院学习时，一切为时已晚。

我至今仍想不通，为什么当时加州大学伯克利分校的医学院预科课程要求所有学生选修脊椎动物博物学或非脊椎动物博物学。这是一门由约瑟夫·格林内尔（Joseph Grinnell）创立的课程，他是使伯克利的野生生物学与东海岸研究机构并驾齐驱的先驱鸟类学家。我在书店买到了我的第一本乔尔·韦尔蒂（Joel Welty）所著的《鸟类的生活》（*The Life of Birds*），一翻开便深深着迷。课程由三位出色的博物学家共同教授：鸟类学家内德·约翰逊（Ned Johnson）、爬虫学家罗伯特·斯特宾斯（Robert Stebbins）和哺乳动物学家比尔·李迪克尔（Bill Lidicker）。除了常规讲座和实验，课程还要求学生周末在地区公园和野生动物保护区参加半天野外实践。为了之后的考试，我们要熟记加州脊椎动物的一个名录，还要用严格正规的格林奈尔法做野外笔记（至今仍记得，有一次我在生命科学大楼的洗澡间里碰到两个医学预科同学，他们正往马上要上交的笔记本上淋水。我问他们在干什么，他们答道，他们重写了笔记——这是明令禁止的——然后突然想起野外实践那天下着大雨。要是看到笔记光洁如新，上面一个雨点的痕迹都没有，助教一定马上就会发现笔记不是当天写的！）。

内德·约翰逊同意我一边修习他的鸟类学课程，一边在脊椎动物博物馆担任无薪的低级副院长助理，这令我一直感恩于心。这两个经历都让我直接接触了从博物馆创始人约瑟夫·格林奈尔和安妮·亚历山大（Annie Alexander）那里一脉相承的加州博物学传统。我记忆中的博物馆是个昏暗的、洞穴般的所在，从一扇贴着"不对公众开放"标识的普普通通的大门进入。屋内存放着数不清的鸟皮标本，每一个标本都妥善地贴着标签，每个标签都能关联到一本我在课堂上拼命效仿的野外笔记。这些笔记中，有的充斥着关于地点和动物行为的细节，有的则没有那么高的博物学价值，而是记述了很多博物学家的故事。它们都描绘了一个充满冒险和探索的非凡世界，给我的帮助远非学校的三尺讲台所能比肩。

在这一切中，最棒的当属格林内尔 - 米勒（Grinnell-Miller）图书馆，这间位于藏品一侧的小小房间灯火通明，存放着格林奈尔曾经伏案阅读的图书，每一本都贴着他的私人藏书票，上面是他的格言：Inter folia, Aves（意为"树叶间有鸟儿"）。奇怪的是，图书馆的书我一本都想不起来，只记得当时有个心愿，希望能建立一个装满鸟类学书籍的图书馆。这心愿至今仍萦绕心间。

在接下来的秋季学期里，我设法选修了比尔·李迪克尔和吉姆·巴顿（Jim Patton）的哺乳动物学课程，成为课堂上唯一的一个本科生，与博物学的不解之缘就此结下。巴顿除了在标本剥制术和野外考察方面给予了令我终生受用的肯定，还让我认识到，博物学首先是有趣的。博物学家可以走遍五湖四海，观赏自然奇观，结识奇人异士，并问出无休无止的问题。博物学是最生机盎然的、呼吸着的科学。在博物馆的午餐时间，我常常坐在那里听教授和研究生们讨论有关生态学和生物地理学的问题。我也意识到课堂上学到的与其说是"真理"，不如说只是一系列初步假设，而我们的工作正是要去挑战、检验，甚至推翻它们。

这一切都极其令人振奋。我仍然不是一个好学生，但至少我知道自己想做什么了，那就是以某种方式加入这群了不起的人的行列，他们的源流远比我所看到的还深远：内德·约翰逊是奥尔登·米勒（Alden Miller）的学生，米勒是格林奈尔的学生，格林奈尔读达尔文，而达尔文读洪堡（Humboldt）……他们踏上未知的旅程，他们欢笑，他们咒骂，他们在绝境中以腐败的食物充饥，他们与朋友争论，与论敌结交，每一段故事都成为历史长河中的佳话。经过漫长的时光，我也有幸从事了相同的工作，去过一些相同的地方，结识了一些在博物学史上留名的人物。

最终我成为一名教授，也有了自己的学生。他们中有些并不是好学生，至少最初不是。也有一些学生，他们的聪慧程度远非我此生能及。有一些需要关爱和耐心，另一些则仅仅需要一个机会来大放异彩。我试图找到一些普适于他们的教学内容，也努力让他们从我的错误中学习。近来，我常常遇到这样的人，当我问起他们对历史有何看法，了解些什么，他们总是答道："几乎一无所知，只知道它非常无聊。"这真是令人痛心，因为人一旦丧失历史，便无可避免地失去了与文化的联系，同时还失去了很大一部分自我——我们毕竟是个人历史的产物，而个人历史与地方、人类和文明的大历史中许多更广泛的概念紧密相关。

我承认我从不觉得历史无聊。历史是故事——记录了真实的人做过的真实的事，以及这些事对他们自身和我们产生的影响。如果你对一个事件发生的背景一无所知，就很难真正理解这个事件；如果你对一个人生活的世界有些概念，便能更好地理解他为什么会有某种所思所行。历史之所以如此引人入胜，是因为历史就是我们。历史是小道消息。历史是野蛮的、温柔的、启发的、压抑的、有趣的、讽刺的，但从不是无聊的。我们来自一条无限长的人和事件组成的链条，也是这链条上与未来相扣的一环。我希望这本书可以引领你了解那些人和故事，它们曾经启迪我投身科学，也加深了我对文化的理解。我们将一起展开一场旅行，希望你喜欢我这个同伴。

致　谢

　　很少有书籍仅靠作者单打独斗就能完成，这本绝对不是其中之一。我想感谢汤姆·弗莱施纳（Tom Fleischner）和其他组织者们的邀请，让我在 2009 年美国生态学年会的博物学论文报告会上做讲座，使本书的写作得以开始。汤姆和我相识于一次会议，我们一边讨论博物学、博物学家以及我们热爱的物种和地方，一边畅饮美酒。我想感谢的还有加州大学出版社的布莱克·埃德加（Blake Edgar），他在我仓促的讲座中发现了值得继续推进的内容。劳拉·哈格（Laura Harger）长期以来都是位有求必应的编辑，揪出了无数令我汗颜的低级错误，也帮我订正了许多会令我的语文老师大失所望的语法问题。我还想表达对莎拉·麦克丹尼尔（Sarah McDaniel）的感激，谢谢她的鼓励、编辑建议，并在我抱怨连天时不时提点。没有出色的学生也不可能有出色的老师，而我十分幸运，遇到了一群最优秀的学子。作为新月光社（New Lunar Society）的新生代，富兰克林·雅各比（Franklin Jacoby）、凯亚·克劳德（Kaija Klauder）、黑尔·莫雷尔（Hale Morrell）、卢卡·内戈塔（Luka Negoita）和罗宾·万·戴克（Robin Van Dyke）给予了我异乎寻常的帮助，他们帮我校对初稿、录入参考文献、指出错误观点、推荐更好的阅读书目，或在我写作时贴心地陪伴，谢谢你们每一个人。罗宾·奥因斯（Robin Owings）是一位十分耐心的插图顾问和制图员。感谢凯特·施莱伯（Kate Shlepr）为我倒了一杯又一杯印度奶茶，也提供了不少关于书籍、鸟类和自然的洞见。我还要感谢塞尔伯恩学会和伦敦林奈学会允许我使用吉尔伯特·怀特（Gilbert White）

的自然布道和书信，感谢特里夏·坎特韦尔-基恩（Tricia Cantwell-Keene）和桑代克（Thorndike）图书馆的员工帮我完成了无数次馆际互借。在我探访怀特的故居塞尔伯恩和达尔文的故居当村（Down）时，彼得罗妮拉（Petronella）和戴维·纳特拉斯（David Natrass）提供了住处和建议。在从自然博物馆到肯特郡郊区蜿蜒小巷的数次旅行中，我儿子戴维（David）是绝佳的向导和同伴。非凡的博物学家吉姆·巴顿无比慷慨地为我——这个三十年前想成为生态学家，如今多少有了几分经验的无知者——贡献了大量时间和热情。最后，我想感谢我的家人们，一直忍耐着我这个唠唠叨叨，总是自言自语地谈论着死者和新知的丈夫和父亲。没有他们神奇的茶饮和宽容，这本书将永远不能问世。本书的研究和写作经费，由亚特兰大学院（College of the Atlantic）的 W. H. 德鲁里（W. H. Drury）基金会提供，亚特兰大学院的职业发展基金（Professional Development Fund）也提供了支持。

目 录 | CONTENTS

图片目录

图片:

地图：

引言
亚当的任务，约伯的挑战

这本书既不是由一位专业历史学家所著，也不是写给专业历史学家看的。我并不想就科学和文化发展提出什么包罗万象的理论，只是致力于让那些为现代生态学的诞生创造了条件的尘封的人和故事重见天日。我的写作对象首先是那些高年级本科生和起步阶段的研究生，他们极大地丰富了我的教学和研究经历。其次但是同样重要的是，我是为那些严肃的博物业余爱好者们写的。长久以来，他们在博物学的发展和普及中扮演了非常重要的角色，却被日益理论化和高技术门槛的科学分支学科拒之门外。我希望这两个群体都能从书中获益，并在深入思考其学科历史的过程中得到享受。

在阅读本书的初稿时，一些学生问我为何选择《圣经》主题作为引言的题目。他们担心有的读者会因宗教主题而兴味索然，或者对作者及其意图产生误解。我有意选择了这个题目，但这与我是否信仰某种宗教无关。我认为，在评价历史和历史人物的过程中，必须考虑其所处的环境和背景。无论如何，西方文化与《圣经》有着一千七百多年的深厚渊源。不管你是神圣罗马帝国皇帝腓特烈二世（Frederick von Hohenstaufen）、塞尔伯恩的助理牧师吉尔伯特·怀特，还是自然选择学说的创立者查尔斯·达尔文，都熟知《圣经》中关于创世、秩序、历史和目的的各种典故。在这个文化共同体框架下的大量所思所写，包括本书的其中一条支线，都在讨论这个共同体如何影响了博物学的发展，以及博物学脱离这一共同体之后又发生了什么。宗教与科学历来同床异梦，但两者都是我们故事的一部分。

在《创世纪》的第 2 章中，上帝把大地上的所有走兽和天空中的所有飞禽带给亚当，由他来命名。亚当命名了上帝的创造物，对于他和上帝来说这似乎就足够了。然而在《约伯记》的 38 章到 41 章，上帝给出了一个相当于博物学核心研究项目的挑战。上帝教导约伯时，指出约伯对于上至天文学、下至动物学的各类学问都极度无知。约伯没有"感知到大地的呼吸"（《约伯记》38：18），也不知道"山岩间野山羊的生产时节"和"母鹿的下犊之期"（《约伯记》39：1）等种种谜题的答案，因此他也没有资格获得上帝的教导。

通过命名，人类对事物建立起共同的理解，以服务于社会结构中日益复杂的狩猎活动和土地利用。命名也为各种分类法提供了框架，将各种可比较的生态和行为方面的细节囊括在内。在某种隐喻意义上，亚当所启动的命名进程，正是约伯的前辈赖以立足、后辈继续由此建构的基石。然而可悲的是，随着越来越多的人迁居城市，我们开始面临一种危机，那就是过去对荒野建立起的理解如今已经消失大半。这可不仅仅是知识层面的损失——连荒野的存在都快忘却，何谈理解呢？相反，那些花费了大量心血去研究自然的人，就很难对此漠不关心。

人类在一个极度复杂的世界中演化，这种复杂在生物多样性和人类经验方面都有体现。人类文明中的很多努力，都是为了消除或替代这样的多样性，让我们的世界成为一个更好预测、更稳定的所在。我们耗费大量能源，以确保一天之中感受到的温度变化不超过几度，确保食物包装妥当，确保天灾人祸销声匿迹，确保无论在一个街区中还是整个全世界，我们的生活都秩序井然、安全无虞。这样一个控制得当的世界固然有无数优点，但仍应当思考其弊端：除了大量消耗能源进而影响全球气候以外，是否还有其他更严重的影响。如果人类是一个多样化的世界中自然对生命进行选择的结果，却有意无意地毁灭了这种多样性，最终难道不会反受其害吗？在这样的背景下，博物学成为一门教导我们欣赏、保护野生动植物和环境，乃至人类自身的基础性学科。

在解读历史的过程中，我们必须在心中牢记，犹如一千个读者就有一千个哈姆雷特一般，时代和文化会制造出一些共性和差异。我对没有互联网的旧世界仍有印象，但是我的学生们对此已经一无所知。我对没有直拨电话的时代几乎记不真切了，但仍记得年轻时听长者谈起过他们如何通过接线员通话，他们则知道那些记得最早一批邮票的人。我们有相似的交流需求，但是不同时代的不同媒介导致交流的工具和形式天差地别，这些差别反过来又和文化互相作用。当比格尔号（HMS *Beagle*）军舰上的达尔文想和远在剑桥的老师交流时，他会写一封信留在领事馆，或把信交给下一个港口的商人，希望路过的船只可以把它捎回英国。从写信到收到回信需要花费六个月甚至一年的时间。如今，我与远在新西兰的学生通话，比开几个钟头车探望附近的朋友还容易，甚至还更便宜。

我们可以讨论达尔文等候回信的迟滞和延误，但是否真的能够设身处地体会他的感受呢？我们对于很多事物习以为常，却很少意识到它们是如何塑造了我们的世界。在比格尔号上，达尔文没有携带相机，也根本没有相机可带。他带上船的是一位画师和一把猎枪，他射击动物，然后剥制或浸制了尽可能多的标本。19 世纪到 20 世纪早期至中叶的脊椎动物学家很少有不带猎枪的，但是 21 世纪的动物学家可能从未射杀过任何动物。这些差别令人困惑。一个聪敏过人的学生向我提起奥尔多·利奥波德（Aldo

Leopold）时说："他肯定不喜欢大自然。"我非常震惊，问她为何这么想。
她答道："他似乎总是在射杀动物。"我的学生完全想象不到：利奥波德在
扣动扳机射杀一只鹅的同时，对那只鹅、鹅群以及鹅群赖以生存的环境怀
有深厚的喜爱和尊重。事实上，他的喜爱和尊重很大程度上是在学习射击
的时候获得的。在理想状态下，历史是由故事和遭际连缀而成的链条，通
过它，我们不仅可以了解史实，也可以了解历史背后的环境和情感。我的
学生与我交谈，而我曾有幸与利奥波德的儿女交谈，他们曾和利奥波德一
起狩猎和耕种，比任何人都能直接感受到他对自然的感情。我可以给我的
学生讲述故事中的故事，或许有一天我的学生可以给其他人讲述故事中的
故事中的故事。只要我们维系着这样的联系，历史的链条就会一直延续
下去。

在我们试着去理解人对历史和自然的所见所感时，一定要谨记时间尺
度的重要性。很不幸的是，当代人在因"无聊"而拒绝历史时，对时间的
感受也同时萎缩：一切事物要么是"最近的"，要么是"古代的"，我们讨
论的不是尼克松（Nixon）和查理大帝（Charlemagne），就是恺撒·奥古
斯都（Caesar Augustus）。这是一种错觉，大大低估和小看了文化和自然
随时间改变的程度。亚里士多德出生于伯罗奔尼撒战争造成的社会和生态
惨剧之后，正如我的学生们出生于越战恐怖之后。阿蒂卡（Attica）橄榄
树林的毁灭之于亚里士多德时代的人，与东南亚红树林和热带雨林的毁灭
之于我们，一定是同等可怕的灾难。但是自斯巴达骑兵从狄西里亚
（Decelea）疾驰而出已经过了很久，此后发生的很多其他事件已彻底改变
了希腊的人和景致。

这本书意在给读者介绍三千年来，博物学发展史上一些重要的观念、
地点和人物。我基本上仅从欧洲和英美的角度写作，不是因为这是唯一一
种博物学，而是因为我感到这种方法有一定的内在逻辑和凝聚力，可以应
对从全球视野书写时所处理对象的庞大规模，且正是此种博物学催生了现

代生态学。

　　本书的每个章节都围绕着一个或一群在博物学学科发展中居功至伟的人展开。采用这种写法经过了很多考量，不仅因为那些有趣的人在历史上真实地存在过，也因为不管是广义上的科学还是博物学这门学科，都是由人的追求所造就的，他们的背景、动机和意图各异，却一次次被发现的喜悦联系在一起。

　　直到大约 18 世纪，现代科学的工作就算不是全部，也仍有大部分是由博物学家们从事的。他们大多是真正的饱学之士，精通我们现在称之为化学、物理、植物学和动物学的各种领域，又对哲学和神学深为关切。虽然现在看来，那时人们眼中的科学本质上有些可疑：没有一个现代科学机构会在天文课和解剖课上传授占星术和巫术，然而很多博物学的奠基人却能轻而易举地把这些元素融合在他们的宇宙观中。这令事情变得有点混乱，也可能使我面临厚此薄彼的指责——为什么收录这个人而排除另一个？我只能接受这一指责，因为我发现有些人天生就比其他人更有趣，有些故事比其他故事更有教益。我不想佯装这是门有定论的历史，但希望到最后，我能激发你的兴趣或质疑，让你迫不及待地列举出你自己心目中的英雄们。

第一章
从狩猎-采集者到众王之王

显然，史前人类并未给我们留下他们是谁、又做了什么的文字记录。我们不得不求助于史前器物和口述史，或对相似环境中使用相似技术和资源的较新近人类进行比较研究，以推断他们的故事。这些方法无疑是不够准确的，尤其是当我们不得不把假设建立在一个文明或文化的碎片上时[1]。然而一些规律总是频繁地出现，使我们能够对各种门类的博物学在早期人类社会中扮演的角色做出合理的假设。

《约伯记》中，上帝提出的许多问题都在探究一些对游牧民族甚为实用的知识，这些问题也近乎一个寓言，讲述了人类定居下来后，如何不可避免地与广阔荒野丧失了联系。如今，享用着深度加工、充分烹饪、开袋即食的食物，我们的失去仿佛只存在于美学意义上。我们同意威廉·华兹华斯（William Wordsworth）所说的，人们"对他们享有的自然所知无

---

[1] 见麦考利（Macauley），1979。

几"，且至少在眼下看来，个体对自然的理解和体验早已不再生死攸关。狩猎-采集者却是很讲求实用的群体，因为他们不得不如此。猎物和其他资源的分布和多寡通常都随着季节剧烈变化，有时富足有余，有时却青黄不接①。一个地方的人口在一代人内和几代人间都可能大幅波动②。认为西方以外的社会就一定更加平衡、和谐，其自然环境也更加稳定，这些传统的观点在更深入的研究后已经遭到质疑③。要想生存，人类必须积累关于猎物习性的知识。在这个意义上，博物学非常古老，可能是我们的科学中最古老的一门。早在阅读纸上印刷的书籍之前，人们就学会了如何阅读自然。云朵、海洋、动植物的习性和季节可不仅仅是有趣的外界现象，而是日常生活的核心要素。

在一个狩猎-采集型社会，或者说在所有社会中，一次狩猎的成败都部分地取决于当地的捕猎能手能否在社会禁忌和部落需求的约束下找到猎物、管理猎物。猎物种群的生长、繁殖和迁徙模式影响了狩猎活动中伴生的文化习惯。精通某些食物来源，并且掌握专门化的猎物物种知识，有相当的益处。但是在高度变化的环境中，过度专门化也是冒着真正的风险。

有证据表明，过度捕杀并不只限于某一个文化或地域内的人类族群。例如，在法属波利尼西亚（Polynesia），技术发达的人类对无辜的动物大开杀戒的事迹层出不穷④。当毛利人踏入新西兰时见到了种类出奇繁多的鸟类，其中就有世界上最大的不会飞行的鸟类：恐鸟（*Dinornis*）。毛利人是擅长远途航行的海上民族，靠捕食鱼类和其他海洋生物为生，但过去他们的祖先也曾以岛屿鸟类为食⑤。毛利人在新西兰发现了一个货真价实的

---

① 引自威廉斯（Williams）、内瑟（Nesse），1991，及其参考文献。
② 布恩（Boone），2002。
③ 佩恩（Penn），2003；亦见于克雷齐（Kretch，2000）和马丁（Martin，1984）。
④ 斯特德曼（Steadman），1989；亦见于皮姆（Pimm）、莫尔顿（Moulton）和贾斯蒂斯（Justice），1994。
⑤ 斯特德曼，1995。

猎人天堂：不会飞的鸟类对陆地哺乳动物配合无间的围捕毫无防备。弗兰纳里（Flannery）论述的考古学证据表明，毛利人的屠杀极度浪费，捕获的大部分鸟都没有吃掉[1]。两百年间，恐鸟被捕杀大半，当欧洲人登陆时，新西兰鸟类昔日的繁荣只剩浮光掠影。

在各种社会中，精通可食用动植物相关知识的人都享有极高的地位。尽管把一个群体的文化投射到其他我们知之甚少的群体里是很危险的，但根据最近在瓦肖（Washoe）、派尤特（Paiute）和肖松尼（Shoshone）文化中观察到的，选拔生态专家、捕猎能手以及烹饪大师的习俗或许由来已久。大盆地人（Great Basin people）中的"捉兔大王"和"捕羚羊能手"负责规划狩猎，并指导其他部落成员捕捉和处理猎物[2]。同时，捕猎能手自身也必须熟知猎物及其他动植物方方面面的知识。

从这个角度来看，捕猎能手正是博物学家，他们钻研一种物种或一个类群，并在当地被拥戴为这一物种或类群的专家。在后面（第十章）洪堡遇到委内瑞拉"毒物大师"的事件中将会讲到，人们对这种形式的博物学带有一些异样的"感觉"。这些本地专家的行为方式和维多利亚时期的博物学家可能大同小异（至少在野外是如此），最终结果却大相径庭。本地专家研究的目标实际又简单，那就是吃起来怎么样。维多利亚时期的博物学家却对研究结果是否影响饮食质量满不在乎，他们的目标是满足好奇心以及（或者）赢得社会声望。

从到达狩猎地点的时机和方式，到狩猎对某种物种的影响程度，旧石器时代人类的觅食行为，乃至整体的生活方式一直是学界争论不休的主题[3]。如果使用理论生态学中的成本收益模型，看似很好推断学习动植物

---

[1] 弗兰纳里，2002。

[2] 关于瓦肖人狩猎活动的一段虚构的描述见桑切斯（Sanchez），1973，亦见于克莱默（Clemmer），1991。

[3] 见瓦格斯帕克（Waguespack）、苏洛维尔（Surovell），2003，及两人在海恩斯（Haynes，2009）书中关于食物选择，以及美洲狩猎-采集者是精通还是博学的讨论。瓦格斯（转下页）

的相关知识时是该精通还是博学，但文化范式和时间的推移必然会影响人们觅食时的决策，也就决定了他们要在环境中学习什么。例如，性别便会影响人对景物和环境的理解①，不过切忌把现代的男女的分工概念强加到完全不同的原始社会中。流行观点一直把捕杀大型猎物视为史前社会生活的重心，但事实上很少有史前文明能仅靠捕猎大型动物生存。寻找、加工和烹制食物都需要对环境有不断深入的了解，这为一千年后博物学中许多更加抽象的概念的出现奠定了基石。

随着人类文明从流动的狩猎采集转向动物饲养，直至最终过上定居的农业生活，人们的视野愈加宽广，从直接的狩猎转向可控的生产和收获。很多狩猎-采集型社会似乎都建立了复杂的土地管理系统，以便更好地获取猎物和采集果实。口述史和岩芯地层学中都有大量证据表明，史前人类曾通过定期焚烧来重塑树林、灌木和草地的结构。早期探险家在美洲和东非发现的多处"自然"景观，在进一步考证后都被证实为精心焚烧的结果。对于史前人类来说，焚烧不仅是为了清理土地，也是一种文化活动，有助于迁徙和提高食物产量。

农业耕作需要一种全新的人地关系。人在一片土地上花费心血越多，就越安土重迁。倘若一个人已经通过勤恳的劳作开垦出大片土地，白手起家建立起家园，亲手选育出理想（或不理想）的动植物种类，那么一旦他遇到减产，就会更愿意动动脑筋而不是靠搬家来解决问题。耕作让人们在固定的地点时时照顾农田，不再四处迁徙，也可以避免在缺少控制的环境

（接上页）帕克在2007年对这些讨论做了一次详细总结，莱曼（Lyman, 2006）及莱曼和沃尔弗顿（Lyman & Wolverton, 2002）是两个质疑欧洲人定居之前，美国的狩猎活动对哺乳动物数量的影响的例子。格雷森（Grayson, 2001）[引用了约翰·阿尔罗伊（John Alroy）的反驳和对其反驳的反驳]坚决反对把人类狩猎和更新世大灭绝扯上关系。更全面的讨论亦见于2006年巴诺斯基（Barnosky）、科赫（Koch）、费拉内克（Feranec）等，认为大灭绝的确有人为原因，但也探讨了和气候变化的关系。
① 瓦格斯帕克，2005。

中遇到莫测的危险。

从游牧生活到定居状态的转变，对于博物学弱化实用性、走向抽象的发展至关重要。很多学者已经讨论过了这一转变过程中的生态经济学机制[①]，它在不同时代和地方反复发生。在本书里，我暂时只讨论印度和叙利亚之间，包括"新月地带"（Fertile Crescent）在内的近东地区的历史[②]。这一地区，特别是底格里斯河和幼发拉底河间的两河流域，一直被视为西方文明的发源地。

不同于美洲，欧亚大陆上有很多中小型哺乳动物可以被驯化为家畜。大约九千到一万年以前，近东地区的人驯化了山羊和绵羊[③]。差不多同一时间，野牛也被驯化为不同品种[④]。农业劳动越来越繁重，牛群不但产出牛肉，也开始提供畜力。马似乎是很晚才被驯化的，可能要到公元前 3500 年[⑤]。最早的牧马文明在哈萨克斯坦地区和其他中亚地区而非更南边的新月地带发展起来。马被驯化之初，既是提供乳汁的奶畜，也是载人拉橇的力畜。后来亚洲军队凭借骑兵而所向披靡，横扫东西。无怪乎欧洲人一有条件就立即开始驯养马匹。

经过漫长的光阴，早期狩猎-采集者的实用博物学演变为如今的农业生态学。成功的农夫发明了开垦不同类型土壤的技艺，熟知种植的水分需求以及播种、收获的正确时令，知道哪些植物合种起来相得无间，哪些又水火不容，对病虫害和其他导致减产的潜在因素也都了然于心。成功的农夫就像成功的狩猎-采集者一样，传授有用的技巧，摒弃事倍功半的徒劳。有的人把精通这些技艺视为与神明"感应"，也有人认为这只是靠运气。

11

---

① 见阿尔瓦尔德（Alvard）和库兹纳（Kuznar），2001。
② 布雷斯特德（Breasted），1920。
③ 关于山羊，见泽德（Zeder）和赫西（Hesse），2000；关于绵羊，见佩德罗萨（Pedrosa）、乌尊（Uzun）、阿兰斯（Arranz）等，2005。
④ 贝雅-佩雷拉（Beija-Pereira）、卡拉梅利（Caramelli）、拉鲁兹-福克斯（Lalueza-Fox）等，2006。对驯化过程和历史更全面的综述亦见于克拉顿-布罗克（Clutton-Brock），1999。
⑤ 乌特勒姆（Outram）、斯蒂尔（Stear）、本德雷（Bendrey）等，2009。

直到今天，还有赛马饲养员不情愿接受太多科学知识，而是喃喃着："好马喂好草，其余天照料。"恐怕从人类开始从事农业生产、饲养家畜起，相似的情绪就普遍存在了。这样的早期博物学尚未成为一门探索知识或理解世界的学问，却为后来博物学家的工作奠定了基础。

　　学术性博物学的萌芽出现在亚述人（Assyrians）中，这一古老民族的君主世代统治着大部分中东地区，直到公元前 7 世纪米底人（the Medes）将他们击溃。在巅峰时期，亚述人的疆域南至埃及北部，北至土耳其中部，东达现代伊朗的西部边界。亚述帝国的中心建立在新月地带，因此很适宜发展出复杂的文明。他们铺设四通八达的道路网，将王国的城市连接起来，在近东地区到处开展贸易。他们发展出现代的农业和畜牧业，还参与天文学、医学和哲学研究，对后来的老普林尼和亚里士多德等学者都产生了深远的影响。

　　亚述浮雕刻画了折磨、奴役和摧坚陷敌的内容，但同时也表现出愈发细腻的艺术感受力，刻画自然时愈发兼具风格和写实[1]。亚述统治者打造了猎苑和"天堂"，陈列从全国各地精挑细选的奇花异兽[2]。这为研究自然状态下的动物创造了机会，同时也催生了古代世界七大奇迹之一——巴比伦空中花园的故事。

　　在今天看来，公元前 668 到公元前 626 年尼尼微和巴比伦的统治者亚述巴尼拔（Asurbanipal）[3]，或许可以被尊称为博物学之父。近东地区的其

---

[1]　尼尼微发掘者奥斯汀·亨利·莱亚德（Austen Henry Layard）的半通俗自传见沃特菲尔德（Waterfield, 1963）。莱亚德本人的著作，包括 1867 年出版的《尼尼微和巴比伦：1848、1850 和 1851 年第二次亚述远征的故事》（*Nineveh and Babylon；A Narrative of Second Expedition to Assyria during the Year 1848，1850，and 1851*），不仅是精彩的游记，也是对真实考古场景的生动描述。亦见于史密斯（Smith, 2002）[1875]。

[2]　奥本海姆（Oppenheim, 1965）和戴利（Daley, 1993）。

[3]　沃克（Walker, 1888）概括了亚述巴尼拔的事业和贡献。彼得（1993）讨论了亚述早期农业生态的几个方面。迪克（2006）生动地描绘了亚述巴尼拔宫殿中的浮雕，并讨论了亚述世界观和后来有关《圣经》的文本间可能的关系。

他统治者也在一定程度上建立了对自然的科学研究，但是亚述巴尼拔带来了系统性的研究。他的图书馆保存着大量早期学者撰写的文献，记载了已知最早跳出功利实用、志在探索世界的研究。

12

亚述巴尼拔的曾祖父萨尔贡二世（Sargon）原是亚述军队的军官，在一场政变中篡夺了王位。萨尔贡的子孙们筹谋策划，为争夺、捍卫王位和扩张领土杀出了一条血路。亚述巴尼拔不仅是雄才大略的军事指挥家，还充分利用对手内部的纷争和混乱，把亚述的疆土扩张到许多未曾征服、人迹罕至的地区。

摧枯拉朽的征战过后，亚述巴尼拔回到了尼尼微，在那里统治了二十年，这段时间是新月地区亚述文明的黄金时代。这位众王之王似乎一直是位收藏家，也有几分审美。他的宫殿远比先王富丽堂皇、精雕细琢。尼尼微的考古发掘中也出土了许多细节丰富的浮雕板，描绘了亚述巴尼拔猎狮、凝望他的"天堂"、执行王政和举办祭祀活动的情景。在这些图像中，对植物和动物细致入微的刻画尤其引人注目，说明国王和他的拥趸可能对逼真的自然描绘情有独钟。

在尼尼微发现的王室生活图景的确很重要，但更重要的一个发现当属收录了大量楔形文字泥板的大型图书馆，其中汗牛充栋的藏书一定曾经占据了王宫的大量空间。堆积在宫殿底层的泥板碎块厚达一英尺多，所处位置则说明它们不是简单地被弃置在地下储藏室，而是楼板不堪重负垮塌后，从上面的楼层掉落了下来。很多泥板已经被破译，它们大多是一些散佚了原书的古老文献的摹本。在亚述巴尼拔图书馆的珍宝中，就有或许是现存最古老"书籍"的《吉尔伽美什》（*Epic of Gilgamesh*），还有一块泥板上记载着一场大洪水，可能就是《圣经》里挪亚方舟故事的原型。在这里，我们还从关于贸易、商业、医学的文本中首次发现了对自然事物进行系统排序的证据，其中有卷帙浩繁的植物志，描述了一百多种药用植物。

我们无法证明亚述巴尼拔本人是否也参与了博物学的实际研究，因此对于作为科学而非生活形式的博物学，把这位国王和这个历史时期视为开端的确有些武断。图书馆已经释读的文献中，大部分与植物有关的内容都因涉及医学功效而尤为实用。从这个角度看，亚述人做的事情和两千年后中世纪僧侣和修女们仍在做的并无二致。尼尼微的图书馆和皇家阁苑的图景预示着更广阔的主题：适当的资助可以促成伟大的事物；知识既能超越前人，也能留存下来启迪后人；书面文字具有口述传统不能比拟的连续性和精确性。

　　不幸的是，亚述巴尼拔虽然是亚述最伟大的君主之一，却是亚述最后一位伟大的君主。在他死后，王国外患愈烈。公元前 607 年，尼尼微因米底和巴比伦联军的叛乱而覆灭①。据记载，两个多世纪以后亚述巴尼拔图书馆仍有大量遗存，启发了亚历山大大帝批准建立他自己的图书馆——亚历山大图书馆。不过，这个图书馆更可能是亚历山大的将军托勒密及其继任者建立的。讽刺的是，亚述巴尼拔图书馆的藏书因书写在黏土泥板上得以保留，而更为现代的亚历山大图书馆的藏书则因使用可燃的纸莎草被焚烧殆尽。

　　早在亚述帝国开始衰落时，希腊城邦国家的富强稳定就促进了天文学、医学、植物学、动物学、数学等学科的发展，然而直到希腊也开始衰落的时候，才出现了第一位名副其实的博物学家，对世界做出了第一次真正的百科全书式描述，他就是亚里士多德。

---

① 约翰逊，1901。

第二章

一位奇人：亚里士多德和希腊博物学

查尔斯·达尔文的博物学生涯始于如饥似渴的阅读，他从前人的著作中汲取养分，为之欣喜若狂。在去世仅仅两个月前，达尔文在一封信中写道："我深深崇拜亚里士多德的功绩，但远远无法想象他是个多么奇妙的人。林奈（Linnaeus）和居维叶（Cuvier）是我在不同领域内的两大偶像，但是比起亚里士多德，他们简直就是小学生。"[1]

虽然达尔文紧紧追随着亚里士多德的脚步，完成了很多观察和记录工作，也曾在学校里了解其生平和建树，但是从这信件看来，达尔文显然没有真的读过亚里士多德[2]。这并不奇怪：虽然亚里士多德创建了现代生物学的框架，但 19 世纪涌现出大量新研究，让人们在求诸当代学问的过程

---

[1] 达尔文的话引自希瑟（Heather，1939），第 244 页。
[2] 达尔文的信件可从达尔文书信项目（Darwin Correspondence Project，www.Darwinproject. ac. uk/home）获得。在 1879 年写给克劳利（Crawley）的信中，达尔文明确提到自己从未阅读过亚里士多德。

中将他遗忘。达尔文的上一代人，威廉·麦吉利夫雷（William
Macgillivray）在著作《杰出动物学家们的生活》（*Lives of Eminent
Zoologists*）中否定了亚里士多德，因为"现代博物学家读他的书不再是为
了获取有用信息，而仅仅是为了满足好奇心"[①]。

　　这样的趋势愈演愈烈，令人扼腕叹息。现在的人们即使想起亚里士多
德，最多只知道他是柏拉图时代的一位哲学家，搜集了大量资料供后人援
引。这些评价严重低估了亚里士多德，他是博物学草创时期的中坚力量。
亚里士多德及其追随者划时代的思考方式是科学研究的肇始。他引述的某
些材料确有讹误，但是大部分时候都是对的——他早就准确地预言了以后
的学者会在哪里栽跟头[②]。

　　公元前 384 年，亚里士多德出生在希腊东北部城市斯塔吉拉
（Stageira）[③]。其父是亚历山大大帝祖父的御医，英年早逝，留下年幼的亚
里士多德由监护人抚养长大。小时候的亚里士多德像达尔文一样，并没有
表现出过人的天分，但又不像达尔文有敏慧的叔父和严厉的父亲提点。他
耽于美酒、女色和音乐，早早就把继承的遗产挥霍一空，最后沦落到以在
雅典卖药为生。

　　搬到雅典后，尽管有过消沉和放纵，亚里士多德却迎来了人生的转折
点。他一到雅典便进入柏拉图学园学习，在那里接触到哲学，并一跃成为
柏拉图晚年的得意门生。在柏拉图去世前后不久，或许因为不满于学园继
承人的人选，也或许因为雅典人对北方"蛮夷"日益排斥，让亡父与马其
顿渊源颇深的亚里士多德不堪其扰[④]，他在年近四十之际离开了雅典，来

15

---

① 麦吉利夫雷（MacGillivray），1834，第 64 页。
② 例如，亚里士多德正确地分辨出了鬣狗的雄性和雌性（《动物志》Ⅵ：32，《亚里士多德全
　集》，1984），而很多后来的作者误把雌性斑鬣狗肥大的阴蒂当作阴茎，认为鬣狗没有雌
　性。我引用牛津重新校勘的《亚里士多德全集》（*The Complete Works of Aristotle：The
　Revised Oxford Translation*）来讨论亚里士多德本人所说的话，而非转引他人。
③ 麦吉利夫雷（1834）提供了很多宝贵的资料。
④ 赫劳斯特（Chroust），1967。

到小亚细亚的密西亚（Mysia），进入了波斯人的地盘。

公元前 539 年，居鲁士大帝（Cyrus the Great）攻陷巴比伦，波斯帝国从亚述帝国的废墟上崛起，雄踞一方[1]。接下来的五十年里，帝国稳步扩张，把埃及、以色列等亚述曾经的领土重新统一，又征服了如今土耳其所在的地区。公元前 498 年，雅典人在小亚细亚和希腊东部岛屿插手波斯人的统治，导致当地发生了大规模叛乱。平定叛乱后，波斯人挥师入侵希腊，打击这位在帝国西境上多生事端的强邻。

尽管兵力占优，波斯人却无法征服希腊，耻辱败绩包括公元前 490 的马拉松（Marathon）战役、公元前 480 年的萨拉米斯（Salamis）战役和公元前 479 年的派拉提（Platea）战役。波斯人不能在战场上克敌，便积极地在希腊城邦中寻衅滋事、挑拨离间。在伯罗奔尼撒战争的最后阶段，波斯人起到了至关重要的作用，他们不惜血本地为斯巴达舰队提供军费和武器，令其在生死攸关的伊哥斯波塔米（Aegospotami）一役中战胜了雅典人。

波斯人可以容忍希腊人居住在小亚细亚，却不会信任他们。来到密西 16
亚三年后，亚里士多德被控与资助他的首相赫米亚斯（Hermeias）密谋颠覆波斯帝国。阿尔塔薛西斯（Artaxerxes）下令处死赫米亚斯，而亚里士多德则逃往列斯堡岛（Lesbos），在那里迎娶了赫米亚斯的养女。可能正是在列斯堡岛上，亚里士多德与好友兼最出色的学生塞奥弗拉斯特（Theophrastus）一起，开始从事博物学。

早在亚里士多德之前，在希腊就出现了博物学研究[2]，有些学者认为米利都的泰勒斯（Thales of Miletus，前 624—前 540）才是现代科学概念的真正奠基人。泰勒斯拒绝用神秘原因解释事物，而是为自然现象探索理性解释。亚里士多德的一些观点似乎也源自泰勒斯，不过就算泰勒斯曾做

---

[1] 波斯历史和文化见布赖恩特（Briant），2002。
[2] 亚里士多德和前苏格拉底哲学见法伦奇（French），1994。

过与亚里士多德同等水平的研究，恐怕也早就失传，无从考证了。

　　泰勒斯之后，希腊哲学家开始关注更加抽象的问题。苏格拉底和柏拉图已不再关心博物学，如苏格拉底在《斐德罗篇》（Phaedrus）中的宣言所说："旷野和树木没法教给我任何事，但是城市里的人可以。"① 亚里士多德则重拾前苏格拉底时代哲学家未竟的事业，在这片被遗忘已久的领域上展开了自己的研究。

　　亚里士多德的研究方法和现在的研究生非常相似：先调查一番前人的研究，然后致力于在此基础上推陈出新。一旦确定某个题目有研究价值，便走出去进行实地观察，看一看是和已有研究相洽，还是偏差大到值得进一步研究并发表。

　　亚里士多德的很多著作都是描述性的，他一定曾多次亲手操作或观摩过动物解剖。《动物之构造》（Parts of Animals）读起来像一本严谨的解剖学笔记。有些署名亚里士多德的植物学著作，则应该是由塞奥弗拉斯特撰写的，因为亚里士多德本人似乎专精于动物学。如今已很难确定这些著作的具体归属，毕竟很多亚里士多德名下的作品事实上可能是"亚里士多德学园"的成果，用今天的话来说，是"来自亚里士多德的实验室"或"亚里士多德的课堂笔记"，而非大师亲著。

　　亚里士多德发现，有些生物拥有若干共同的生理特征，其他生物却没有，这是迈向系统分类学的第一步。但他在生物分类方面的建树止步于发现物种之间的相似之处，从未建立起更宏观的层级关系，有些分类依据还显得十分想当然（例如，按照有无红色血液为动物分类）。尽管如此，他的研究还是瑕不掩瑜，达到了令人赞叹的广度。任凭谁随手翻开《动物志》（History of Animals），都能深受启发，如获至宝。

　　亚里士多德还探讨了一些在现代属于生态学或动物行为学范畴的问

---

① 卡里（Cary），1882，第 334 页。

题。在写作时，他在自己的观察记录中穿插了他听来、读到的内容。亚里士多德还给读者提供了观察的方法和建议。例如，在《动物志》的第九卷，他指出"那些较为隐蔽和短命的动物的习性，比那些较为长命的动物更难察觉"[1]。这个提醒如今仍然适用。还是在这本书里，他描述了我们现在称为"营养级联"（trophic cascade）的概念，不过在他看来那是动物们在相互"开战"。这些内容有的是亲眼所见，有的是道听途说。他这样提到金莺（oriole）："传说，它最初是从火葬的柴堆里诞生。"[2] 异想天开，对吗？的确。但请注意，亚里士多德已有言在先，这是"传说"，而"诞生"若理解为"孵化"这一现代概念，就一点都不神秘了。像达尔文一样，亚里士多德会请教那些经常接触到动物的人：养蜂人、采海绵的潜水员、渔夫等，以获得他们常年和这些生物打交道的经验。

亚里士多德的哲学研究是令人耳目一新的突破，挣脱了之前纯粹服务于生产的农业生态学研究和当时西方人深信不疑的有神论。如果任何一个"为什么"都可以简单地用"因为神说了算"来回答，科学探索恐怕就无从开始。有了苏格拉底的前车之鉴，亚里士多德总是谨言慎行，免得犯下渎神之罪，但是他的研究无异于宣告：神不再是万能的——一个人如果愿意，他尽可以信神，但是亚里士多德的科学是建立在货真价实的证据而非信仰之上的，有了这样的突破，真正的科学研究就可以开始。逃亡列斯堡岛时，亚里士多德得以闲下来好好观察动植物，并且很快就得到了一笔资助来拓展他的研究。

在雅典人称霸希腊的黄金时代，马其顿在希腊人眼中不过是一个民智未开的野蛮国家。但野心勃勃、骁勇善战的马其顿人对此恨之入骨。亚历山大大帝的父亲腓力二世，梦想着自己的儿子有一天可以统一希腊、抗衡波斯，所以想确保他受到最好的教育。王位继承人可不能轻易送到国外去

---

① 亚里士多德，《动物志》Ⅸ：1，《亚里士多德全集》，1984。
② 亚里士多德，2004，第 249 页。

学习，因而必须找来一个合适的老师在朝中教学。

亚里士多德应诏从列斯堡岛动身来到马其顿，成为年幼的亚历山大的老师。这一机遇十分难得，却也吉凶难料。马其顿王室俨然是希腊政坛冉冉升起的新星，有幸教导希腊未来可能的统治者是多么百年不遇的良机。然而，马其顿的野心能否成功还是个未知数。前往马其顿无异于向当时的希腊人宣告，亚里士多德已不再效忠旧朝。他日无论马其顿落败于希腊还是波斯，作为储君帝王师的亚里士多德都必将大难临头。

公元前 343 年，亚里士多德动身北上，为亚历山大当了四年老师，塞奥弗拉斯特可能也伴随左右①。看样子腓力二世对这位老师十分满意，不仅资助他进一步研究，还慷慨解囊为亚里士多德重建家乡——此前毁于马其顿进攻的斯塔吉拉城。公元前 338 年，亚历山大在喀罗尼亚战役（battle of Chaeronea）中上阵杀敌，在这场战役中他的父亲击败了底比斯和雅典联军，使马其顿成为当之无愧的希腊霸主。两年后，腓力二世摩拳擦掌准备入侵波斯时，却被自己的护卫刺杀。

尽管有些蛛丝马迹表明亚历山大参与了这桩刺杀，他还是顺利继承王位，继续推进攻打波斯的大业。这期间，亚里士多德似乎留在了马其顿。不过麦吉利夫雷认为，亚里士多德也可能跟着亚历山大一起到了埃及，又在公元前 334 年回到了雅典②。尽管这一行程没有明确记载，但可想而知，跟着富有的赞助人穿越中东地区，是所有博物学家都梦寐以求的旅行。不过行军苦不堪言，战场又危机四伏，亚里士多德若决定明哲保身、提前退休也不难理解，他可能先回到了马其顿王庭，然后回到雅典建立起自己的学园。

我们永远没法搞清楚亚里士多德的完整足迹，但是他著作中提到的一些动植物种类清楚地说明，亚历山大东征带来的大量新标本使他受益良

① 汉密尔顿，1965。
② 麦吉利夫雷，1834，第 64 页。

多。亚历山大的胜利也为希腊人和精通新领域的学者们解禁了大量古典文献。在亚历山大远征波斯，屡战屡胜的时候，这对师生一直保持着联系。但可能是因为亚历山大越来越受到波斯文明的同化，他们最终分道扬镳。

　　亚里士多德回到雅典是明智之举。雅典人感激亚历山大大帝在喀罗尼亚惨败后放了他们一马，而亚里士多德早已声名远扬。他在吕克昂（Lyceum）建立了自己的学校，在那里教书和写作十二年之久。他的教学方法之一，是一边和学生散步穿过城市和郊区，一边讲授哲学和博物学。因为这种教学方法，亚里士多德的学生被称为逍遥学派（Peripatetics）或漫步学派（Walkers），这个名称已经成为整个哲学学科的代名词。在亚里士多德继续梳理物质和精神世界的时候，这些漫步者们功不可没。

　　在哲学方面，亚里士多德主张"自然目的论"（"natural teleology"），认为万事万物存在皆有原因，不仅仅出自偶然或神的意志[1]。在他看来哲学家既该知其然，又该知其所以然，不仅要尽可能忠实地描述外部环境和事物，还要解释其背后的原因。为此，亚里士多德提出了"四因说"：质料因、形式因、动力因和目的因[2]。他认为科学家有责任就各种问题解释这四种原因。尼古拉斯·廷伯根（Nikolas Tinbergen）著名的"四个为什么"（"Four Whys"）就以这个框架为核心，来解释动物行为的原因[3]。亚里士多德和廷伯根都没有规定哪一因居首，而是留给观察者自行决定。他们认为每一因下都大有可为，而一个理论如果旨在解决"终极"问题，那么对

---

① 迈耶（Meyer），1992。
② 亚里士多德，《物理学》（*Physics*）Ⅰ：3，《亚里士多德全集》，1984。
③ 廷伯根（Tinbergen），1963。廷伯根认为，解释一种行为可以根据其直接原因、有机体的个体发育、行为对于生存的直接价值，以及有机体的进化史（系统发育）。虽然廷伯根这四种解释和亚里士多德的四因说不能完全对号入座，但它们显然是从四因说演变而来的。廷伯根没有提到亚里士多德，不知是觉得没有必要，还是像达尔文一样没有读过原文。

四因讨论得越充分越好，最好能全部涵盖①。

　　亚里士多德的"自然目的论"还是没有完全脱离有神论的解释。他坚称万事万物都有一个终极原因——一个发动、创造了万物的"不动的原动者"——这有点像玩文字游戏。想象一下放学后，吕克昂学园的学生满腹狐疑地散去，想着"原动者"和神到底有什么区别？尽管如此，亚里士多德强调要研究人类感官可直接感知的事物，这让博物学在思维方面达到了纯神学解释难以企及的高度。

　　亚里士多德认为，并没有一种普适于万事万物的解释或证明：人们可以通过整体解剖来了解人体的结构，也可通过局部解剖来研究肝脏的构造，但是却不能简单地通过肢解尸体来解释什么是爱。但肝脏和爱都值得好好研究，也都可以进行观察、描述和分类②。

　　除了给后世的科学家指出研究方法，亚里士多德还搜集了大量的资料，将其整理得清晰简明，里面不仅有对生物特征的严谨描述，还指出了它们可能的用途。他给出的解释大多是错的——例如，他正确地指出鸟类有耳道而无耳郭③，但错误地认为鸟类没有耳郭是因为它们的皮肤太"坚硬"，事实上鸟类的皮肤并不硬，也与有无耳郭无关——但他观察的角度总是别出心裁、发人深省。

　　亚里士多德名满天下，但人们对他毁誉参半。第欧根尼·拉尔修（Diogenes Laertius）就曾津津乐道地到处传言，说他双腿纤细、吐字不清，贪爱华服和珠宝。这还不够，他还绘声绘色地描述亚里士多德如何喜

---

① 亚里士多德，《动物之构造》，Ⅰ：22 和Ⅰ：28，《亚里士多德全集》，第 997 页："因为光是讨论构成动物的物质是不够的——自然的形式比自然的物质重要得多。"亚里士多德继续指出，尸体虽然拥有人的结构，但却不是真正的热，因此博物学家必须研究灵魂，或者令动物的身体具有生命，又在动物死去时离开躯体的那种成分。

② 见亚里士多德在尼各马可伦理学中对爱的讨论。《动物之构造》Ⅲ：4-7，《亚里士多德全集》，1984，第 1037-1040 页，肾脏部分。

③ 亚里士多德，《动物之构造》，Ⅱ：12。

欢在热油中洗澡，"然后把油卖给别人"①。且不论这些小道消息是不是真的，亚里士多德和雅典人的关系向来令人一言难尽。前来求学的雅典人将吕克昂学园围得水泄不通，第欧根尼却说亚里士多德曾出言讥讽，说雅典人既培育了小麦又发明了法律，却只知小麦而不知法律。法律最终还是给了他当头一棒，亚里士多德因写给赫米亚斯的一首诗而被控渎神。因同样的罪名，苏格拉底在雅典被处死，而亚里士多德则在卡尔基斯（Chalcis）退隐，不久后在住所逝世。

亚里士多德的好友兼同事塞奥弗拉斯特，原名 Tyrtanium，公元前 371 年出生在列斯堡岛的埃利索斯（Eresos）。塞奥弗拉斯特可能是亚里士多德因赏识其善于雄辩而起的绰号（意为"辩才如神"）。他也曾在柏拉图学园学习，可能在亚里士多德前往马其顿时，随之离开了雅典。

塞奥弗拉斯特以植物学研究为人称道，他运用亚里士多德的方法，按照整体高度和树干结构把植物分为树、灌木和草②。他也曾广泛参与哲学教学、写作，可惜大多已经失传。亚里士多德认为事物皆有终极原因，塞奥弗拉斯特则意见相左，比起深奥玄妙的终极解释，他更相信巧合和意外，认为是生物的材质限制了其形态③。

塞奥弗拉斯特显然是位良师。亚里士多德离开后，他接管了吕克昂学园，招收学生超过两千人。在他任内的三十六年间，吕克昂持续壮大，从亚里士多德留下的丰富藏书和其他陆续收录的资料中汲取养分，把亚里士多德未竟的思想和方法发扬光大。比起亚里士多德，塞奥弗拉斯特的人缘要好得多，轮到他被控渎神的时候，是民众的拥护帮助他从中脱身。

21

---

① 第欧根尼·拉尔修，1853，第 187 页，记录的内容距离亚里士多德时期已经过去约四百年，但是来源现已不可寻。
② 关于近代这些概念如何变化，见威赫（Weher）、凡德沃夫（Van der Werf）、汤普森等，1999。
③ 法伦奇，1994。亚里士多德和塞奥弗拉斯特德观点的区别见于第二章第一部分。

　　说来也讽刺，虽然现代的生物学教授大多拥有哲学博士学位，但他们中恐怕没有多少人真正学过哲学，更没有多少人关心事物的成因，而这些问题曾让亚里士多德、塞奥弗拉斯特和他们的学生们绞尽脑汁。或许，科学学科大多面临这样的趋势：终极问题悬而未决，社会文化持续改变，新旧学人代代更迭，重要问题的构成要素又一再变化。我认为（并希望）我的大多数同行在研究生物学中的各种问题时，都会把自然选择导致的进化视为最根本的原因，也希望我们之中的一些人能比亚里士多德和塞奥弗拉斯特更大胆一些，允许偶然和巧合的存在[①]。然而，亚里士多德为我们贡献了方法论和大量研究，描绘了一幅虽不完美却前所未有的世界图景，在他去世多年后仍生机勃勃。他完全值得我们的赞美和尊重。

---

① 第十一章提到的"拓展适应"可以帮助我们理解为何作者希望自己的同行允许"偶然和巧合"的存在。早在达尔文和华莱士时代就存在这样的争论：是否生物的一切特征都是"选择"的结果。现在仍有很多进化生物学家对此持肯定态度。而以作者为代表的一些学者认为（作者认为达尔文也是这样想的），虽然生物的有些特征是"选择"的结果，但其他的特征则是"中性"的：既非优势，也非劣势。——译者注

第三章
帝国的灭亡

亚历山大死于公元前 323 年——比亚里士多德早一年——他的帝国也随即分崩离析。亚历山大膝下没有成年子嗣，几个幼子尚在襁褓中，很快都死于非命。他的旧部割据四方，其中最精明强干的或许是托勒密（Ptolemy，前 367—前 283），他以埃及的亚历山大城（Alexandria）为中心建立了自己的王朝，这里三面环绕着沙漠，一面临着地中海，是个易守难攻之所。

亚里士多德初来马其顿时，托勒密正值壮年，在朝中效命。我们不知道托勒密是否曾经伴读亚历山大左右，但不难看出他也对学术兴趣浓厚[①]。新王朝刚一建立，他便在亚历山大城修建了一座缪斯庙（Mouseion），或称博物馆，作为献给缪斯女神的一座科学和哲学研究中心。博物馆第一任馆长是法莱雷奥斯的德米特里（Demetrios of Phaleron），他在雅典时曾是

---

① 厄斯金（Erskine），1995。

亚里士多德和塞奥弗拉斯特的学生①。此时雅典正在衰落，中东地区已成为新的学术中心，汇集了希腊及其他亚历山大征服地区的研究成果，也让漫步学派在此安营扎寨。德米特里仿照吕克昂学园，在博物馆中建造了一应俱全的教室、自习室和图书馆。托勒密的后人自豪地将这里视为全世界最伟大的知识宝库。

托勒密王朝在搜集书籍方面所花的心血，可谓前无古人，甚至达到了艺术和狂热的高度。在这样一个复制图书全靠辛辛苦苦手抄的时代，原件比抄本要抢手得多。托勒密王朝不遗余力地获取治内所有新书的原件，只将一份手抄归还原主。图书馆藏书一度多达 50 万册，分散在城中不同的地点。有证据显示，那时图书馆已经开始进行系统的图书管理和拣选，密切关注图书来源，并配备了抄写、编辑和修订图书的机构。

虽然博物馆没有产生亚里士多德或塞奥弗拉斯特那样的博物学家，却为欧几里得提供了一处绝佳的环境，供他完成了几何基本定理的证明工作。然而，博物馆和图书馆最大的功绩却不在于培养了一两个成功的学者，而在于通过重视教育和学术，将漫步学派延续了许多代。图书馆和博物馆在保存早期博物学、哲学，乃至文学和历史材料方面功不可没。此时希腊行将覆灭，罗马正大肆攻城略地，将国土扩大到亚历山大都无法想象的地方，一座学术中心能在历任赞助人源源不断的支持下存在，可以说是不幸中的万幸。

罗马的前身不过是意大利中部的一个毫不起眼的山城，但几代贤王将这里治理得欣欣向荣，使罗马一跃成为半岛上一支雄厚的力量，在公元前509 年成立了罗马共和国。随着经济和军事力量日益增强，罗马军队开始向北、向南扩张，吞并其他意大利城邦，把一盘散沙的各部整合成一个统一的政治和文化单元，最终越过阿尔卑斯山脉，进入高卢（今法国所在

———————————

① 迪莉娅（Delia），1992。

地）。公元前 54 年，恺撒大帝（Julius Caesar）尝试攻打不列颠，但并未倾尽全力，直到近一百年后，克劳狄乌斯（Claudius）才真正征服不列颠，将其纳入帝国的版图。有趣的是，克劳狄乌斯的征服，很大程度上要归功于用象群和骆驼来对抗不列颠骑兵的战术。克劳狄乌斯有几分学者气质，对帝国境内大型动物的习性和分布都了如指掌。对于偏安一隅的岛国居民，罗马人骑着陌生的异域巨兽长驱直入，一定是极骇人听闻的景象。不列颠战马因这些巨兽的狰狞长相和古怪气味而战栗，在决胜的战役中溃不成军。

这一时期，罗马和希腊文明已打了很久的交道，关系也日益密切。在罗马尚未兴起时，希腊人就已在意大利南部建立了几个大型殖民地。罗马逐渐蚕食了这些城邦国家，也曾造成令人扼腕的悲剧。阿基米德，那个时代公认最伟大的科学家，据传就是在叙拉古一役中被一个士兵所杀，仅仅是因为正在演算几何问题的阿基米德请这位士兵走开一点，不要挡住阳光。

如今我们眼中的罗马文明，其实有很大一部分是从罗马征服的其他文明中因袭、改变而来的，其中古希腊文化举足轻重。在公元前 200 年到公元前 146 年的一系列战役中，罗马先后征服了马其顿和希腊其他地区，最终毁灭了科林特（Corinth）。罗马人对于希腊和希腊哲学的态度尤为复杂，以老加图（Cato）为代表的罗马政治家认为堕落的希腊人对罗马文明发展有害，而其他人则热烈地拥抱希腊文化[①]。

面对罗马的蚕食，托勒密统治下的埃及比希腊本土坚持得久一些，然而在公元前 47 年，亚历山大图书馆还是有一部分毁于恺撒大帝的军队[②]。军队似乎并不是为了镇压缪斯庙的思想或教学而蓄意纵火。大火更像是从附近的造船厂燃起，或许始于一场暴乱，也可能是埃及岌岌可危之时，罗

---

① 关于老加图对所有希腊人的强烈反感，见亨里希斯（Henrichs，1995）及其参考文献。
② 蒂姆（Thiem），1979。

马清剿抵抗势力的结果。

在全盛时期，罗马帝国的版图以苏格兰海岸为起点，横跨法国、南欧，直至小亚细亚，给予罗马哲学家天时地利，使其在广阔的自然和人文环境中开展研究。帝国赖以生存的贸易网络进一步扩展了哲学家的兴趣范围，把南亚和波罗的海的一些地区也囊括进来。

罗马对地中海盆地的控制，使罗马学者有机会接触到过去五百年以上的博物学研究成果。这笔财富从另一个角度看也令人气馁——古人好像已经解决了一切有价值的研究问题。尽管罗马人也小有成就，但多为过去经典的引述和延伸，鲜有全新的发现和思考。在医药和哲学方面，罗马向希腊和东方学习，也诞生了自己的博物学家，其中最伟大的一位无疑是老普林尼（Pliny the Elder，Gaius Plinius Secundus）。

公元 23 年，老普林尼生于意大利北部城市维罗纳（Verona）或（更可能是）科莫（Como）①。他在青年时参军，很快连获提拔，随后开始管理法律及其他政府事务。麦吉利夫雷提到老普林尼侄子小普林尼的一段话，描述了他工作和生活的细节。老普林尼绝对是一个不眠不休的工作狂，他每天白天完成政府事务，用晚间时光研究哲学或写作。麦吉利夫雷笔下的老普林尼令人心生敬佩："炎炎夏日，他只要偶得闲暇便手不释卷，边晒太阳边做笔记。他曾说过：没有一无是处的书，只是有的需要一些注解。"②

老普林尼爱书成痴，就算不得不出门，也坚持要坐轿子，以便充分利用旅途中的时间来读书。在军旅生涯和后来的政务工作中，他游遍了整个国家。值得庆幸的是，暴君内罗（emperor Nero）在位时老普林尼没有入朝为官。内罗被刺身亡后，老普林尼重新活跃于罗马的公共事务，成为维斯巴芗（Vespasian）皇帝的顾问之一。这位皇帝也是个废寝忘食的工作

---

① 麦吉利夫雷，1834。
② 同上，第 75 页。

狂，据小普林尼称，老普林尼每天都要在"天不亮的时候"就去汇报政务①。

与众不同的作息时间，让老普林尼有充分的时间徜徉在与自然相关的书籍和故事中。他师承斯多葛学派，相信一个人应该通过观察自然规律来规范自己的行为。不同于亚里士多德和塞奥弗拉斯特，老普林尼并不常亲自观察自然或操作实验。读亚里士多德的著作，仿佛身临其境参与一场标本解剖。相反，老普林尼的著作读起来则完全是置身事外。

作为新君身边的红人，罗马势力范围之内与动植物有关的文献，没有老普林尼得不到的。老普林尼在军队服役时曾踏足北非地区，虽然无法证明他一定去过亚历山大图书馆，但可以肯定，他在罗马就可以获得大量亚历山大图书馆藏书的抄本。何况首都像磁石一样，吸引着无数学者前来讲述遥远国度的传说和旅途中的见闻。在晚年，老普林尼致力于搜集这样的资料，集结成鸿篇巨制《博物志》（*Naturalis Historia*），这也是他仅存传世的著作。

《博物志》是一部科学的百科全书，包含了事实、神话、小道消息和道听途说，以一种较为主观的方式编排，但是其中大部分内容都是当时的流行观点，或老普林尼眼中的常识②。这三十七卷《博物志》应该是在公元77年至公元79年这短短两年之内完成的，但是为了这部巨著，老普林尼皓首穷经多年，阅读和总结了大量如今已失传的文献。他将这部《博物志》献给其赞助人维斯巴芗的儿子蒂图斯（Titus），巨著一经问世便大受好评，广为流传。

老普林尼自己并不观察自然，便只能通过比较手头的各种文献来检验其正误。他经常犯错，有时甚至会引用一些错得离谱的观点，其实只要做

26

---

① 麦吉利夫雷，第77页。
② 尼科尔森（Nicholson，1886）对此略带轻蔑，但是麦吉利夫雷（1834）直白地表达了对老普林尼著作价值的不屑一顾。

最简单的实验就可以将其推翻。他的动物名录里，既有真实的生物，也有凤凰这样的神兽。他从未发展自己的学说或尝试解释事物的原委，很多学者认为老普林尼的著作中鲜有独创的科学理论。但就连他的批评者也不得不承认，老普林尼虽吝惜笔墨，遇到感兴趣的问题时也会妙笔生花。

　　讽刺的是，正是老普林尼为数不多的一次亲身观察自然的尝试导致了他的死亡。在年届七十之时，老普林尼被任命为罗马海军司令。在维苏威火山爆发，吞没庞贝（Pompeii）和赫库兰尼姆（Herculaneum）两座古城时，舰队正驻扎在米塞努姆（Misenum）。老普林尼命令舰队靠岸救援幸存者，自己则率领一艘小船前去勘探第一手灾情。据记载，当手下的人畏惧不前时，老普林尼说："幸运眷顾勇者，向着庞贝（villa of pomponianus）前进吧！"① 登陆后，他和手下马不停蹄地在岸上赈济灾民、安抚伤患。突然之间，老普林尼栽倒在地，说自己无法动弹，似乎就这样当场死去了。一些历史学家认为他死于火山气体中毒，但他更可能是死于心脏病发作。老普林尼在岸上的全部亲友最终都获救了，他的尸体却被火山灰覆盖，直到三天后才找到。

　　老普林尼将自己视为已有知识的收集和整理者，他的工作包罗万象、应有尽有，以至于成为支撑希腊—罗马博物学度过黑暗中世纪的中流砥柱。乔治·萨顿（George Sarton）对老普林尼的评价较为中肯："他的著作曾是承载古典科学的圣瓮，又在中世纪成为哺育新知的摇篮。"②

　　除了老普林尼，罗马时期的博物学史上还有两位不容忽视的人物：盖伦（Galen，129—200?）③ 和迪奥斯科里德（Dioscorides，40—90）④。严格来说，盖伦和迪奥斯科里德原本都专注于医学研究，但是他们也钻研远至

① 小普林尼写给塔西佗的信，布朗（Browne，1857）大篇幅引用，第 419 页。
② 萨顿（Sarton），1924，第 75 页。
③ 桑代克（Thorndike），1922。
④ 阿伯（Arber），1912。

尼尼微的古老文献进行植物学研究，广泛应用各种植物医治疾病，不啻为站在了塞奥弗拉斯特的肩膀上，继续着这位植物学先驱的事业。

和罗马时代大多数医生一样，迪奥斯科里德是希腊人。他生于小亚细亚南部，在罗马军队中担任军医，随后前往塔尔苏斯（Tarsus）进修医学[①]。他的著作《药物论》（*De Materia Medica*）描述了约五百种植物，列出了各种疾病的上千种疗法。虽然迪奥斯科里德重视植物学知识，也描述了很多草药，他的著作却远远没有后来的草药学家详尽。尽管如此，他在博物学史上仍旧举足轻重，因为他为中世纪晚期和文艺复兴时期的植物学研究奠定了基础，这些研究又逐渐成为更加系统的植物学。在古代学者中，他的著作尤为经久不衰、应用广泛，后人对其进行了大量注释和修订[②]。

埃杰顿（Egerton）将他的著作和现代的植物学文献进行对比，认为迪奥斯科里德最大的贡献在于强调物种的准确识别。他的分类的确有很多局限，但却鼓励了后来的学者去关注植物的地理分布[③]。像很多其他的早期博物学家一样，迪奥斯科里德并没有提出物种水平以上的真正分类系统，他的写作仍旧服务于非常实际的目的——他识别一种植物是为了药用，而不是为了在进化或更高层级的意义上把它和其他植物联系起来。

盖伦生于小亚细亚的珀加蒙（Pergamum）。据传，他是因为父亲在梦中得到启示而学习医学的。出生在珀加蒙对他来说当属幸事，因为那里建成了一个规模和藏书可以媲美亚历山大图书馆的新图书馆。早年在珀加蒙，后来在士麦那（Smyrna）的求学经历，都让他受益匪浅。旅居希腊一段时间后，盖伦最终来到了亚历山大城，畅游了那里的博物馆和图书馆。

盖伦曾短暂地回到小亚细亚，然后前往罗马，并在余生中不时地在那

① 阿伯，1912。阿伯提到，一些作者把迪奥斯科里德列为安东尼和克丽奥佩特拉的医生，但是这对悲剧恋人早在迪奥斯科里德出生之前就去世了。

② 里德尔（Riddle），1984。

③ 埃杰顿，2001。

里停留，时常因为暴乱或首都医生、学者间的妒战而仓皇逃离。桑代克（Thorndike）浓墨重彩地描述了当时的医生们如何明争暗斗。他引述盖伦的话，称当时的学者们无异于"一群无耻的山匪，货真价实的强盗"①。

那个时代的医学鱼龙混杂，其中甚至包括偏方、符咒，以及各种草药乃至粪便制成的膏药，对四处搜罗来的古代医书进行五花八门的解读。盖伦对那些前来首都圈钱的江湖骗子嗤之以鼻，对科学发展的未来则感到忧心忡忡。

盖伦是马库斯·奥雷柳斯（Marcus Aurelius）等几代君主御前的名医，但是传记作者却把他写得有点咄咄逼人——他总是抱怨其他人贪图享乐而荒废了研究，还坚持认为其他医生为谋私利剽窃他的成果。他游遍帝国东部地区搜集草药和矿物，撰写了大量医学论著。和迪奥斯科里德一样，他的这些论著直到文艺复兴开始之前还是医学界的核心文献。盖伦以医学传世，也留神思考了一些关于科学本质的问题。他希望在直接经验、逻辑推理和前人著述间找到平衡点。在讨论希波克拉底（Hippocrates）的疗法时，他说："我想你（希波克拉底）大概很少出远门，对不同地域的差别根本一无所知。"② 盖伦的犀利和挑剔由此可见一斑，但是他提出要因地制宜地制定治疗方案，颇具洞见。在后来的著作中，盖伦建议，医生在治疗中除了应该关注患者和症状本身，还应该考虑患者所处的环境、职业和社会关系——即使在两千多年后，这建议仍然掷地有声。

公元200年前后，盖伦逝世。他一生笔耕不辍，在罗马贵族阶层中广受赞誉，思想也长盛不衰。但是盖伦的著作不幸在中世纪沦为阻碍科学和医学发展的古典教条，成为当时医生的必读书目，假如以盖伦为代表的古代名医一直如此这般治病，一位中世纪医生又怎敢去挑战权威呢？

到了公元642年，阿拉伯人占领了亚历山大城，沿北非海岸稳步向西

---

① 盖伦，转引自桑代克，1922，第126页。
② 盖伦，1985，第14页。

推进，最终攻陷了西班牙大部分地区。他们又向东不断打击君士坦丁堡的防线，迫使其向西方寻求援助，引来十字军的东征。对于拜占庭帝国，十字军东征带来了灾难性的后果。在第四次东征中，威尼斯人在对抗阿拉伯军队的过程中趁机攻入君士坦丁堡，几乎将城市劫掠一空①。这次打击之后，罗马帝国再也没能恢复元气，在1453年征服者穆罕默德（Mehmet the Conqueror）的入侵中，帝国最后一代君主在城墙守卫战中战死。

亚历山大图书馆真实的结局已经湮没在历史之中。蒂姆（Thiem）认为，只能确定图书馆最终被烧掉了，至于下令放火的是公元1世纪的恺撒大帝，4世纪的狄奥多西（Theodosius），7世纪的阿拉伯人，还是接连毁于上述所有人之手，今人就无从知晓了②。图书馆的毁灭象征着求知的大门全面关闭，随着罗马帝国的灭亡，系统的博物学以及其他学科在西欧一度消失无踪。但万幸的是，很多阿拉伯征服者都相当热爱学术③，许多希腊语和拉丁语的哲学、医药和博物学古典文献，通过阿拉伯语译本得以保存下来④。

在当代，鼠标一点就可以拷贝整个文档，整间图书馆的藏书都可以存储在一枚小小的芯片中，我们很难想象图书的散失是多大的灾难。在印刷术出现之前，图书的复制都靠人经年累月逐字抄写，难免带来讹误、错漏和生造。然而，阿拉伯学者坐拥大量中东地区的原始文本，具有得天独厚的条件，将古典知识妥善保存下来。希腊和亚历山大图书馆的藏书，在新的阿拉伯帝国中流传开来，又流入西班牙北部。这些藏书终会在复兴的欧洲重见天日，但它们等了很久，才在正确的时机遇到了正确的人。

① 佩利（Perry），1977。
② 蒂姆，转引自麦吉利夫雷，1834。
③ 哈里发奥马尔（Caliph Omar）被认为是毁灭亚历山大图书馆的罪魁祸首，据说他曾说过，如果这些书符合神的启示，就没有必要留着它们；如果它们不符合神的启示，那就更没有必要留着它们。这个故事被不断传颂，直到2004年的麦克劳德（Macleod），但是这段话现在已经被大部分学者视为杜撰。
④ 见沃尔泽（Walzer，1953），伊夫里（Ivry，2001）和哈斯金（1925）。

第四章
一位国王和他的子孙

人们常把从罗马灭亡到文艺复兴之间这段岁月视为惨淡的黑暗时代，科学和人文学科在这期间万马齐喑。赫胥黎（Huxley）认为："从古典时期结束，直到 15 世纪，博物学内原创的思想和假说被扼杀殆尽。"[1] 早期的学者对这段时期还要更苛刻一些。尼科尔森（Nicholson）对老普林尼尚有些许肯定，对其他所有罗马学者则略过不提，声称："亚里士多德死后，博物学研究并非短暂停滞，而是偃旗息鼓达几个世纪之久。"[2] 接下来，他直接进入 16 世纪的讨论。阿伯（Arber）对于中世纪则多了几分宽容。她在著作的导言中指出，9 世纪和 13 世纪时，以"再发现"亚里士多德为特征的学术复兴其实十分重要[3]。尽管大部分中世纪学者就像之前的罗马学者一样述而不作，原创性的工作也并非完全绝迹。

---

[1] 赫胥黎，2007，第 45 页。

[2] 尼科尔森，1886，第 18 页。

[3] 阿伯，1912。

　　罗马衰落后，西欧世界笼罩在阿拉伯人的阴云下。公元 732 年，阿拉伯人席卷伊比利亚（Iberia）半岛，越过比利牛斯（Pyrenees）山脉入侵法国。他们一度战无不胜、长驱北上，但沉重的战利品逐渐开始拖累行军，法国人的抵抗也越来越顽强。在西方文明命悬一线之时，查理·马特（Charles Martel）重整法兰克军队，在图尔（Tours）击溃侵略者，斩杀阿拉伯统帅阿卜杜勒-拉赫曼（Abderrahman），夺回了比利牛斯山地区的控制权①。

　　查理·马特的孙子查理曼——伟大的查理大帝——在公元 768 年到 814 年间先是成为法兰克王国国王，接着统治了罗马帝国。查理大帝是罗马衰落后西方第一位掌握实权的君主，在他治下，西方的艺术和科学得到了一丝喘息之机②。查理大帝崇尚学术，一生中捐助了很多修道院学校。当时最著名的博物学家当属拉巴努斯·毛鲁斯（Rabanus Maurus，776—856）③。拉巴努斯进入修道院时年仅九岁，但很快展现出过人的天赋，由院长亲自推荐到约克郡的阿尔昆（Alcuin of York）门下学习。这位神学家赫赫有名，是查理大帝请到图尔的帝王师。

　　学成后，拉巴努斯开始在富尔达（Fulda）修道院教书。不久，院长宣布中止教学，要求拉巴努斯和其他教师改行从事手工业，参与修建教堂。气愤之下，拉巴努斯向查理大帝告发，最终院长被解雇，拉巴努斯重回讲坛。在公元 842 到 847 年间，他写出了百科全书式巨著《论宇宙》（*De Universo*），其中大量引用了经圣徒塞维利亚的伊西多尔（Isidore of Seville）译介的老普林尼的著作。

　　拉巴努斯的著作对植物学着墨甚多，描述了两百多种植物。他错误地

---

① 克里西（Creasey），1851，一份情有可原的、因维多利亚时代英国人的优越感而带有偏见的记录。
② 托朗普（Trompf）及其大量参考文献，1973。
③ 哈特维希（Hartwich），1882。

认为乔木只是生长得比较高大的草本，但也意识到土壤种类会影响植物生长，他把地衣与植物区别开来，还大谈藤蔓植物。总之，拉巴努斯著作中鲜有原创内容，充斥着"古人的胡编乱造"而缺乏实验证明。但是正如哈特维希（Hartwich）所说，拉巴努斯"虽然早已消失在人们的视野中，但却作为人类知识大厦赖以建立的基石之一而长存"[1]。博物学在别处或许已无人问津，但在欧洲却因拉巴努斯这样的学者而源远流长。

就像之前的亚历山大一样，查理大帝建立的帝国在他死后也没能支撑很久。公元888年，卡洛林王朝分裂，最后一任法兰克皇帝在公元924年逝世，此时"帝国"版图仅余意大利境内的一部分。同时，查理大帝疆域东部，几个位于今德国境内的公国开始自行选举国王。他们没有采用普选制，而是采用一种"同僚首席"（first among equals）的选举方式，使君主的权责变得极为混乱。公元962年，奥托一世（Otto）加冕，开启了神圣罗马帝国的时代。

中世纪时期的科学探索很难清晰地按学科分门别类。学者们大多兴趣芜杂，研究着五花八门的学问。这段时期的博物学内容庞杂。深奥的博物学研究常常走向神学或广义上的哲学，哲学家们则对数学感兴趣，而数学与天文学和占星术又仅有一步之遥。在这个混乱的时期，一门包罗万象的理论"自然阶梯"（scala naturae），或称"存在之链"，总算带来了某种秩序和确定性[2]。支配自然阶梯的有三种原则：充实、连续和等级。

充实原则指的是，上帝创造了已知和假想的一切可能的物种，所以世界上同时存在大象和龙也没什么不对的——如果人都可以想象出龙来，上帝的想象力该有多么丰富啊？就算中世纪的欧洲从未有人见过真正的龙，但是外面的世界如此广阔，一定有它们的容身之处。连续原则表明，各种生物之间没有"缺环"或突变，物种之间紧密过渡，反映着上帝意志。最

① 哈特维希，1882，第527页。
② 洛夫乔伊（Lovejoy），1936。

后，等级原则指出，不同存在物的地位不同，在这个等级森严的序列上，无生命环境的地位最低，接着是简单的生命体——苔藓和地衣——紧接着是更复杂的动植物，然后是不同"级别"的人。在人以上，还有天使和大天使，最高等级是上帝。到了 19 世纪中期，科学界已基本摒弃了存在之链的观点，但这种理论的余音在 20 世纪仍绕梁不绝，生态学中的生态均等和生态位理论，现代环境运动中认为地球各部分相互依存、彼此联系的信念，都反映了存在之链理论的深远影响。

希尔德加德·冯·宾根（Hildegard von Bingen，1098—1179）最出名的身份是作曲家，但她在医药领域也有独到的见解[①]。在渊博的著作《自然史》（*Physica*）中，希尔德加德描述了近一千种动植物，并在《病因与疗法》（*Causae et Curae*）一书中针对各种疑难杂症提出了多种诊疗方法。尽管希尔德加德的医书不在博物学范畴内，也具有鲜明的日耳曼特色，但显然是对亚里士多德和普林尼传统的发扬光大[②]。

关于希尔德加德还有一点不得不提，她的种种工作有如神秘和现实的交响曲。希尔德加德自幼年就能看到种种超现实的异象，却一边以之为灵感进行创作，一边从事科学研究。关于她看到的异象，人们一度众说纷纭，现代专家则指出，她的一些神秘体验，例如看到奇异的光芒，可能是痼疾偏头痛发作的前兆[③]。然而希尔德加德在描述偏头痛的症状和疗法的时候，却从未谈到自己的病痛。以现代视角解释当时的宗教体验，未免把问题想得太简单了，但恰恰点出了当今读者们的困惑所在：在这类事件中，这种无法实证而全凭体验的解释是很难令人信服的[④]。

普林尼死后，博物学界一直在等待一位真正的英雄，公元 1194 年，

33

---

① 马多克（Maddock），2001。

② 巴斯（Baas），1889。

③ 萨克斯（Sacks），1999。关于希尔德加德症状更早的讨论，见辛格（Singer），1958。

④ 纽曼（Newman），1985。

这位英雄终于姗姗来迟。神圣罗马帝国皇帝、西西里国王、耶路撒冷国王腓特烈二世（Frederick Ⅱ of Hohenstaufen）在圣诞节后那一天降生在意大利的耶西（Jesi）。他是神圣罗马帝国皇帝亨利六世（Emperor Henry Ⅵ）和西西里女王康斯坦丝（Constance, queen of Sicily）的儿子①。现在很多人声称，女王为了证明婴儿血统纯正而在城市广场上当众生产，这完全是无稽之谈。康斯坦丝女王的确婚后八年膝下无子，直到四十岁高龄才受孕，这种情形在乱世中尤其惹眼，让人们对王位继承人的身世将信将疑。关于腓特烈二世的降生，巴斯克（Busk）给出的描述更为可信：当时"有多达十五位德高望重的教会成员出席"②。也许有人会问，血统有什么大不了呢？但如果腓特烈二世不是康斯坦丝的亲生儿子（在他的一生中，不断有政敌提供各种"人证"，宣称他非其母亲生），他就不可能加冕西西里国王，也不可能成为神圣罗马帝国皇帝。

在神圣罗马帝国存在的八百多年中，政权性质迅速变化。伏尔泰曾经嘲讽道，它"既不神圣，也不是罗马，更不是一个帝国"，然而他嘲讽的对象是垂暮的帝国，这句话的流行和风靡，是一种刻意的轻描淡写，大大低估了帝国的历任君主在中世纪和文艺复兴时期的重要社会和政治地位③。

34　　腓特烈二世自幼笼罩在身世疑云中，饱尝人世艰辛，在教会和贵族的夹缝间生存。公元 1197 年父亲去世时，腓特烈二世还没满三周岁。一年后，康斯坦丝也丢下独子离开人世，没能看到他加冕为西西里国王。腓特烈二世在各地颠沛流离，侥幸没有死于非命。康斯坦丝为爱子谋划深远，临终托孤于教皇因诺森特三世（Pope Innocent Ⅲ），让儿子在强大的保护下成长。精明强干的因诺森特三世认为年幼的王位继承人有朝一日或许能

---

① 金顿（1862）是了解腓特烈二世及其时代的绝佳来源。亦见于伍德（Wood）和法伊夫（Fyfe）的引言。
② 巴斯克，1855，第 364 页。
③ 伏尔泰，1756，第 70 章，转引自古尔德（Gould），1992，第 79 页。

助他一臂之力，决心把教廷在宗教事务中至高无上的权力延伸到俗世中。因诺森特三世为腓特烈二世保驾护航，抵挡住许多西西里王位的竞争者，直到眼见王权在握才撒手人寰。

抚养小腓特烈二世的任务，因诺森特三世完成得极为出色。在腓特烈二世的整个童年时期，西西里王国内战频仍，四分五裂，但因诺森特三世清醒地认识到，以国王的名义扩充军力才是立足之本。他也重视腓特烈二世的教育。金顿（Kington）提到，腓特烈二世有几位穆斯林老师——可能是阿拉伯学者——他们能直接接触亚里士多德和其他古代学者的著作抄本[1]。腓特烈二世在语言方面颇具慧根（后来一共精通六门语言），在历史、哲学和数学方面也训练有素。

从母亲那里，腓特烈二世继承了丰富多彩的民族和文化背景。西西里岛坐落在地中海中心，距离基督教统治的欧洲、伊斯兰教统治的北非、东正教统治的希腊和天主教统治的罗马几乎同样近[2]。西西里王国的领土既包括西西里岛，也包括现意大利南部的大部分区域。孤立无援的西西里岛先后辖于罗马人、日耳曼人侵者和拜占庭人，在公元9世纪，落入信仰伊斯兰教的撒拉逊人（Saracen）之手，但穆斯林一直未能控制意大利本土。到了公元11世纪，诺曼底雇佣兵奉命驱逐穆斯林，为基督教世界夺回了西西里岛。但是王国内还是有大量阿拉伯人和希腊人留了下来，保存了足够的语言环境，使腓特烈二世有机会接触到东方的文化和思想。

公元1212年，十七岁的腓特烈二世受人怂恿前往日耳曼，宣布当时的神圣罗马帝国皇帝奥托四世（Otho）是用杀害腓特烈二世的叔父菲利浦这种不义的手段夺得王位的，自己才是名正言顺的皇帝。这显然是一次冒失的行动，却得到了因诺森特三世的坚定支持。最后稚嫩的腓特烈二世一败涂地，被老练的政治家奥托一路追击，只得冒险穿越阿尔卑斯山找到一

---

[1] 金顿，1862。
[2] 见哈斯金，1911；怀特，1936；加布里埃利（Gabrieli），1964。

条生路。然而这场年少轻狂之举却是焉知非福，让腓特烈二世获得了几个日耳曼王子的效忠。同年年底，腓特烈二世被选举为德意志国王。

第一次十字军东征（发生在 11 世纪末），基督教徒建立了耶路撒冷王国，并在接下来的两百年里又发动了数次东征，试图扩大基督教在中东地区的势力范围，在掠地失土中反复拉锯。人们广泛认为神圣罗马帝国皇帝在这个过程中扮演着举足轻重的角色。不过东征代价巨大，十字军长年累月在外漂泊——更别提战死和病殁的风险——相比之下战功带来的荣耀和收复圣地带来的精神财富，看上去可能也不是那么有吸引力。

因诺森特三世死后，他的继任霍诺留三世（Pope Honorius）希望腓特烈二世率军进行一次东征。虽然腓特烈二世更愿意留在日耳曼享受片刻安宁，但违抗教皇意味着有被逐出教会的危险，也会加剧内战。于是腓特烈二世暂缓登基，直到 1220 年才在罗马加冕为神圣罗马帝国皇帝。在加冕礼上，腓特烈二世不得不再次向教会保证，一旦时机成熟他就履行诺言，亲率欧洲军队收复落入阿拉伯人手中的耶路撒冷王国。

接下来的几年中，腓特烈二世忙于恢复西西里王国的秩序，把大批穆斯林迁到意大利本土，作为王国的军备力量。虽然因此激怒了很多意大利人，但不失为一项明智的策略，否则这些穆斯林定会伺机发动战争反抗教会。此外，腓特烈二世于 1224 年建立了那不勒斯大学（University of Naples）。它不仅是欧洲最早的大学之一，也是世界上现存最古老的公立大学，标志着国王对科研兴趣浓厚现象的首次呈现。

终于，在 1227 年的夏天，腓特烈二世率四万大军挥师中东[1]。在海上颠簸三天后，国王宣布自己因病不能继续东征，率军返回意大利。当时的教皇震怒之下当众将腓特烈二世逐出教会。

东征不得不在公元 1228 年 6 月底重启。和历任先王不同的是，腓特烈

---

[1] 金顿，1862。从早期的记录来看，军队的规模很大，造成的伤亡也很惨重。

二世不仅对阿拉伯世界的政治和文化了解入微，也倾向于通过谈判而不是战场交锋来解决纷争。如果能获得教会的支持，他或许可以不费一兵一卒就取得巴勒斯坦——因为当时的阿拉伯王室正处于一片混乱之中，一代明主溘然长逝，膝下不是少不更事的幼童，便是桀骜不驯的逆子。

36

通过和埃及苏丹阿尔·卡米尔·穆罕默德（Al-Kamil Muhammad）谈判，腓特烈二世收回了耶路撒冷，还让大批去其他圣地朝拜的基督徒毫发无伤而返。基督教世界的国王和阿拉伯世界的苏丹虽从未谋面，却是过从甚密、礼尚往来的好友。腓特烈二世有个大名鼎鼎的动物仪仗队，曾把苏丹送来的许多珍禽异兽也加入其中进行展示。还有证据表明，两位君主曾通信讨论哲学和科学问题，才智上的势均力敌和惺惺相惜，让他们的友情超越了两种宗教的宿仇。这兵不血刃的政治成就令世人叹服，却让教会暴怒。

1229 年 6 月，腓特烈二世衣锦还乡，受到了子民的热烈拥戴。在远赴日耳曼争夺王位的十八年间，他马不停蹄地四处奔波，不断经历着阴谋诡计和内忧外患，能在任何地方停留一年半载都算奢侈。通过向教会服软，腓特烈二世得到了一丝喘息之机，以从事热爱的学术研究。就在这时，他遇到了一位出色的人物，对他本人和欧洲博物学的复兴都影响深远。这个人就是著名的数学家、学者、占星家，甚至可能是巫师的迈克尔·斯科特（Michael Scot）[①]。

斯科特出生在不列颠，早年可能曾前往巴黎求学。在巴黎他主修数学，或许担任过圣职。一百年后，但丁在《神曲》中，把"耍尽一切巫术把戏"的斯科特和其他占星家、算命师一起置于第八层地狱[②]。然而，斯

[①] 关于斯科特的生平，最主要的来源是布朗（1897），他把斯科特明确作为一个历史人物来看待。哈斯金（1921）反对布朗的大部分年表，特别是年轻的腓特烈二世在师从托莱多之前由斯科特辅导这一点。金顿（1862）直接把斯科特放到了教皇格列高利（Pope Gregory）门前，而其他作者仅仅提到斯科特在 13 世纪 20 年代进入腓特烈二世的朝廷。

[②] 但丁，1871，第一卷第二十节。

科特能成为腓特烈二世的心腹术士，靠的是出众的语言能力和渊博的希腊哲学、科学知识。

斯科特初次接触希腊哲学应该是在托莱多（Toledo），当时的主教正面临一桩难题，那就是把古希腊文献从阿拉伯语翻译成拉丁语。斯科特为此做了一系列工作，包括对原文的翻译、注释和增删。值得一提的是，他将自己的很多著作献给腓特烈二世，而腓特烈二世本人对亚里士多德的哲学和博物学著作兴趣浓厚，花了很多精力去搜集和阅读。

这是一场奇妙的迂回之旅。古希腊学者的著作曾被翻译成叙利亚语送往亚历山大城，在那里被译成阿拉伯语，然后穿越了茫茫北非，渡过地中海来到西班牙，被一位苏格兰人翻译成拉丁语，以供一位意德混血的帝王阅读，又凭借这位帝王的意志而传遍整个帝国。可想而知，亚里士多德要是知道这一切，一定会会心一笑。

斯科特从托莱多带来了大量的学术资源，在科学和哲学方面知无不答，正是腓特烈二世渴望已久的翻译和学术人才。除了亚里士多德的著作，斯科特认可一些关于魔鬼和巫术的书籍，而且热衷于天文学及其世俗形式——占星学。他似乎并不相信星星会影响事件的发生，但认为星座预示着未来的走向①。

斯科特和腓特烈二世既是彼此尊重的君臣，也是一起探索科学的玩伴。哈斯金斯（Haskins）记录了一个场景，斯科特利用一座教堂的尖塔来为国王计算他们到天堂的距离，以阐释三角法的原理。斯科特完成计算后，国王偷偷命人将塔降低，然后让斯科特重做之前的计算。斯科特照做了，然后宣称，要么塔变矮了，要么是到天堂的距离缩短了，两者都不可能。腓特烈二世赞赏了斯科特的一丝不苟，然后狡黠地解释了刚刚的小把戏②。

---

① 哈斯金斯，1921。
② 哈斯金斯，1921。

斯科特早就预言自己会被一颗落石击中而身亡。为了避免这一厄运，他整日戴着一项自己制作的钢盔，然而不幸终究还是降临在他身上。1232年，他在教堂做弥撒时摘下了头盔，就在这时，一块石头从屋顶掉落，击中他的头顶。他就像自己预言的那样一命呜呼。后来罗杰·培根（Roger Bacon，1214—1294）等学者对斯科特吹毛求疵，批评他的亚里士多德译本乏善可陈，又缺少原创性的研究，不过这些指控多少有些同行相轻的意味。

因为出色的鸟类学研究，腓特烈二世成为毋庸置疑的博物学家。在1244年到1250年间，他写出了《猎鸟的艺术》（De Arti Venandi cum Avibus）。腓特烈二世喜爱动物，正因为熟悉他的这一嗜好，苏丹卡米尔才能用大象和其他异域奇兽巧妙地赢得他的欢心。腓特烈二世不像其他帝王一样仅做科学研究的赞助人就心满意足，而是更愿意亲力亲为地做出贡献。

就连最苛刻的批评者也不得不承认腓特烈二世的学术成就，也无人能质疑他就是《猎鸟的艺术》真正的作者。腓特烈二世从孩提时候起就热衷于驯鹰，在普利亚大区（Apulia）建了几座美丽森严的猎舍。直到如今，这些猎舍还是春秋两季数以千计的鸣禽在非洲和北欧间迁徙的落脚点。把这些猎舍打造为饲养猛禽的绝佳场所，并在驯养猛禽和研究鸟类捕食方面积累了独到经验，都让腓特烈二世颇感得意。

《猎鸟的艺术》从鸟类的生态、行为和解剖开始讲起，引用了一些亚里士多德和其他古人的研究，但大部分都是全新的研究。海量的笔记证明，腓特烈二世进行过严谨的观察。他把鸟类分为水禽、陆禽和介于其间的"两栖鸟"，如千鸟（plover）和麻鹬（curlew）[①]。在分类方面，腓特烈二世沿袭亚里士多德的方法，既依靠形态特点，也考虑鸟类的行为。他正

38

① 我引用的是伍德和法伊夫（1943）译本。

确地指出鹈鹕（pelican）是全蹼的（四个脚趾之间以蹼相连），并依据形态和行为把猛禽从其他类群中分离出来。虽然沿袭了亚里士多德的方法，但倘若自己的观察结果与古训相左，腓特烈二世也毫不犹豫地提出自己的观点。

只要翻阅这部著作，便不难发现腓特烈二世实地观察和亲手实验的证据。腓特烈二世对于孵化的原理十分着迷，他把各种鸟蛋放在鸡窝里，或暴晒在阳光下进行实验。他琢磨鸟类的迁徙、羽毛的结构、体内的五脏六腑和总体的形态。摸清了鸟类的生理后，腓特烈二世进一步钻研驯鹰术，包括如何识别和捕获适宜打猎的猛禽、怎样制作脚带和头罩、怎样安抚猎鹰、怎样进行野外训练和怎样矫正猎鹰的行为，不一而足。

总而言之，《猎鸟的艺术》代表着科研活动的一次巨大飞跃。人们再也不必像普林尼及其门徒那样，依赖别人的著作来进行研究，只需把前人的成果作为自己的跳板。腓特烈二世对鸟类着迷，仔细研究了鹰的行为。他的写作清晰有条理，又十分全面。他有目的地带领读者一步步推导出严谨的结论，并用生动的案例阐释自己的观点。虽然在讨论猛禽的时候，腓特烈二世笔下的鸟类过于芜杂，以至于出现了很多错误，但这本书即便放在现代的鸟类学课堂上，仍然不失为优秀的学术著作。

可惜，腓特烈二世没来得及完成这部著作。继任的几位教皇不遗余力地诋毁腓特烈二世的君威，又对他的敌人大加扶植。内战在意大利北部和日耳曼爆发。腓特烈二世被逐出教会，但仍平息了数次叛乱，每一次都在失败边缘勉力化险为夷。这时他已年届五十，虽然还不算垂暮，但显然已力不从心。从1250年起，他不再亲自带兵打仗，终于病来如山倒，死亡接踵而至。腓特烈二世的遗体回到了他挚爱的故土西西里，被安葬在巴勒莫大教堂（Palermo）的一座宏伟的墓室中。但在民间传说中，这位帝王仍安睡在阿尔卑斯山的一个山洞里，像亚瑟王一样，等待着有朝一日，再为保护自己的子民而与侵略者浴血奋战。

腓特烈二世是世界上第一位真正的鸟类学家，也是亚里士多德之后第一个坚持观察和实验的学者。对于这位伟人，我想不出比他的自陈更好的墓志铭："真理不能仅靠道听途说。"[1] 遗憾的是，腓特烈二世死后，没有人能接过他的衣钵。几个儿子都无力阻止王权旁落，博物学也从曾经风头无两的主流学科变成了几个分而治之的小领域。这一切让人忍不住遐想，假如腓特烈二世的盛年不曾在与教会反复拉锯、争执不休的过程中"蹉跎"，博物学会发展成什么样子。

腓特烈二世和迈克尔·斯科特之后，罗杰·培根（1214—1294）是又一位值得一提的博物学家，其人和斯科特一样，也带有一些巫术色彩。据不同时代的传说记载，是培根或斯科特把艾尔登山（Eildon Hill，位于英格兰和苏格兰之间）劈作三块。据传，培根在魔鬼的帮助下完成了这件事。他在修炼黑魔法时养出一只魔鬼，为了免遭无所事事的魔鬼的反噬，不得不给它找点事做。培根先是要它敲响巴黎圣母院所有的钟，魔鬼在一个夜晚照做了；然后培根又要它把艾尔登山劈成三块，魔鬼又在一个白天完成。绝望的培根命令魔鬼，去用索尔韦湾（Solway）的沙滩编织一条绳索，这任务终于足够困难，以至今时今日还没有完成。在笔者童年听到的传说中，虽然培根已经死去了八百多年，魔鬼还在孜孜矻矻地编绳，落潮时沙滩上留下的绳状痕迹就是证据。这个故事固然想象力十足，却站不住脚，因为早在培根和斯科特出生几百年前，罗马人就已经把艾尔登山称为"三座山"（Trimontium）了[2]。

另一个与培根有关的传说是，他铸造了一个黄铜头颅，无论把什么问题放进它口中，都能应答如流[3]。制造能说会道的玄妙机器，是中世纪炼金术士中的潮流，黄铜头颅也是其中之一。据传，培根不幸雇了一个胆小

40

[1] 伍德和法伊夫，1943，第 4 页。
[2] 见杰弗里（Jeffrey），1857。
[3] 该版本的故事见帕廷吉尔（Pattingill），1901。

如鼠的助手。当头颅开始冷却时，疲惫不堪的培根决定小睡一会儿，告诉助手，一旦头颅说话就把他叫醒。过了一会儿，头颅说道："时间到了。"助手大惊失色，忘记了叫醒培根。接着，头颅说："时间尽了。"助手蜷在角落里瑟瑟发抖，仍然没有叫醒培根。最后，头颅说："时间过了。"然后碎为一地齑粉。可想而知，培根应该会被这些传说故事触怒。有证据表明，培根是个比较老派的学者，虽然也对炼金术浅尝辄止，但主要研究的还是数学和神学[1]。他后来和教会冲突的焦点也在于学术分歧，而不是因为擅自豢养魔鬼。

我们讨论到的许多博物学家都背着巫师的罪名，这并不奇怪——对于那个时代的普罗大众，研究尸体解剖和调制化学药剂绝不是正常的爱好，哪怕最正直的学者也难免受到误解和令人反感。有人认为培根发明了火药，这无疑让他的巫师罪名雪上加霜[2]，但他似乎只是在应用相关的知识，而非自己设计实验来制取火药[3]。

同期另一位重要的炼金术士和植物学家是大阿尔伯图斯（Albertus Magnus，约 1193—1280)[4]。大阿尔伯图斯出生在一个富裕的家庭，一度被认为愚不可及，在学习方面毫无天分。相传就在这时，他看到圣母玛利亚降临，让他从科学和神学两种能力中选择一样[5]。大阿尔伯图斯选择了科学，于是圣母玛利亚慷慨地满足了他的要求，但也警告他说，这件恩惠会在他的晚年收回，让他回到原先愚不可及的状态。就这样，大阿尔伯图斯成为一位名扬四海的教师和哲学家，而且正如传说所预言的那样，在晚年可能因患上阿兹海默征而出现了痴呆的症状。

41　　　　大阿尔伯图斯对博物学的贡献是见仁见智的。也许是因为亲近教会，

---

① 桑代克，1914；关于他在炼金术方面的涉猎见辛格，1932。
② 洛克耶（Lockyer），1873。
③ 桑代克，1916。
④ 史蒂文斯，1852；亦见于洛克耶，1873。
⑤ 阿伯，1912。

他没有得到腓特烈二世的赏识。他最出名的学生是托马斯·阿奎那（St. Thomas Aquinas），师徒二人都广泛涉猎哲学、医学和炼金术。传说中他们也像培根一样制造了一个黄铜头颅，结果这个头颅呶呶不休地讲话，让阿奎那不厌其烦，终于忍无可忍地一锤将它砸个粉碎。大阿尔伯图斯本人，是另一个亚里士多德学术思想回归欧洲的证据。他从亚里士多德和许多其他学者的成果中汲取了大量养分[1]。大阿尔伯图斯最主要的工作围绕着植物学，他在自己服务的每一个修道院，都建立了正规的植物园[2]。

在大众对于科学家的想象中，科学历来如巫术般神奇。除了制造黄铜头颅的故事，人们还传言大阿尔伯图斯可以随心所欲地改变季节。关于他的这种能力有个有趣的故事：一次，大阿尔伯图斯在寒冬腊月邀请一位伯爵来他的花园中共进晚餐。想到要在滴水成冰的室外进餐，伯爵颇为不悦，正想拂袖而去，只见大阿尔伯图斯顷刻就将花园从白雪皑皑变作春暖花开。洛克耶（Lockyer）认为，这个故事的真相是大阿尔伯图斯的花园本来就是一座种满了耐寒常绿树的冬季花园。但它让我们又一次看到，中世纪的博物学是如何与巫术信仰纠缠在一起的[3]。

在 20 世纪 20 年代，林恩·桑代克全面地梳理了中世纪鱼龙混杂的学者和学问，这些学问中既有科学的分支学科，也有当时盛行的占星术、炼金术、预言术和神学[4]。桑代克认为，今人眼中的巫术和科学其实同根同源，在当时都是由同一批人从事的，方法和成果可能也相差无几，只有仔细研究才能分辨。这个观点可能并非全然正确，但是也值得思考[5]。

15 世纪，博物学界发生了两件大事。首先，1417 年，波焦·布拉乔

---

[1] 艾肯（Aiken），1947。
[2] 斯普拉格（Sprague），1933。
[3] 洛克耶，1873。
[4] 桑代克，1923。
[5] 萨顿（1924）尤其反对这个观点。他的评论相当严厉，也有很多可取之处，但有趣的是，他是通过强调桑代克著作的整体价值而得出了这些结论。

利尼（Poggio Bracciolini）发现卢克莱修（Lucretius，前 99？—前 56？）的哲理长诗《物性论》（De Rerum Natura）唯一存世的抄本[①]。这部长诗反对以宗教理论解释事物，而是描绘了一个由原子和虚空构成的宇宙，为后人留下了无穷的研究和探索空间。1426 年，维罗纳的瓜里诺（Guarino de Verona）在奥鲁斯·科尔内留斯·赛尔苏斯（Aulus Cornelius Celsus，前 25—50）的百科全书中节选出《医术》（De Medicina）一书。赛尔苏斯的著作通俗易懂，使当时的学者们在古典文献中得到不少新发现，并重新审视一般的医学知识。

与巫术和科学类似，医学和博物学在早期也难分难舍。医生必须能识别治疗中所需的药用植物，甚至植物的各个部分，最好还了解一些动物的解剖学知识，以更好地制药或疗伤。因此，中世纪出现了大量的植物志，有的专攻一地的本土植物，有的则摘录盖伦、迪奥斯科里德、亚里士多德和塞奥弗拉斯特的著作。虽然名叫植物志，可这些书通常同时包括动物和植物的资料，有时还会记录它们的生存环境和行为信息。如此看来，这些书与其说是严格的医学著作，不如说是广义上的博物学著作。

印刷技术的发展大大促进了植物志的制作、规范和传播。到了 15 世纪末，像康拉德·冯·梅根伯格（Konrad von Megenberg）的《自然之书》（Das Buch der Natur）这样的图鉴开始出现。不过虽然书中的图画是新的，文字却很古老，可以追溯到当时的百年之前[②]。1485 年出版的《健康的庭园》（Gart der Gesuntheit）以精美的插图传世[③]。六年后，闻名遐迩的另一版《健康花园》（Hortis Sanitaris）也问世了，虽然插图质量略逊于前作，内容却更加丰富，收录了超过一千幅手绘。

《健康花园》主要讨论的是植物，也有一些关于动物的图文记载，其

---

① 德布斯（Debus），1978。
② 见威特科尔（Wittkower），1942。《自然之书》在 15 世纪反复再版。亦见于阿伯，1912。
③ 洛西（Locey），1921。

中绘制的孔雀可谓栩栩如生。书中大部分植物都是中世纪的常用草药,独角兽和生命之树这样的虚构生物也混杂其中。这本书风靡一时,多次再版,在 1539 年出版了拉丁文的最后一版。然而在这个时候,哥伦布等大批探险家的美洲之旅已经揭开了欧洲植物学和动物学的新篇章,大量前所未见的新物种涌入人们的视野,研究风向也为之转移。与此同时,快速发展的新科学理论和技术取代了古典文献的地位。欧洲不再敬畏古老的过去,而是开始在精神上和现实中向外探索,拥抱激动人心的未来。

第五章
新世界

      到了 15 世纪末，欧洲人已经醒悟，研究古希腊和罗马的经典远远不足以了解这个广阔的世界。早期的制图术极大地依赖于克劳狄斯·托勒密（Claudius Ptolemaeus，90—168）绘制的世界地图。托勒密不仅提出了一套系统的制图理论，也亲手绘制了许多地图，可惜原件均已失落[1]。托勒密的地图已大致勾勒出了印度的海岸线，远至印度支那半岛（Indochina），虽然对距离估计得过于保守，但已能模糊地指出日本的位置。而在中世纪的大部分时间里，制图员似乎都满足于用前托勒密时代的方法，以俄刻阿诺斯河（River Oceanus）来含糊地界定自己的经验世界，无怪乎当时的旅行者们鲜有建树了[2]。

      穆斯林对中东和小亚细亚地区的统治以及随之而来的君士坦丁堡陷落，使得通往东方的商路一度中断，促使欧洲人在海上向南方和西方探

---

① 迪勒（Diller），1940。
② 路易斯，1999。

索。1469 年，阿拉贡的斐迪南二世（Ferdinand of Aragon）迎娶卡斯蒂利亚的伊莎贝拉一世（Isabella of Castille），把西班牙两大王国统一起来，缔结了一个强大的联盟，把阿拉伯人赶出了欧洲南部。1492 年，摩尔人的最后堡垒格拉纳达（Granada）被西班牙人拔除，也就是这一年，哥伦布第一次启程探索通往亚洲的最短航线。

接下来的几百年被称作"航海大发现"时代①。虽然维京人（the Viking）很可能在五百年前就曾航行至文兰岛（Vinland，即纽芬兰）和马尔克兰（Markland，即拉布拉多），相关的记载也流传至西班牙和意大利，但哥伦布和他的水手浑然不知眼前的大海有多宽广，也不知道他们和目的地中国之间还横亘着几块大陆。然而短短五十年之内，数次环球航行就已绘制出相当"现代"的地图，几块大陆初现雏形，并在接下来的几个世纪里逐步完善②。

对老普林尼和亚里士多德等古代学者的依赖，已经阻碍科学新发现达几个世纪之久。老普林尼与原创性的科研工作尤为格格不入。他仿佛是一座腐朽不堪的房子的阁楼，充斥着有趣的物件，但要么残破零落，要么不知从何而来、作何用途。此时，新发现的美洲大陆正令欧洲的探险家和殖民者趋之若鹜，新知的劲风从大西洋彼岸刮来，令亚里士多德和老普林尼时代的旧研究方法无力招架③。穿越大西洋的航行本身并不足以引发一场革命。维京探险家幸运儿莱夫（Leif the Lucky）虽曾到达文兰和拉布拉多，但只是四处游历一番便返回，没有为欧洲人带来梦寐以求的土地。而哥伦布除了在航海方面达成壮举，更让世人知道，大海的那一端也有丰饶的土地，不仅是旅行家的胜地，还可以建立新的家园。

美洲大发现及其引发的环球航海贸易，对全球生态造成了巨大冲击。

① 佩利，1981。
② 例子见上条图 3，皮埃尔·德塞利耶（Pierre Descelier）的世界地图，1553。
③ 巴策（Butzer），1992。

克罗斯比（Crosby）对此做了精彩的概括："远航的船只如同钢针一样将分裂漂移的大陆缝合起来，于是家鸡和几维鸟见面，野牛和袋鼠相逢，爱尔兰人吃上了土豆，科曼奇人骑上了马匹，印加人则患上了天花——这些全都是史无前例的。"①

大发现时代除了彻底刷新了欧洲人对世界的认识，也大大促进了他们的航海技术。在 1491 年，穿越大西洋仍不啻疯狂之举。欧洲人天真地相信，水手会永远迷失在茫茫无际的俄刻阿诺斯河中。然而到了 1600 年，任何商人只要备足旅费、募齐船员，都可以用四年时间完成一次环球航行。欧洲各国在过去的一千年里，一直为有限的资源而大打出手，此时则开始放眼世界，建立全球帝国，淘汰过去的商品市场和政治结构，因为新的商品原料和工艺已经变为现实。眼下欧洲人的当务之急，是应对与新大陆和新物种日益密切的联系——这个问题博物学家可能最有发言权。

16 世纪是植物志和其他博物学著作的丰收年。罗德（Rohde）深入研究了这些书籍的规模和研究范围，并重点研究了远至盎格鲁—撒克逊晚期的英文文献，留下一份全面的参考文献清单②。荷兰植物学家、医生、奥地利皇帝的宫廷医生伦伯特·多东斯（Rembertus Dodonaeus，1517—1585）的植物志在此值得一提。这部植物志于 1554 年首次在荷兰出版③，随后译成法文，1578 年由亨利·莱特（Henry Lyte）根据法文版转译出英文版。1583 年，伦敦皇家内科医学院（College of Physicians in London）的一位"教士医生"④ 开始翻译另一版英译本，可惜未能完稿便去世了。这个任务移交到约翰·杰勒德（John Gerard）的手上，后者最终完成了一个配图的修订版，在 1597 年以一个略显冗长的名字《伦敦的约翰·杰勒德

①　克罗斯比，1986，第 146 页。
②　罗德，1922。
③　奥利凡德（Ollivander）和托马斯，2008。
④　罗德，1922。

收集的药用或一般植物志》(*The Herball or Generall Historie of Plantes Gathered by John Gerard of London*) 出版。

这部植物志在几个方面都非常重要。首先，它多次修订和再版，得到广泛的引用。其次，它充分展现了植物学抛除迷信，发展出真正全球视野的进程。两者的例子在全书中比比皆是。书中的每种植物都有基本的形态描述（晚期的版本中还配有插图）、粗略的分布范围、别名以及"味性和功效"，指出了该植物可能的药用价值和制备方法，通常还引述前人著作加以印证。

杰勒德的植物名录中收录了曼陀罗 (*Mandragora*)，但他对有关这种植物的诸多迷信嗤之以鼻①。根据传说，曼陀罗被连根挖起的时候会惊声尖叫，使听者殒命，为了免遭厄运，在收获曼陀罗时必须将一只狗缚在其上作为替死鬼。此外，曼陀罗据说可以催情。而杰勒德认为这些全都是无稽之谈，说"这些关于曼陀罗催情功效的谣传中，充满了上不得台面的污言秽语，简直令人难以启齿"（205）。有人或许想使用这种"催情药"来做一些见不得人的事情，但"应该把这些白日梦和迷信从书籍和人们的脑海中彻底抹去：因为它们根本就不是真的"（205）。杰勒德有理由如此自信，他曾亲手将许多棵曼陀罗"刨出来，种下去，如此反复（205）"而安然无恙，曼陀罗根部状如人形且会发出致命哭声的传说，也就不攻自破了。

杰勒德记录了各式各样的药方，其中不仅有多种"通便药"，还有一些甚至用于治疗一些现在看来是由心理疾病引起的症状。他提到，饮用一种"多刺仙人掌"制成的饮料会使尿液呈红色，但完全无须为此大惊小怪，这些颜色不过来自植物本身罢了。他还绘声绘色地描述罗勒籽的功效，称其可以"疗愈虚弱的心脏，抚慰忧郁造成的悲伤，令人感到欢欣愉

---

① 如无注明，杰勒德的观点皆引自奥利凡德和托马斯（2008）。页码附在文中。

悦"(28)。要是果真如此便好了。

46　　虽然他开出的一些药方中仍有强烈的中世纪特征，但杰勒德已开始热情高涨地直接检验草药的形态和疗效。这种躬行实践的坚持，更多地传承了亚里士多德而不是老普林尼的传统，假如他生于腓特烈二世的时代，肯定会与这位热爱科学的君主志趣相投，成为他的座上宾。

　　但杰勒德一旦开始谈论他没有亲眼见过的事物，就开始露出破绽。在《植物志》的第三章，他听信了前人关于白颊黑雁（*Branta leucopsis*）的古怪传说，混淆了植物和动物的界限①。早在 12 世纪，就有来自印度的故事提到一棵神奇的树，它结出的果实可以孵化出鸟类或类似的生物。杰勒德相信，苏格兰和爱尔兰西岸一带浮木上发现的藤壶，一定也来自同样的一棵树，会孵化成海岸边一大群越冬的白颊黑雁（白颊黑雁在北极高寒地区筑巢，只在晚秋季节南飞）。有趣的是，这个罗杰·培根和大阿尔伯图斯都不相信的故事，却成了伦敦皇家学会（Royal Society of London）的热门议题，一直被讨论到了 17 世纪②。

　　杰勒德绝不是这一时期唯一一位出版植物学或博物学著作的学者。另一位著书立说的博物学家是威廉·特纳（William Turner），他也对白颊黑雁的故事深信不疑③。特纳约于 1508 年生于英格兰，原本是一名牧师。由于标新立异的宗教观点，他只好长期背井离乡，在欧陆流亡。不过特纳的另一项爱好——鸟类学——却因祸得福，因为他在流亡中遇到了挚交康拉德·格斯纳（Conrad Gesner，1516—1565）。当时格斯纳正在编写一套植物学丛书，并撰写一部绘有大量插图的百科全书《动物志》（*The Natural Histories of Animals*）。两位博物学家往来密切，特纳在某次与英格兰教

---

① 兰克斯特（Lankester），1915。

② 同上。兰克斯特用两个章节讨论白颊黑雁和藤壶的关系，并引用皇家学会第一任主席罗伯特·莫里爵士（Robert Moray）的观点，认为白颊黑雁是从藤壶中孵出的。他还加入了一系列精美的插图，说明艺术作品是如何佐证这一观点的。

③ 特纳，1903［1544］。这一版本详细介绍了特纳的生平。

会的常规出访中，可能曾前往瑞士与格斯纳见面。在欧洲期间，特纳开始撰写《普林尼和亚里士多德观察到的主要鸟类志》（*Short and Succinct History of the Principal Birds Noticed by Pliny and Aristotle*），并把关于其他物种的一些笔记寄给格斯纳阅读，其中包括海鹦。特纳对这种生物兴趣浓厚，曾亲手培育一只海鹦长达八个月。

如书名所示，特纳的著作引用了普林尼和亚里士多德的一些观点，但只是将他们批评了一番，同时他尝试把古代和地中海地区的自然观察和"自己亲眼所见的事物"关联起来。在书的结语中，他指出了学术赞助人的可贵，向读者痛陈，在简陋的条件下撰写大部头著作有多么艰难："大名鼎鼎的亚历山大大帝，当之无愧的众王之王……在亚里士多德打算研究动物的时候资助了相当于四十八万克朗的巨款，因为他知道以学者一己之力不可能完成这样的鸿篇巨制……如果当今世上也有这样慷慨的赞助人，那么何愁没有亚里士多德这样的伟人？"①

47

特纳的抱怨情有可原。因为和各种宗教权威机构间冲突不断，再加上众所周知的刻薄性格，特纳总是陷于缺少研究资金的窘境。有一次他提到，因为自己穷困到无力置产，所以"孩子们的哭喊"让他没法专心写作②。

格斯纳除了是特纳的挚交和笔友，在博物学方面也卓有成就。他出生在苏黎世（Zurich）一个贫困的家庭，早早就失去了双亲③。虽然出身贫寒，格斯纳还是怀着一腔学术抱负前往巴黎求学，这位勤勉的学者在那里得到了一位年轻伯尔尼贵族的慷慨资助，但根据麦吉利夫雷所述，他曾"放纵于口腹之欲"（107）。此后，格斯纳回到瑞士，成了家，在一所文法

---

① 特纳，1903［1544］，第 128 页。
② 特纳，转引自李（Lee），1899，第 364 页。
③ 麦吉利夫雷（1834）有些看不上格斯纳，因为他是 17 世纪之前一位资质平平的博物学家，但也给了他几页篇幅，谈到了后面这些内容。页码附在文中。

学校短暂执教。不久之后，他在医学方面展现出过人的天资，得到了公费去巴塞尔（Basel）学习的机会。学医之余，格斯纳利用扎实的古典学基础谋得一份希腊语的教职补贴家用，于 1541 年毕业。四年后，他出版了《世界书目》(*Bibliotheca Universalis*)，意在将所有已知书籍编目整理。余生中，他一直在进行博物学研究，于 1555 年成为苏黎世的一名博物学教授。格斯纳将生命中的最后九年献给了《动物志》一书，在他死后，一名学生接棒完成了剩余的工作。这本书传播广泛，并被译成一个较简明的英文版，两者都影响深远。麦吉利夫雷批评这本书"毫无条理、来者不拒地照搬了大量亚里士多德、伊奥利亚人（Aeolian）和老普林尼的原文，其间夹杂着自己的新观察结果，又配着粗制滥造的木版画插图"（107）。这评价实在过于苛刻，所幸现在的读者们有机会重新审视这部著作，得出自己的看法。格斯纳的确引用了很多古人的观点，但是他和特纳一样，亲自进行了很多有价值的观察，书中的木版画绝非"粗制滥造"，而是精美异常，凭借它们清晰的细节足以辨认出具体的物种。格斯纳虽在书中收录了很多神话中的虚构生物，例如独角兽、半人半羊的萨堤尔（satyr）等，却是超越老普林尼，对物种进行系统研究的第一人。他的书是一个关键的转折点。格斯纳的死永载史册。当瘟疫在苏黎世爆发时，他坚守在病人榻前照料，直至自己也染病倒下。病倒后，他仍在助手搀扶下到书房整理手稿，直至生命最后一刻。

48　　　16 世纪博物学书籍这种井喷般的高产非同寻常①。罗德在其书目清单中记录了这一时期发行的各版植物志，足有十页之多②。这些植物志中有很多重复的信息，有些甚至直接复制了其他版本的内容。其中非常值得一提的是约翰·马普莱特（John Maplet）的《绿色森林或博物学》(*A*

---

① 奥格尔维（Ogilvie），2003。
② 罗德，1922，第 204—214 页。罗德还给出了带注释的文献目录，收录英国及海外早期和晚期植物志。

Greene Foreste or a Naturall Historie）①。马普莱特生于 1540 年前后，1564 年开始在剑桥大学攻读文学学士。随后他成为米德尔塞克斯（Middlesex）一个乡下教区的牧师——当时的许多乡村牧师后来都成了博物学家，马普莱特也是其中一员。《绿色森林或博物学》于 1567 年出版，值得注意的是，书名中使用了"博物学"这个说法。但是他的著述在原创思考方面远逊于特纳等人，埋首故纸堆多于探索未知。马普莱特显然有巨大的野心，想涵盖从地质学到动物学的一切学问，但是心有余而力不足，他记录的物种多出自亚里士多德、老普林尼和大阿尔伯图斯著作的译本。

马普莱特借鉴了古代的生物分类方法，例如将植物分为草、灌木和树，同时沿袭亚里士多德的观点，将动物有无血液作为一大分类依据，但也提到了用行为和形态区分物种的方法。书中最大的创新之处在于，把各种生物在更大的类群下以字母顺序排列。读者查找起来很方便，对此马普莱特颇为自得。

《绿色森林或博物学》的第三卷以动物为主题，也是全书中最引人入胜的一卷，另两卷的主题分别是宝石和植物。美中不足的是，马普莱特没有亲自去检验书中的生物，哪怕有些物种对他来说唾手可得。全书中各种神话中的幻兽和真实存在的生物比邻而居。"不列颠的常见鸟类"下文，就是神话中鹰头狮身的格里芬（griffin），它"羽翼丰满，生着四足"，栖息在"极北苦寒之地""守卫着祖母绿和翠玉等珍贵的宝石"②。书中第一章还提到，祖母绿是一种翡翠，可以用于占卜未来。

马普莱特相信，大象这种聪慧的动物略知天文学知识，会遵照星象每日沐浴清洁。它们同时也是优秀的博物学家，雄象和雌象都钟爱曼陀罗，

① 马普莱特，1930［1567］。
② 马普莱特，1930［1567］，第 149 页。

雄象食之"欲火焚身"，雌象服之利于受孕。大象喜爱人类，害怕老鼠。它们最强的劲敌是龙，可以驮着人类骑手与其在战场上鏖战。象群一路绝尘地冲向恶龙，用沉重的象蹄将它们碾作肉泥，但若是恶龙先发制人地跳到大象背上，便会无情地撕咬，将大象置于死地。就算此时大象反攻，它们也不免在僵持中同归于尽。

49

龙象之战的故事，是这本书中最为详尽的动物行为描述，它虽然有趣，却也令人困惑。马普莱特肯定没有见过真正的大象，龙就更不可能了，但他却为这两种动物而痴迷。这一时期的文献，如 1542 年的《阿伯丁动物寓言集》（*Aberdeen Bestiary*），收录了关于龙象之战的文字和图片，说明这个故事在当时广为流传①。

图 1　龙象缠斗图，出自《阿伯丁动物寓言集》，1542，原图约作于 13 世纪。（阿伯丁大学供图）

————————

① www. abdn. ac. uk/bestiary/comment/65velep. hti（2011 年 9 月 11 日访问）。

这个故事在老普林尼的著作中也有提及[1]。更早的罗马学者提到巨大的非洲蟒蛇绞杀大象的情形，如果是这个故事流传到老普林尼那里，而蟒蛇变成了龙，倒不至于相差太远[2]。但是马普莱特可能是通过更直接的方式了解到这个故事的。约翰·米尔克（John Mirk，约 1318—1414）著有一本《节日》（Festial），或一系列用于不同节日的布道。像马普莱特这样博览群书的人，应该会对这些文本十分熟悉。书中关于圣约翰日（Feast of St. John）风俗习惯的描写中，就出现了大象和龙的战争。马普莱特或许读过原书，也可能仅仅是参考了其他牧师的引用。总而言之，这个故事反映出迷信权威是如何阻碍博物学发展的——此时的博物学混杂着罗马神话、15 世纪的基督教仪式和 16 世纪的综合研究及物种编目。马普莱特本人虽不是现代意义上的博物学家，但已经非常前瞻地预见到研究思想和研究体系的必要性。

与此同时，西班牙人对新世界的探索为博物学带来了新的研究对象。此前在托莱多翻译了多年老普林尼著作的弗朗西斯科·赫尔南德斯（Francisco Hernández，1514—1587）于 1570 年来到了新大陆上的墨西哥[3]。他在美洲大陆上的职责是寻找药用植物，本质上来说正是如今的民族植物学（Ethnobotany）。同时，赫尔南德斯要采集当地的动植物标本，寄回西班牙宫廷进行进一步研究，并通过绘画和写作来描述新发现的罕见物种。

赫尔南德斯的工作完成得无比出色，1577 年回到西班牙后，他带回了超过一千种植物的描述以及三十八卷对开本的笔记。这次考察所获之丰，似乎令西班牙国王腓力二世始料未及，手稿在赫尔南德斯去世很久之后才

① 克罗宁（Cronin），1942。毕比（Beebee）1944 年有一段老普林尼的译文，和马普莱特的文字极为接近。通读下来，他文中的"龙"极有可能指的就是一种蟒蛇。
② 斯托瑟斯（Stothers），2004。
③ 德阿苏亚（De Asua）和法伦奇，2005。

以《新西班牙的药用动植物瑰宝》（*Treasures of the Medical Things of New Spain*）为名修订出版。赫尔南德斯的大部分原始手稿不幸在 1671 年毁于一场火灾，还好有副本幸存，使得书籍可以再版。

在新世界的开拓和殖民，让欧洲人对新大陆本身和寓居其上的人和其他生物兴趣日增。1637 年，托马斯·莫顿（Thomas Morton，1579—1647）出版了一本古怪的小书《乐土新英格兰》（*New English Canaan or New Canaan*），描述了新英格兰地区的美洲印第安人、整体的景观、游荡其间的"野兽"和当地的树木和草本[1]。对新世界更细致的刻画出现在约翰·乔斯林（John Josselyn，约 1610—1675）1672 年出版的《新英格兰奇闻逸事》（*New England's Rarities Discovered*）中，这本书已经非常接近真正的博物学写作[2]。乔斯林有双善于发现自然的眼睛，除了记录大量新英格兰的本土动植物，还统计了第一批殖民者登陆以来，短短百年间人类带入美洲的新物种。

乔斯林也没能幸免于错误和对传说的迷信，他说北美驯鹿前额上"像独角兽一样"顶着笔直的第三根犄角（56），不过也承认这样的情况比较罕见。乔斯林还把胡狼称为"一种狩猎狮子的猛兽"（57）——狼怎么会有本事猎狮子呢？——这也是乔斯林认为美洲有狮子的证据。他很喜欢火鸡，信誓旦旦地对读者说自己曾经吃过单只重达三十磅以上的火鸡，还听说有的火鸡会长成五十磅以上的庞然巨物。他提到了一种"以鹿和胡狼为食"（41）的，比任何鹰都大的巨型猛禽。不过就像三只角的北美驯鹿一样，他承认这种动物非常罕见。

在 1629 年到 1633 年间，威廉·伍德（William Wood）造访了新英格兰，在《新英格兰展望》（*New England's Prospect*）[3] 一书中描摹了那里

---

① 登普西（Dempsey），2000［1637］。
② 乔斯林，1672。本来源页码附在文中。
③ 伍德，1634。本来源页码附在文中。

的自然风貌。伍德希望他的写作能"既让徜徉书海的读者增长见闻，又让未来的旅行家如虎添翼"（2）。他妙趣横生的著作的确做到了这一点［梭罗（Thoreau）在日记中就曾多次引用这本书］，因广受欢迎而多次再版。伍德向我们呈现了一个生机盎然的世界，他描述"修筑三层巢穴"（48）的河狸，赞叹"如彩虹般璀璨"（50）的蜂鸟，他用生动的语言记录了旅鸽迁徙的壮观场景："我看着成千上万的旅鸽如大军过境般飞过，鸽群无穷无尽、无边无际。"（50）他用一种新颖的实验手法写作（书名副标题就提到了这本书的实验性质），尽可能只提及自己亲眼所见的事物。当不得不引用他人的文字时一定会加以注明，总体来说，他对标注引用来源的重视更甚于乔斯林。

科学研究逐渐成为全球化的事业，这意味着一个科研工作者必须能够向广泛的受众阐明自己指的究竟是哪一种动植物。过去科学研究中使用的"常用"名非常混乱，要么给同一个物种起南辕北辙的名字，要么把来自美洲、非洲和亚洲的物种和常见的欧洲物种混作一谈。当采集者的物种目录达到相当规模时，种和属级别的分类关系显然已不够用。彻底跳出亚里士多德的老路子，建立系统的分类方法，成为博物学界迫在眉睫的任务。虽然在真正的黎明到来之前，还有一个世纪的黑暗和若干次失败的尝试，但是新秩序的曙光已经出现在地平线上。

第六章
雷、林奈和世界的秩序

　　对于科学，特别是博物学来说，17 世纪和 18 世纪早期是段非同寻常的岁月。在新世纪的头十年里，中世纪科学家的角色仍如莎士比亚戏剧名作《暴风雨》（*The Tempest*）中的巫师普罗斯佩罗（Prospero）那般。到了这个世纪的尾声，伊萨克·牛顿（Isaac Newton）的巨著《自然哲学的数学原理》（*Principia*）已问世，约翰·雷（John Ray）和他的同行已将植物学从草药学的领域里划分出来，威廉·哈维（William Harvey）则阐明了脊椎动物的血液循环原理，科学和巫术从此永远分道扬镳。现代科学诞生的一大重要条件，便是旅行和通信的日益便捷和普及。由此，即使是在战火、革命和暴乱中，博物学家们仍可以四处游历，见识迥异的风土和生灵，在不断壮大的学术圈中结交同好，写信分享见闻和想法。

　　1660 年成立的伦敦皇家学会（Royal Society）开始大力支持各科学分支学科的研究，发表了大量研究成果，以一种前所未有的方式将科学推入公众的视野。皇家学会以"*Nullius in verba*"为宗旨，意即"不随他人之言"，他们宣布告别故纸堆，以直接的实验来检验一切假设，不再迷信权威。科学从此走出与世隔绝的象牙塔和修道院，张开双臂广纳饱学之士，拥有一技之长的"民间高手"纷纷加入这个不断壮大的圈子，在畅谈和激辩中碰撞出灵感的火花。

陈旧的藩篱开始四处土崩瓦解。越来越精密的光学仪器，让科学家同时在对至大的宏观宇宙和至小的微观世界的研究中取得累累硕果。伽利略的望远镜无疑是 16 世纪最著名的成就之一，相比之下，显微镜的发明也毫不逊色，对于博物学的影响甚至有过之而无不及。关于微观世界的第一部广为流传的著作在 1665 年诞生，它是罗伯特·胡克（Robert Hooke，1635—1703）的《显微术》（*Micrographia*）。这部多次修订再版的著作之所以成功，很大一部分要归功于书中收录的大幅铜版画[1]。同样精美的还有尼赫迈亚·格鲁（Nehemiah Grew）在 1682 年出版的一系列对植物生理结构的研究成果，譬如《植物解剖学》（*Anatomy of Plants*）[2]。像胡克一样，格鲁的著作配有大量精雕细刻的铜版画，将空前精致的细节呈现在读者面前（见图 2、图 3）。

新发现的物种种类繁多，科学界急需一个普适的系统，对如此丰富的研究素材进行命名和组织，分类学应运而生。传统视角下，我们认为是林奈提出了分类学，或者也叫系统分类法，但是这一切并非由他一手缔造，有许多人对此做出了不可磨灭的贡献，其中就有安静的神学家、博物学家约翰·雷。

1628 年，约翰·雷出生在英国偏远地区的一名铁匠家里[3]。雷的一生历经了英国历史上最艰难困苦的一个时期。当雷于 1649 年获得剑桥大学的文学硕士学位时，英国内战才刚刚结束，查理一世（Charles Ⅰ）人头

53

---

① 此书至 2010 年仍由奥克塔沃出版社（Octavo）以高清光盘发行。

② 格鲁，1682。

③ 尼科尔森，1886。

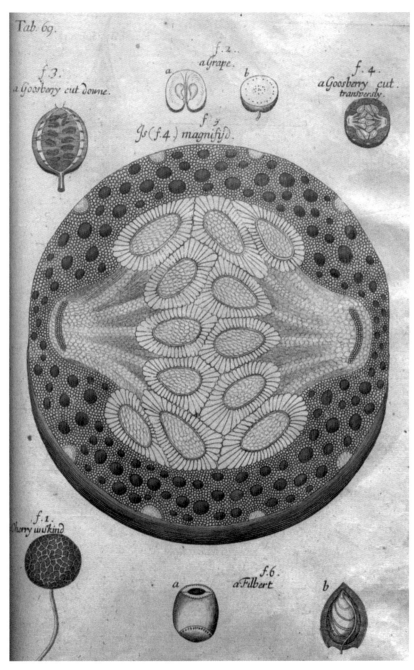

图 2　一颗醋栗的横截面，摘自格鲁的《植物解剖学》，1682。图片放大后仍可
　　　见精美的细节。（作者藏品）

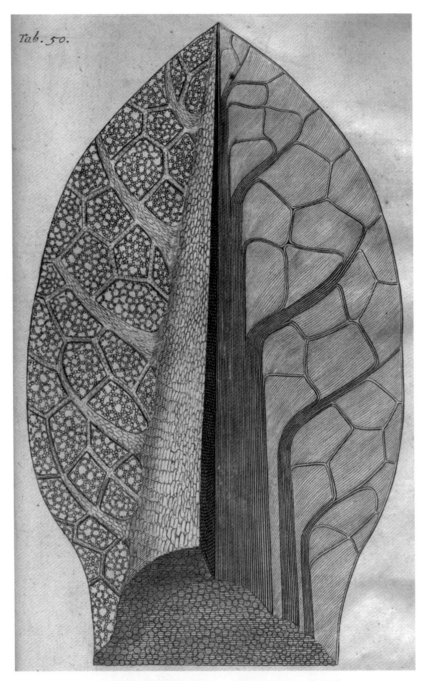

图 3 叶片解剖，摘自格鲁的《植物解剖学》。（作者藏品）

落地，而野心勃勃的奥利弗·克伦威尔（Olive Cromwell）已经做好了入侵爱尔兰的准备。英联邦时期和护国公时期，雷一直在剑桥大学三一学院里教授拉丁语和希腊语，声望日隆。

　　雷的第一部生物类著作是一本按照字母排序的剑桥郡植物名录，虽然这本书到 1660 年才出版，但他似乎在早年就对博物学萌生了浓厚的兴趣①。撰书之前，雷为研究植物及其他生物的标本，在英格兰境内不辞辛劳地跋山涉水。作为老师，雷无疑是幸运的，他的学生青出于蓝而胜于蓝。弗朗西斯·威路比（Francis Willughby, 1635—1672）作为学生也同样幸运，受到亦师亦友的雷的教导，他也开始喜爱博物学，对鸟类学尤其痴迷。师徒二人立志周游不列颠群岛，雷采集植物，威路比观察鸟类，在各自的领域中尽情探索。

　　威路比生于一个有地产的乡绅家庭，有衣食无忧的优裕家境作为后盾，可以心无旁骛地把一生献给学术研究。他是第一批入选皇家学会的科学家之一②。终其一生，除了继承的可观遗产需要花点心思照料以外，威路比几乎没有任何后顾之忧。他可以随心所欲地追求自认为合适得体的教育，而又有哪位名师能比肩他可敬的老师雷，引领他在学海中畅游呢？

　　两位博物学家在 1661 年向北旅行，冒险穿越苏格兰边境。雷在旅行笔记中详细记录了这一次旅行中观察到的植物和动物，还对一路上见到的奇人异事略加评述（笔调大多辛辣诙谐）。这些记录原本应是不打算出版的，即使要出版也要下功夫进行一番修改，但还是在雷死后作为游记被收入其他选集中。三个世纪过去了，作为游记，它们仍旧引人入胜，读起来妙趣横生，甚至强于雷精心润色过的作品。

　　像很多英国人一样，雷对苏格兰人好感寥寥，对他们的习俗、建筑、

①　雷，1660。
②　德比尔斯（De Beers），1950。威路比在 1661 年入选为成员（皇家学会在一年之前拿到了许可）。雷在 1667 年才入选，可能是不同政见导致雷没有一开始就入选。

人和事物也都瞧不上眼："他们没有上乘的面包、奶酪和饮料。他们既不会制造这些美食，也不懂得学习。他们的黄油滋味平常，没人知道他们的饮食为何如此糟糕。"[①]雷对苏格兰人的态度（正如他们对他和威路比的态度一样恶劣），至少有一部分受到了当时的政治风气的影响。苏格兰人在英国内战中受到重创，并在接下来的五代人时间里持续不断地面临侵略、殖民、暴乱和镇压。苏格兰人早已受够了南方英格兰人的欺辱，两个搜集鸟类和植物的英国学者对他们来说，当然不是受欢迎的客人。

到达邓巴（Dunbar）后，他们前去爱丁堡附近的巴斯岩（Bass Rock）探访那里的大型海鸟栖息地，在生动地描绘了鲣鸟［gannet，雷称之为塘鹅（Soland geese）］筑巢的景象后，雷说："它们的雏鸟是苏格兰的一道名菜，售价昂贵（一道相当于现在的二十美元），我们在邓巴倒吃了不少。"[②]雷称这座岛的主人每年仅靠贩卖蛋和鸟就能赚到高达一百三十英镑的收入，但是每年都有人为了收集鸟蛋而跌落身亡。介绍完鸟蛋和生意后，雷还在笔记中罗列了自己在岛上观察到的植物。

在接下来的春天和夏天，雷和威路比再次出发，这一次取道威尔士，中途登上了斯诺登山（Snowdon），在那里，雷对高山植物进行了记录，然后他们继续穿过康沃尔（Cornwall）来到英格兰南岸。从他们一路上对旅行的记述中，不难看出两人对鸟类和植物的热爱难分伯仲。他们的笔记中除了大量对植物和鸟类的记载，还包括当地的传说和故事，但是雷明白无误地指出了哪些是他认可的，哪些的真实性要留给读者自行定夺。一个有趣的例子是，有人对雷说人们在圣诞节那天可以轻而易举地徒手抓到鲑鱼，雷对此的回应是引用了一句圣奥古斯丁（St. Augustine）的话："Credit qui cupit"，换句话说就是："人若想要犯错，只管罔顾事实相信他

57

---

① 雷，转引自兰克斯特，1847，第 153 页。

② 雷，同上，第 155 页。

们想相信的[①]。"一个世纪以前，轻信坊间传闻对于博物学家们还是司空见惯的事，雷的宣言对于博物学来说无疑是个激动人心的飞跃。

1662 年夏天，在旅行结束返程的路上，雷满心希望可以过上潜心学术的平静生活。他从 1660 年起就开始担任圣职，但是拒绝参与内战期间席卷全国的宗教论战。在 1662 年底，雷因为拒不宣誓支持《统一法令》（*Act of Uniformity*，对宗教活动做出了明确的限制），被迫从三一学院辞职[②]。

辞职后，雷和威路比决定好好利用这次机会去欧洲游历一番，拜访其他学者和大学，收集更多标本[③]。在接下来的几年中，他们几乎游遍了西欧，经常从露天市集中买来活蹦乱跳的鸟，仔细地解剖和记录[④]。

在欧洲期间，威路比为了锻炼解剖技巧在医学院短暂学习，而雷独自继续着他的植物之旅。两个人都记录了大量笔记，可惜很多都在寄往英国的途中丢失了。1664 年，威路比前往西班牙，随后从那里返回英国。雷继续访问欧洲南部，拜访了西西里、马耳他和瑞士，在 1666 年返回英国。这次旅行的故事以《游记》（*The Itineraries*）为题于 1673 年出版，它寓教于乐，展示了欧洲各地的风土人情，即可以作为科学手札阅读，又可以看作是旅行见闻[⑤]。

从现存的书信，以及雷对威路比所著《鸟类学》（*Ornithologia*，1676）一书的无私帮助可以看出，两人不仅是工作上的搭档，更是生活中的挚友。信中的一些话语甚至令今人讶异，例如威路比在一封从西班牙寄

---

① 雷，同上，第 178 页。
② 关于雷拒绝支持《统一法令》详细原因的讨论，见麦克马洪（MacMahon），2000。本质上来说，麦克马洪认为雷早已对剑桥的政治氛围感到不满，受够了要求教员们没完没了地宣誓的日子。对他来说，和威路比一起去旅行的计划可能更有吸引力，比起留在科研方法越来越倒退、实验方法越来越弱化的剑桥，也会更有收获。
③ 兰克斯特，1847。
④ 兰克斯特，1848。
⑤ 雷，1673。

给雷的信中说道："现在我建议你无论如何都要来西班牙看看……不过比卡尔多纳（Cardona）更远的地方就没必要去了，除非你想航行去加那利群岛，或者搞到一个安达卢西亚婊子。"① 这看起来绝不是老师和学生的对话，但是威路比在那时还是未满三十岁的毛头小伙，而雷虽然担任圣职，却显然没有为出格的言行而大惊小怪。短短几年后，在风趣的小书《英文谚语集》（*Compleat Collection of English Proverbs*）的前言中，他写道："虽然我憎恶一切亵渎的言语，但要是认为一切粗鄙的词汇都有辱斯文，以至于要杜绝所有带脏字的谚语的话，我绝不同意。"② 58

威路比想要在旅行中抵达尽可能远的地方，获得尽可能多的见闻。在提到"安达卢西亚婊子"的同一封信里，威路比暗示皇家学会可能会赞助他们俩或其中一人攀登特内里费峰（Peak of Tenerife），这个地方在本书后面的章节中还会多次出现。威路比还有去美洲探险的宏伟愿望，可惜却没能活到愿望成真的那天，令人忍不住遐想，假如他能活得更久一点，那将会为博物学做出怎样惊人的成就来。

在 1667 年威路比结婚之前，师徒二人在英格兰南部最后一次同游。虽然在成家立业、初为人父的这段时间里，威路比多少有些分神（他和妻子在接下来的四年里孕育了三个孩子），但却没有完全放下研究，1669 年他还和雷合著了一篇关于树液的论文。与此同时，雷独自前往约克郡旅行，在返回后写下了《英格兰植物目录》（*Catalog of English Plants*）。这本书对他之前的《剑桥植物名录》做了重要的补充，着重讨论了他独自以及和威路比一起在英国境内进行的数次旅行，并叙述了自己与其他博物学家的通信交流。《英格兰植物目录》在 1668 年出版，可以看出雷和威路比当时正致力于为包罗万象的博物学建立一个统一的命名系统，雷负责植物学，而威路比负责动物学。

---

① 威路比，转引自兰克斯特，1848，第 7 页。
② 雷，1732，第 iv 页。

然而威路比的身体一向不太壮健，此时日渐衰弱。到 1672 年，已到弥留之际的威路比写下一道遗嘱，以六十英镑的年金聘请雷做自己孩子的老师，只要精打细算，这笔钱足以令他余生免于生计之忧。这年夏天，威路比留下尚未完成的动物学工作撒手人寰。次年，雷结了婚，辗转多地后回到了老家布莱克·诺特利（Black Notley），在那里孜孜不倦地写作、研究，直到去世。

雷对博物学最大的贡献是发展出了全面超越亚里士多德的等级式分类学（hierarchical taxonomy）。这一工作似乎从雷在剑桥研究植物学时就开始了，最初他只是简单地以字母顺序排列物种，很少在消除冗余信息方面下功夫，随着他的工作不断推进（继《英格兰植物目录》之后，他在 1673 年又出版了一本《英格兰外来植物目录》），他发现建立一个更好的植物识别分类系统，才是迫在眉睫的需要。

59　　在集中精力专攻植物学之前，雷感到有一种使命，一定要替好友威路比完成生前的鸟类学工作。1676 年，雷将威路比的《鸟类学》修订出版。有的学者认为，大部分的工作其实都是雷完成的，但是其他学者则坚信，威路比在鸟类分类学、解剖学及行为学的研究中，从始至终都起着举足轻重的作用①。

这本书把所有鸟类分为陆生和水生两种形态，与霍亨斯陶芬王朝的腓特烈二世类似（但是去掉了腓特烈二世的"两栖鸟"分类）。这种有赖于地理分布的初步划分在雷后来的植物学分类中被摒弃了，这也佐证了《鸟类学》本质上是威路比的手笔。在陆生鸟内部，这本书又进一步根据喙的形状和爪子的结构进行分类，接下来的分类等级是饮食习性，再下一级取

---

① 前一种观点见从不放过任何机会挑剔他人工作的麦吉利夫雷（1834）；他的评价虽然通常都很有见地，但也不是全然正确。后一种观点可参考伍德（1834），他认为："我必须要说，不管和蔼可亲的雷多么擅长植物学，他在鸟类学方面其实鲜有建树，他的整个系统和书中使用的鸟类名称都出自威路比之手。"（4）关于雷和威路比各自贡献的讨论，亦见于施特雷泽曼（Stresemann，1975）。

决于物种是夜行还是昼行，诸如此类。水生鸟则分为游禽和涉禽，再进一步根据足和喙的结构划分。

《鸟类学》中的命名法仍旧相当含糊，雷和威路比通常用一个拉丁文单词来表达属的含义，若属内只有一个物种，那这种鸟类的名字就被当作属名，若属内有多个物种，则分别用两个或两个以上的拉丁文词语进行标记[①]。除了拉丁语，他们同样会标注某些鸟的英文名称，你可以从字里行间感受到雷对收集鸟类英语俗名的热衷，尤其是那些带有神话传说或者怪异新奇的名字。书中列出了啄木鸟（woodpecker）的许多别名，有"憎木鸟"（woodspite）、"啃树鸟"（pickatrees）、"雨鸡"（rainfowl）、"高锄头"（highhoe）等。雷喜爱乡村俗语，在完成《英文谚语集》后还搜集了一系列"冷门"的单词，所以常能就一个物种旁征博引（有时候甚至离题万里），列出许多别名，虽然不是所有读者都喜欢这种写法，但是这对于当时的物种识别很有帮助。

威路比的遗孀负责监督制作《鸟类学》的雕版画插图，传记作家们暗示她与雷之间关系紧张[②]。这些画作的水平固然远远不及约翰·古尔德（John Gould），也逊色于奥杜邦（Audubon），但在当时的工艺水平下已经难能可贵，很多插图都出色地传达出了作者的意图。其中啄木鸟解剖图（见图4）连鸟舌都刻画得栩栩如生，很多其他鸟儿的插图也令人爱不释手。

完成威路比的遗作后［1686年，威路比与雷的第二部共同著作《鱼类志》（De Historia Piscium）出版[③]，雷去世后，第三部合著《昆虫志》

---

① 迈阿尔（Miall），1912。

② 威路比，1686。可怜的雷；谢林汉姆（Sheringham，1902）绝不是把这本书全部归功于威路比的唯一学者，认为雷只是"写了一篇很好的前言"。皇家学会的成员出资聘请画师，为这本书贡献了精美的插图。日记作家、当时的皇家学会主席塞缪尔·佩皮斯（Samuel Pepys）是主要赞助人。

③ 雷，1686。

图 4　啄木鸟，摘自弗朗西斯·威路比的《鸟类学》，1676。注意图中啄木鸟舌头的清晰
　　　程度。（作者藏品）

（De Historia Insec-torum）出版]，如释重负的雷终于可以专注于植物学
研究。雷的《植物分类新方法》（Methodus Plantarum Nova）在 1682 年横
空出世，标志着植物分类迈上了新的台阶，人们对植物的认识也达到了前
所未有的深度。雷不再使用地理分布和用途来对植物进行分类，而是提
出，只有形态结构才可作为植物分类的真正依据①。

61

雷对意大利植物学家安德烈亚·切萨尔皮诺（Andrea Cesalpino，
1524—1603）过去的工作十分认可，切萨尔皮诺也用果实的结构来给植物
分类，但是雷比他走得更远，加入了更多的形态特点作为分类的参考依
据。他特意提醒读者，植物形态的个体差异很大，很多之前被当作不同物
种的植物，其实只是同一物种在不同气候、土壤或栽培条件下发育出的变
种。雷认为一个性状只有在后代身上表现出来并延续多代，才可作为站得
住脚的分类依据，这几乎与现在生物学"种"（species）的概念一致。他沿
袭了亚里士多德的做法，同样将植物分为"草"和"树"，但是他开始综
合考虑果、花、叶和其他部位的形态，提出一种二歧式分类方法，在书中
以一系列的表格呈现出来。

在 1686 年到 1704 年间，雷开始撰写《植物志》（Historiae
Plantarum），最终完成一部长达三卷的综合巨著，他在其中提出了一套英
文—拉丁对照的植物命名法②。这项工作显然是雷和威路比最初宏伟蓝图
的一部分，那就是为博物学打造一部应有尽有的百科全书。全书的筹备和
出版受到雷的好友汉斯·斯隆爵士（Sir Hans Sloane，1660—1753）的鼎
力相助。斯隆爵士不仅为博物学家的研究慷慨解囊，还热衷于收藏，这一
爱好已在英国和欧洲上流社会中蔚然成风。他的私人藏品最终成为大英博
物馆的开端，他的友情也一定曾给予雷莫大的激励。

除了博物学方面的科学研究，雷最为人称道的是在神学与科学间游刃

---

① 雷，1882 [1682]。
② 雷，1686，1693，1704。

有余的能力。还在剑桥大学时，雷每周日都要为师生举行布道，或者用听众的话说——"陈词滥调。"他最重要的著作《造物中展现的神的智慧》（*The Wisdom of God Mani-fested in the Works of the Creation*），也许就源自一次这样的布道讲话，但是这次布道在何时何地进行，我们却不得而知①。这本书在初版前后历经数次修订，成为后来威廉·佩利（William Paley）主张的自然神学（natural theology）的基石②。雷的这部著作之所以重要，有几方面的原因。他也回忆先贤，特别提到了普林尼，但秉承着科学家的精神，坚持进行直接的科学观察和同行间的学术交流。就像布道的题目那样，雷主张一种广泛的目的论，认为万事万物都有目的，而生物存在的目的取决于其等级地位：从单纯为了个体生命的利益，到服务于物种，乃至造福人类，最终则是为了彰显上帝的荣光。然而，假如跳出目的论来看，我们不难从这个观点中窥见很多现代生物学中的常见理论。举个例子，雷先于戴维·拉克（David Lack）近三百年提出，鸟类并不是生不出更多的蛋来，只是把生蛋的数量控制在一个合理的水平，以便尽可能多地繁育后代③。为了支撑他的假设，雷还提到了几次从家鸡和燕子巢中取走鸟蛋的实验。当然，雷的上述努力都是为证明上帝的恩泽而非自然选择，但是这些观点中竟蕴含着未来科学理论的缩影，不得不令人啧啧称奇。

　　《造物中展现的神的智慧》大获成功后，雷继续创作了一系列讨论科学和宗教关系的论著，包括在 1692 年发表的三篇论文，分别关于世界的创造、维持和最终"解体"④。这一次，雷仍旧有些超前于时代。他用类似

---

① 1691 年个人出版，1714 年再版（雷）。标题本身很重要，因为它体现出雷的研究范围，以及将教义与自己的观察结果调和起来的努力。对一个更早版本的评价见佚名（1803）。

② 佩利，1813。

③ 沃夫（Werf，1992）对此进行了回顾和评论。值得注意的是，拉克除了是 20 世纪最出色的鸟类学家，还是虔诚的英国圣公会信徒，在一本著作中（拉克，1957），他还试图把自己作为领先的达尔文主义者的身份和宗教信仰调和起来。

④ 雷，1692。

后来的均变论（Uniformi-tarianism）的说法——一种对当时可以观察到的地质侵蚀和火山运动等自然现象的运用——来解释世界的创造和可能的终结。他正确地指出化石是死去生物的遗存，还认为除非太阳消失，否则世界不会毁灭。

1690 年，雷发表了《不列颠植物纲要》（*Synopsis Methodica Stirpium Britan-nicarum*），麦吉利夫雷认为，这是迄今为止"关于不列颠植物最重要的著作"[1]。1695 年，他写出《植物解剖方法概要》（*Dissertatio Brevis*），整理了一系列证据来反击对他植物分类方法的质疑。着手进行《植物志》最后一卷的写作，占据了雷 1688 年到 1704 年间的大部分光阴，同时，他还在继续推进和修订威路比三十多年前开始但没能完成的昆虫研究。雷去世于 1705 年，考虑到他的高寿，这并不是个突然的噩耗，但他对科学的奉献精神和善良谦和的人格魅力，世人将永远铭记。

雷和威路比的著作使分类学面貌一新，进化生物学家蒂姆·伯克黑德（Tim Birkhead）评价雷可能是"有史以来最敏锐的博物学家"，但是他们的工作还有很多尚未完成[2]。两位博物学家试图为生物的命名和识别提出一个标准化的系统，并找出可作为动植物种属划分依据的决定性特征。这个宏伟蓝图的最大弱点在于，他们在划分物种时过多地依赖单一的特征，但是单一特征本身要么不够稳定可靠，要么就不像他们预期的那样显著，以至他们会把一些亲缘较近的物种划分到较远的类别里。

在雷之后涌现出一位新的博物学家，他在声望和方法上继承了前者，但出身和性情却大不相同。卡罗鲁斯·林奈乌斯（Carolus Linnaeus，拉丁化姓名，后文中均译作"林奈"）[3] 在雷去世后两年出生在瑞典。根据各

---

[1] 麦吉利夫雷，1834，第 165 页。
[2] 伯克黑德，2010，第 79 页。
[3] 林奈原名卡尔·林奈乌斯（Carl Linnaeus），亦有卡罗鲁斯·林奈乌斯（Carolus Linnaeus）这一拉丁化的名字，受封贵族后又称作卡尔·冯·林奈（Carl von Linné）。——译者注

种记载，他从很小的时候就爱上了植物学①。林奈的父亲是一位乡村牧师，他放任儿子沉浸在植物的世界中度过了童年，但却满心希望他接过自己的衣钵成为一名牧师，于是便把林奈送到邻村的语法学校学习希腊语、拉丁语和古代经典。小林奈并不是个乖孩子，比起规定的课业，他更喜欢跑到树林里采集植物、观察动物。升入高中后，林奈的成绩已经落后太多，老师跑去向他的父母抱怨，失望的双亲决定让林奈退学，送他去修鞋铺当学徒。

一位慧眼识珠的医生注意到了林奈，并说服他的父亲，这孩子在医学方面颇有天分。于是林奈搬到医生家中，在那里学习生活两年之久。接着他考入隆德大学（University of Lund），在那里结识了一位教授，不仅为他提供食宿，还鼓励他走上了博物学的研究道路。

尽管受到资助人的眷顾，林奈还是厌倦了隆德大学，想要转入更有名气的乌普萨拉大学（University of Uppsala）。他甚至没有道谢，也没有解释原因，就离开资助人的家前往乌普萨拉，显得自私又鲁莽。一到乌普萨拉，他便陷入穷困潦倒的境地，不得不依靠新朋友的善意和慷慨接济度日。

这段时间虽然穷困潦倒，林奈还是幸运地遇到了学术生涯中的贵人。当他在植物园中散步时，遇到了神学家奥劳斯·摄尔西乌斯（Olaus Celsius，1670—1756）②。摄尔西乌斯随口问了几种植物，没想到眼前这个衣衫褴褛的穷学生竟然应答如流，令他惊讶不已。摄尔西乌斯把林奈带到家中，允许他翻阅自己的藏书和论文。林奈就这样成为摄尔西乌斯的助

---

① 麦吉利夫雷（1834）在一部颇具圣徒传记色彩（尤其是对这样一位通常严厉到近乎刻薄的作家来说）的著作中花大量笔墨描写林奈。施特弗尔（1794）是另外一个来源，虽然异乎寻常地英语化，但是也提供了大量有价值的信息。

② 摄尔西乌斯是发明摄氏温度计的天文学家安德斯·摄尔西乌斯（Anders Celsius，1701—1744）的叔父。老摄尔西乌斯发表了一部重要的工具书《圣经植物手册》（*Hierobotanicum*），收录圣经中的植物［见鲍尔弗（Balfour，1885）］。亦见于佚名（1863）。

手，协助他进行植物学研究，而且林奈似乎正是一边在摄尔西乌斯的图书馆中读书，一边想到可以用花的结构作为植物分类的基础的。

摄尔西乌斯还为林奈引见了曾在 1695 年前往拉普兰（Lapland）的鲁德贝克（Olof Rudbeck the Younger，1660—1740）。拉普兰是瑞典最北部的省份，在当时还是一块鲜有人踏足的神秘土地，对博物学家具有无穷的吸引力。鲁德贝克是乌普萨拉大学的植物学教授，曾经完成过对拉普兰的初步考察，他对林奈丰富的植物学知识大加赏识，免除了他在植物园听课的学费，这对于一名囊中羞涩且没有学位的穷学生来说无异于雪中送炭。同时，鲁德贝克给了林奈一份工作，那就是重启和拓展对拉普兰的探索之旅。

林奈在《拉普兰游记》（*Lachesis Lapponica*）中记录了这段长达五个月的激动人心的旅行①。从细致的植物素描，到拉普兰人如何通过摇晃来哄孩子睡觉，游记中不乏即兴而发和引人入胜的内容。林奈首先描述了他的行头和装备，其中他的背包里装着"一件衬衫、两副袖套、两件半截裙；墨水瓶、笔筒、显微镜、望远镜；一顶防蚊虫的纱帽、一把梳子；对开本的日记本和植物标本吸水纸；《鸟类学》《乌普兰植物志》（*Flora Uplandica*）和《属的特点》（*Characteres generici*）的抄本""身侧用挂钩携带着一把鸟枪和一把用于测量的八棱柱木棍"②。在人迹罕至的荒原上跋山涉水五个月，携带的装备却仅此而已，真是令人难以置信。

林奈起初的几次旅行都是从波的尼亚湾（Gulf of Bothnia）出发，从东向西横穿内陆，后来又沿着现在芬兰的海岸探险。关于他旅行的总长度有些争议。麦吉利夫雷引用了一个较常见的数据"大约三千八百英里"，来源可能是《拉普兰游记》的附录③。这意味着在旅途的一百五十天中，林奈每天都要马不停蹄地前进二十五英里（四十公里）。但根据林奈的日记，

① 林奈，1811。
② 林奈，1811，第 1 页。
③ 麦吉利夫雷，1834，第 216 页。

他时常会为了采集植物或躲避恶劣天气而停留一段时间。古尔利（Gourlie）认为林奈的横穿至少有一次是"撒了个小谎"，而其他学者则不留情面地认为林奈既谎报了行程的距离，也夸大了遇到的危险①。

然而与其对林奈的人品吹毛求疵，不如回过头来认真读读《拉普兰游记》。这部非凡的著作在某些方面甚至可以媲美达尔文的《比格尔号航海记》（*Voyage of the Beagle*），且因最初本不打算出版而更加真实可信。几页拉普兰人的婚俗之后，林奈紧接着就开始讨论当归属和其他植物在当地的俗名，这样的写作还能在哪里看到呢？任何一个曾被肆虐的蚊虫折磨得几近疯狂的野外生态学家，肯定都会对下面这段话既忍俊不禁，又感同身受：

> 我之前就讲过在拉普兰之旅中受到的蝇虫之苦。在这个地方，一种非常小的苍蝇仍令我不堪其扰。它们长约十二分之一英寸，细长；胸部青灰色，前额发白，眼睛呈黑色，翅膀透明；躯干灰色，狭卵形；一对翅的着生处各有一个白色的鳞片……最烦人的地方在于，它们喜欢在人脸上乱飞，还常常闯进鼻子、嘴巴和眼睛里②。

这段描述的细节是如此丰富。尽管文字本身还有待进一步推敲和斟酌，但已经开始高瞻远瞩地描述物种的分类学特点，而文末的抱怨又增添了一丝鲜活的人性色彩。在之前的一段文字中，林奈讲到他曾在一次森林大火中仓皇躲避熊熊燃烧、不断垮塌的树木，"当这次险象环生的旅途结束后，我们简直不能更开心了"③！

脱险的确令人欣欣鼓舞，但是比起火灾和洪水——这些只有偶尔才会碰上的、生死攸关的威胁——无休无止的蚊虫叮咬又能好到哪里去呢？总

---

① 古尔利，1953；关于反对观点，可参见柯纳（Koerner，2001）和布朗特（1971）。
② 林奈，1811，第114页。
③ 同上。

体来说，读者会感受到这些游记出自一位年轻人的手笔，他充满雄心壮志，期待着一个机会来大放异彩，并且为这一天的到来竭尽所能地积累研究素材。

1732 年 10 月，从拉普兰返回的林奈成为皇家科学学会的会员，皇家科学学会位于乌普萨拉，是他旅行的赞助方。但是这份殊荣却不包括任何物质奖励，所以林奈不得不开设博物学课程来糊口。此时，林奈仍没有任何学位傍身，他的行为很快招致了大学学者们的不满。在解剖学教授尼古拉斯·罗森（Nicholas Rosen）的抗议下，学术委员会（academic senate）禁止林奈继续讲课。林奈不知是被愤怒冲昏了头脑，还是想要虚张声势一番。他偷袭了罗森，企图用一把剑将他捅死。还好他要么是剑术太过差劲，要么根本没想置对方于死地，路人及时冲上去把剑夺下，阻止了一场惨剧发生。攻击一位大学老师可不是容易过关的轻罪，摄尔西乌斯使尽浑身解数才让得意弟子免遭流放。林奈只受到一番斥责就轻松脱身，但众所周知，这时候他最好离开乌普萨拉避一阵子风头。

也就是在这个时候，林奈认定他脱贫的最好方法就是娶个富家女。一位条件优越的淑女很快出现在他的视野中：萨拉·伊丽莎白·摩瑞（Sara Elisabeth Moraea），她的医生父亲是瑞典法伦市（Falun）最富有的人之一。虽然萨拉对林奈死心塌地，但她父亲却将信将疑，坚持要等三年后林奈学成归来、功成名就之时，才让爱女出嫁。囊中羞涩的林奈无法支付出国学习的费用，在乌普萨拉又是个不受欢迎的人物。不知是出于极度的信任还是炽热的爱情，萨拉给了未婚夫一大笔钱用于出国求学，盼着他早日拿到学位，回来履行婚约。

林奈来到荷兰。1735 年 6 月，他终于修完了医学院的课程，准备进行最后的论文答辩。在临走前的一个星期，林奈发着烧完成了论文答辩[①]。

66

---

① 法伯（Farber），2000。

虽然遭到了严厉的批评，但论文水准之高已经足以让他取得学位。

林奈似乎很喜欢荷兰，并没有急着返回瑞典。他搬到莱顿（Leyden），不消一会儿就在那里勾搭上了一群新朋友，心安理得地靠着金主们的接济安然度日。此时，他和萨拉的积蓄都花得差不多了，只好暂住在一间狭小的阁楼里。在荷兰这段时间里，林奈旁若无人地沉浸在博物学的世界中，潜心著书立说，硕果累累。从在拉普兰的日记中就可看出，林奈一直在思考如何建立系统的分类学，但可能是由于颠沛流离的生活，这些想法一直没能付诸实践。在莱顿，受到好友们的鼓舞，林奈感到把想法付诸实践的时机已经成熟，他的第一部著作《自然系统》（*Systema Naturae*）在 1735年出版。

《自然系统》的第一版，或者更准确地说叫作《根据纲、目、属、种划分的自然三大界系统》（*The System of Nature by the Three Natural Kingdoms According to Classes，Orders，Genera，and Species*），只有短短的二十八页。这本书前后修订了十三次，最后一版在林奈死后才面世，每一版的篇幅都会因为细节的修缮和加入更多经过分类排序的物种而显著增加。

67　　在林奈的分类系统中，较高的分类级别（界、纲、目）因为选取方便观察的特征作为划分依据而显得较为"人为"。他认为只有属和种的关系是较为"自然"的，能够反映出一定的生物学甚至神学意义。林奈把自然界分为三大界，这种观点不仅是那个时代对自然的理解和定义的体现，它的本源甚至还可以追溯到雷乃至亚里士多德：矿物既没有生命也没有感官，植物有生命但是没有感官，而动物兼具生命和感官，并且至少在生命中某些时刻是可以移动的。

在界的级别之下，林奈把物种分为几个纲。在动物界中，他分出了六个纲：哺乳动物纲、鸟纲、两栖动物纲（包括爬行动物）、昆虫纲、鱼纲和蠕虫纲。最后一纲似乎容纳了所有不属于其他类别的动物，不出意料的是，这一纲首当其冲地被后来的学者取消。在每个纲中，林奈都根据进一步的特征分出若干个目，每个目之下则是最终具有明确生物亲缘关系的"自然的"属和种。在林奈的创新分类体系中，生命力最持久的特征要数他一以贯之的拉丁双名法。现代科学家仍在用这种形式为所有物种命名，所以全世界的人类都可以被称为"*Homo sapiens*"，而不同学科背景、使用不同语言的科学家都可以放心地使用拉丁学名，确保他们讨论的是同一个物种。

林奈从一开始就深谙植物世界的多样和复杂。在他的系统分类法中，以植物的性别特征——雄蕊、雌蕊等——作为分类的依据。而动物界中，则用一些其他共同特征的集合来决定属和种。这种分类方法的优点是简便，适用于植物学家遇到的大部分（但不是全部）植物，且只要有植物标本就不难观察到这些特征。

18 世纪 30 年代的荷兰是博物学家的圣地。几个世纪以来，善于航海的荷兰人已经在东南亚，特别是在现在印度尼西亚的岛屿一带建立了数个殖民地。同时，他们也在美洲、非洲和中国积极开展贸易，荷兰东印度公司的货船源源不断地运回千奇百怪的动植物。林奈一向具有挑选金主的慧眼和好运，这回他遇到了阿姆斯特丹的一位植物学教授约翰·布尔曼（John Burmann）。布尔曼对林奈识别植物的能力激赏不已——据施特弗尔（Stoever）称，他们相识之初曾就月桂属（bay tree）的正确分类争执不下①——说服他在荷兰多待一段时间，帮助其出版一部锡兰（斯里兰卡）植物志。

1736 年，布尔曼和林奈受邀来到乔治·克利福德（George Clifford）的宅邸做客，此人是东印度公司的一名董事，也是一位狂热的博物收藏家。克利福德拥有几个大型温室来培育引种的热带植物，还建立了一个私人动物园豢养来自全世界的珍禽异兽。他也为林奈的植物学知识所折服，

①　施特弗尔，1794。

68

以一本汉斯·斯隆爵士的《牙买加博物志》（*Natural History of Jamaica*）为代价（克利福德有两本），将林奈从布尔曼那里"买"了过来。林奈本人似乎并不介意赞助人把他像一件商品一样转手，他俨然已是一颗冉冉升起的新星，而克利福德不仅能给他一份体面的生活，也能让他接触到更珍稀的标本。

在新赞助人克利福德的帮助和提供的便利之下，林奈进一步发展了自己的分类方法，将一系列搁置已久的工作悉数出版，其中 1737 年出版的《植物属志》（*Genera Plantarum*）介绍了近一千个属的植物；《植物学基础》（*Fundamenta Botanica*）概述了植物学研究的基本原则；《克利福德园》（*Hortus Cliffortianus*）则是克利福德所收藏植物的名录。同时，凭借临近几家馆藏丰富的图书馆的地缘便利，林奈完成了《植物学百科》（*The Bibliotheca Botanica*），其中引用的文献近一千本。克利福德是位体贴的赞助人，他为林奈支付去伦敦的旅费，让他可以去看望雷的老友汉斯·斯隆爵士。斯隆一开始并不欣赏林奈，但同意让他参观自己的图书馆——藏书超过五万卷——和收藏，然后送他前往切尔西药用植物园（Chelsea Botanical Gardens）参观，斯隆本人是那里最主要的赞助人。林奈一开始在这里也碰了一些钉子，但最终向植物园的员工证明了自己的实力。

离开切尔西药用植物园后，林奈来到牛津大学，希望从那里的植物园中为克利福德采集一些标本。他当时还不认识约翰·蒂伦尼乌斯（Johann Dillenius，1687—1747）。蒂伦尼乌斯帮助出版和更新了雷在植物学方面的工作成果，此时已经读过了林奈的《植物属志》。对于林奈的许多新分类，蒂伦尼乌斯大为光火，想要考考这位初生牛犊不怕虎的年轻人。林奈不懂英语，两位学者就用拉丁语过招。当中蒂伦尼乌斯转身对一位助手说："这就是那个搅乱了整个植物学界的家伙么。"[①] 林奈感受到了对方的鄙夷，

---

① 蒂伦尼乌斯，转引自布赖特威尔（Brightwell），1858，第 8 页。

打算离开。在告辞之前，他问蒂伦尼乌斯自己究竟怎样冒犯了他。蒂伦尼乌斯拿出林奈的书，上面标注了大量的不同意见和更正。在两人的争论中，蒂伦尼乌斯对林奈的印象大为改观，所以允许他从植物园中采集了各种标本，甚至为他引见了其他几位牛津大学的教授，其中很多人后来都与林奈保持着良好的往来，对他的学术生涯裨益良多。

69

从英国返回后，林奈埋头写作，除了前面提到的几本，还完成了《植物属志》的增补以及早年拉普兰之行的植物志。他自然乐得一直留在荷兰，但是家乡的情况却不遂人意：他离开未婚妻已经太久了，替林奈鸿雁传书的朋友（也许是迫于准岳父的压力两人不能直接通信）开始认为自己比林奈更有资格去求婚①。尽管如此，林奈还是不紧不慢地踏上归途，先在巴黎逗留了一段时间，四处参加讲座和沙龙，过得有滋有味。

在法国待了几个月后，林奈终于回到斯德哥尔摩。萨拉热情地迎接他的归来，但是准岳父仍不准婚，认为林奈先得找到一份稳定的工作才能养家。于是林奈开始行医，很长时间后才在海军谋到一份差事。不久，国王亲自聘请林奈为皇家植物学家。1739 年 6 月，他终于有资格迎娶未婚妻，结束了她漫长辛苦的等待。

1741 年，林奈成为乌普萨拉大学的医学教授，接着执掌乌普萨拉大学植物园，用他自己的分类系统将植物园扩建重组。在接下来九年里，他在学生的陪同下进行了几次瑞典境内的考察，改编修订自己之前的著作，并出版了几部新的植物志。林奈的新分类系统遭到了许多质疑，他独特的人格魅力征服了其中一些人，也冒犯了另外一些，但是新系统具有简明直接的逻辑，将植物学从以前的混乱中解脱出来，因此逐渐得到了学者们的

① 关于这件事的细节和林奈对自己早年生活的评论，可参见 1739 年 9 月 12 日写给艾伯特·哈勒（Albert Haller, 1708—1777）的一封信。哈勒是一位著名的科学家，有时候会对林奈挑挑毛病。这封信连同其他几封，在近四分之一个世纪后由哈勒出版。私人信件的出版让林奈苦恼不已，有的传记作家认为正是这件事导致了他的第一次中风。完整信件见麦吉利夫雷（1834），提供了林奈对于自己的海外旅行的一些想法。

认同。

1750 年，林奈被任命为乌普萨拉大学校长。他继续教书，除了常规授课，还在植物园中开展"实验"，在周末组织野外实践，带着学生去城郊采集植物标本。他是一位广受爱戴的明星教授，在他身边聚集了一群忠实的弟子，林奈称之为自己的"信徒"，他们不仅像传播福音一样宣传林奈的新分类系统，还把全球新殖民地中发现的有趣标本带给自己以前的教授。这些信徒中最有名的是彼得·卡尔姆（Peter Kalm, 1715—1779），他在 1748 年到 1751 年穿越北美东部，带回大量关于当地风土人情和几百种动植物的详细介绍，其中很多都是世人闻所未闻的[1]。卡尔姆同时也记录了欧洲人建立的殖民地对当地本土动植物的影响，表达了对殖民进程中无法挽回的物种灭绝的担忧[2]。

还有一些信徒跟随詹姆斯·库克（James Cook）向南太平洋航行，前往非洲探险，他们还曾到达日本。哈勒（Haller）的一段颇具预言色彩的话，与后来进化论引发的大讨论形成了鲜明反差："林奈简直把自己视为第二个亚当，他不再沿袭前人的做法，而是根据所有动物独一无二的特点来给它们命名。他绝不能忍受把猴子称为人，或把人称为猴子。"[3]

1751 年，林奈出版《植物哲学》（*Philosophia Botanica*），总结了他此前关于分类学的著作，同时为野外考察和植物标本的保存及制作提供了指南。接下来是 1753 年的《植物种志》（*Species Plantarum*），里面收录了超过七千种植物，全部用林奈自己的分类系统进行组织。瑞典皇室开始重视这些成就，他们授予林奈北极星骑士这一原本只属于军人和贵族的殊荣。1761 年，因他为瑞典带来的荣耀，林奈受封贵族，名字也从卡尔·林奈改

---

① 罗宾斯（Robbins），2007。
② 特罗特（Trotter），1903。
③ 哈勒，转引自施特弗尔，1794，第 118 页。施特弗尔列出了林奈分类系统支持者和反对者的观点，以及一系列现代学者的看法，让读者了解这场辩论的程度。

为卡尔·冯·林奈。

到了 1772 年，身体每况愈下的林奈辞去校长职务，退隐在城郊的农场。两年后，接连几次中风让他的身心状况严重恶化。1777 年，最后一次中风令神医也回天乏术，次年 1 月，林奈去世。

林奈的私人藏书和遗物也历经了一段传奇。最初，英国博物学家约瑟夫·班克斯爵士（Sir Joseph Banks，1743—1820）对这些收藏表现出浓厚的兴趣，但是并未购买。班克斯的朋友，年轻富有的詹姆斯·爱德华·史密斯（James Edward Smith，1759—1828）同样喜欢博物学。史密斯的家世非常有趣：他的曾祖父不仅娶了六位妻子，还豪掷重金在东安格利亚（East Anglia）的沼泽地从事运河开发和排水工程①。

史密斯敏锐地意识到林奈工作的重要性，当班克斯收到瑞典的来信，得知林奈的藏品正以一千基尼（等于现在的二十万美元）出售时，两人恰好正在共进早餐。班克斯建议史密斯出手。史密斯马上与父亲商量此事，从往来的信件中可以看出，年轻人显然已经迫不及待地要拿到他的植物学偶像的全套遗物，而父亲则更加慎重。这桩交易最终成交，林奈的藏品、手稿和私人文件被装上一艘英国双桅帆船"出现号"（the *Appearance*）。根据流行的说法，船刚启程瑞典人就后悔不迭，马上派出一艘军舰去追，但没能追上。这个说法可能是真的——国宝流失海外令很多瑞典科学家都深深懊悔——然而，布朗特（Blunt）称这是"无稽之谈"②。十年后，史密斯建立了伦敦林奈学会（Linnean Society of London），来"培养博物学的所有分支"。学会仍然收藏着很多林奈的遗物，林奈去世八年后，也正是在这里，达尔文和华莱士第一次宣读了关于自然选择学说的论文。

① 史密斯，2005。
② 布朗特，1971，第 240 页。布朗特列出了完整的藏品清单，包括 19 000 张压制植物标本、1 500 枚贝壳、3 200 件昆虫标本、3 000 本藏书和 3 000 封信件。

现代的进化系统分类学已经证明，雷、威路比和林奈曾为之奋斗的一些目标其实是此路不通。威路比若读到《彼得森北美鸟类图鉴》（*Peterson's Field Guides*）一定会大加赞赏。他向往的正是这样一本书，让观察者能又快又好地识别出眼前的物种，同时他希望这本书中物种的排列是"合理的"，使用的特征是所有人都能观察到和认可的。然而当分类学家们着眼于进化关系，开始使用分子遗传学作为分类标准时，他们踏上了卡罗尔·尹（Yoon）所说的"全新的征途"①。

尹恰如其分地指出了分类学中"直觉和科学的冲突"，她理解林奈和恩斯特·迈尔（Ernst Mayr）这些分类学家使用的"非科学"分类方法，即两个物种的差异可以建立在"人为确定的"特征的基础上。她提出，传统的分类学家在分类时依赖于一种"环境"，即一种对于秩序，以及哪些特征构成了秩序的直觉感受。这种分类最终走向了一种对权威的迷信：一个物种之所以是这个物种，是因为迈尔、林奈或某个当时的专家这样说。在我看来，这种看法有些不得要领。人们对生理结构的了解已经越来越深入，直至单个基因序列的水平，这为分类学带来了几次革命性的发展，但与此同时，大量在"权威"的环境之下确定的物种如今在分类学中仍有参考价值。林奈和雷或许不知道（基于他们当时的眼界，可能并不在乎）他们划分的类群中有多少是互相"关联"的，但他们能够区分鹈鹕和鸬鹚，这就够了。

另一位用区区肉眼来发现大自然奥秘的杰出博物学家是弗拉基米尔·纳博科夫（Vladimir Nabokov），他是研究蝴蝶分布和分类的先驱②。在文学事业之外，纳博科夫大半生都用业余时间进行鳞翅目昆虫研究［《阿达》（*Ada*）的读者应该记得女主人公对蝴蝶的热爱］，他提出一些种类的蓝灰蝶（blue butterflies）最早是从亚洲迁徙至美洲的。在这个新颖的设想最初

---

① 尹，2009，第187页。
② 纳博科夫，2000。

提出时——大部分基于古典的形态研究——科学界并不以为然。然而到了
2011 年，详尽的 DNA 样本研究分毫不差地证明了他的观点[1]。想想看，
若知道有"更科学"的方法证明了自己的假设，纳博科夫本人大概也会既
欣慰，又莞尔吧。

---

[1] 维拉（Vila），贝尔（Bell），麦克尼文（Macniven），戈德曼－韦尔塔斯（Goldman-Huertas）等，2011。

第七章
走向身边和远方

  18 世纪早期林奈的拉普兰之旅，是当时蔚然成风的博物旅行的缩影，博物学家们以走向五湖四海为己任，饱览大千世界，带回珍贵的标本，用于日益壮大的博物学研究。这些无畏的探险家中，有些仰赖富有的赞助人和雨后春笋般涌现在欧洲的学术机构，有些不得不自谋旅费。有些人在归来后名利双收，有些很快湮没无闻，还有一些甚至有去无回。然而，从 1700 年到 1900 年，他们在制图、编目方面完成了无与伦比的工作，将人类对世界的认识不断增进。

  最早进入博物学领域的女性是玛丽亚·西比拉·梅里安（Maria Sibylla Merian，1647—1717）[1]。梅里安生于法兰克福，在那个时代，女性独自旅行尚属罕见，遑论从事更为庞杂和实际的科研工作。梅里安却不仅成为一名艺术家，还深深为博物学着迷，其中昆虫是她的最爱。生在养蚕

---

[1] 施密特-洛斯基（Schmidt-Loske），2009。

为生的家庭，梅里安熟知昆虫的变态发育——从卵到毛虫，到蛹，再到蛾或蝴蝶的过程。当时，人们相信昆虫是从泥土和腐肉中自然产生的，这种观点可以一直追溯到亚里士多德。梅里安摸清了昆虫生命周期的真正轨迹，并用绘画将其呈现出来。在 1679 年，她以《不可思议的毛虫变态》(*The Miraculous Transformation of Caterpillars*) 为题发表了自己的研究成果。因为她用德语而不是更"科学的"拉丁语写作，这本书受到了普罗大众的青睐，但也限制了非德语使用者的阅读。

　　完成养育子女的使命后，梅里安终于可以放手探索自己的事业，她结识了苏里南（Suriname）的执政官。苏里南位于南美，当时是荷兰殖民地，地处偏远——绝不是欧洲女性常单独前往的所在。梅里安的一个女儿嫁给了苏里南的商人，1699 年，梅里安前去探亲，顺道在当地研究被引入欧洲的昆虫。她用了两年的时间描绘昆虫，将这些素描和彩绘结集为《苏里南昆虫变态图鉴》(*Metamorphosis Insectorum Surinamensum*)，在 1705 年出版。

　　另一位前往新世界旅行的艺术家是马克·凯茨比（Mark Catesby, 1682? —1749)[1]。凯茨比的出生地可能是埃塞克斯（Essex)[2]，他因兴趣开始从事博物学，随后搬到伦敦和其他博物学家一起学习。他的姐姐伊丽莎白"违抗父命"嫁给了弗吉尼亚州殖民地的官员威廉·科克（Dr. William Cocke)[3]。尽管如此，他们家中的氛围还是很融洽，凯茨比在1712 年前往弗吉尼亚，名义上是为探望姐姐，实为旅行。他在美国逗留了七年，在 1715 年绕道拜访了牙买加，但是似乎并没有在那里开展博物学研究，只是给英国的同事们寄去了一些标本。

---

[1] 后面的内容可参见艾伦（1937）。没有一位传记作家能确定凯茨比的详情生平，但是艾伦在寻找原始来源方面略胜一筹。亦见于布尔杰（Boulger），1904。

[2] 艾伦，1937，第 350 页，称他在埃塞克斯的赫丁汉姆城堡（Castle Hedingham）受洗。

[3] 同上。

74

　　1719 年返回英国后，凯茨比和汉斯·斯隆爵士成为朋友，在雷和林奈的章节中我们已经提到过他。斯隆在 1707 年曾去过牙买加，这位富甲一方、闻名遐迩的皇家学会主席，因此与籍籍无名的凯茨比产生交集。斯隆正在扩充自己的动植物收藏，一直在想方设法获取更多有趣的新标本。

　　在斯隆的赞助下，凯茨比于 1722 年重返美国，停留近四年。他主要在查尔斯镇（Charlestown）附近活动，并穿越了现在的美国东南部的大片地区。他还曾航行至西印度群岛（West Indies）的部分地区，进行物种采集和编目。凯茨比对于乡村形态及其中的居民充满好奇，观察入微。在《卡罗来纳、佛罗里达州与巴哈马群岛博物志》（*The Natural History of Carolina*，*Florida*，*and the Bahama Islands*）的前言中，他说："卡罗来纳州的定居点从海边向内陆绵延约六十英里，覆盖几乎整条海岸线，是一个平缓低矮的地区。"[①] "定居点"显然指的是"被英国殖民者居住的区域"。他没有提到更早的居民，还明确指出他去的其他地方"没有人类居住过"。凯茨比用第一年的时间在有人类定居的地区采集标本和探险，随后进入了无人荒野。有趣的是，除了拉丁名和英文名，凯茨比还为收集的植物标注了印第安名字，所以他其实知道印第安人的存在，只是在当时还不把他们视为真正的居民。

　　除了在卡罗来纳进行观察和采集，凯茨比还曾到达南至佛罗里达的地区，他也计划进入墨西哥，但没能成行，原因可能是资金短缺，或者西班牙政府执意不发放签证。这个时候凯茨比已经成为一名出色的艺术家，盛名当之无愧，他为《卡罗来纳、佛罗里达州与巴哈马群岛博物志》制作了最早的一批动植物彩色雕版画。这本书由皇家学会赞助，1731 年出版，1754 年再版。

　　从美洲返回后，凯茨比的余生都在伦敦或周边度过，研究博物学、写

① 凯茨比，1754［1731］，第 viii 页。

书、照顾家庭。除了《卡罗来纳、佛罗里达州与巴哈马群岛博物志》，他还著有《英国的北美花园，或 85 种适应大不列颠气候和土壤的北美树木与灌木》(*The Hortus Britanno Americus*, *or a Collection of 85 Curious Trees and Shrubs*, *the Production of North America*, *Adapted to the Climate and Soil of Great Britain*)。书中记载了大量移栽植物的实验，凯茨比从美国东部运回植物标本，再借由朋友们的植物园培育归化。当时崇尚科学的上流社会不仅在艺术品收藏方面兴趣十足，搜集起生物标本更是明争暗斗，纷纷在自建的温室或城郊的产业里栽种珍奇的花木。凯茨比交友甚广，在朋友们的帮助下，可以很方便地研究这些新世界物种在英国本土的生长状况。

除了这两本书，凯茨比还曾就鸟类迁徙或"候鸟"的问题，在《伦敦皇家学会学报》(*the Philosophical Transactions of the Royal Society of London*) 上发表了一篇论文。直到 19 世纪初，人们仍认为鸟类不会真的迁徙，它们只是聚集在深深的洞穴中，冬眠度过严冬。凯茨比对这个流传已久的说法嗤之以鼻："那些关于鸟类在洞穴和空心树中昏睡或在水底休息的记载根本经不起推敲，可以说荒谬绝伦，光提起它们都算赏脸了。"[1] 他认为，随着季节变迁，鸟类会因食物来源的变化而北巡或南飞。他还提出一个合理的假设，认为大群鸣禽在晚间迁徙是为了躲避白天的天敌。他记录了美国谷物农场的出现对候鸟分布的影响，以及当此类农场数量增加后鸟类行为的变化。这篇论文的另一个版本发表在更有影响力的《绅士杂志》(*Gentlemen's Magazine*)，因为无须满足皇家学会的严苛要求，凯茨比可以稍微脱离现实，做出更大胆的假设。在这个版本的论文中，他提出候鸟迁徙的路线是先垂直起飞，直到能够看见目的地的高度，再轻松地滑翔降落[2]。

76

---

[1] 凯茨比，1747a，第 viii 页。
[2] 凯茨比，1747b。

凯茨比约在 1749 年去世。在那个时期，医学变得越来越精细化和世俗化，但是对自然的研究仍然带有宗教色彩——牧师坚称他们研究自然，是为了通过研究上帝的造物来理解和赞美上帝。约翰·雷著名的布道就是一个例证，但"虔诚的博物学家"的最佳代言人当属吉尔伯特·怀特（Gilbert White，1720—1793），他出生在伦敦西南九十英里处一个叫作塞尔伯恩（Selborne）的小村①。

过去三百年中，英格兰南部如疾风骤雨般发展起来，塞尔伯恩不知为何幸免于急速城市化的恶果。小村仍是个与世隔绝的世外桃源，只有幽深狭窄的蜿蜒小道与外界相连。怀特家的屋后就是雄伟的垂林（The Hanger）山岗，怀特过去经常在那里一边漫步，一边构思布道和书信。如今垂林仍旧伫立，只是山上的树比怀特生前多了不少。附近的许多农场都已搬走，旧址房倾屋圮，杂草丛生，坐在宁静的教堂院落中，能直观地感受到旧时的乡村景象如何让位于大自然慵懒的沉思。

怀特的故居威克斯（the Wakes）坐落在村庄的主路旁，家门口就是圣玛丽教堂和一家小酒馆。即使最近的小镇贝辛斯托克（Basingstoke）也十足遥远，无法把 21 世纪的噪音和忙碌传送过来。教堂历经修缮，兴建于 12 世纪的诺曼式拱顶如今仍旧保存完好，怀特和村民在过去一直把它视为地标。圣殿骑士的棺盖仍然妥帖地埋在地板下，比起 18 世纪 80 年代怀特察看时，仅仅多了一些轻微的磨损。教堂边的那棵老红豆杉已不在了，怀特在世时它就有上千年岁高龄，却没能抵挡住 1990 年的一场狂风。

怀特和他的村庄，有一种在不经意间打动人心的力量，博物学史上不乏耀眼夺目的人物，但与他们相比都会黯然失色。怀特生于塞尔伯恩，大半生都在那里度过，在同一间房子里住了三十多年，也在那里离开人世。

———————————

① 梅比（Mabey，2006）优美而准确地描绘了怀特和他身处的自然环境。

他死后葬在那间他曾几百次布道的教堂的院落中，只立下一块铭刻着姓名首字母的简陋墓碑。他为我们留下一部著作《塞尔伯恩的博物志和古迹》77（*Natural History and Antiquities of Selborne in the County of Southampton*），全书由怀特写给两位朋友的信组成，看似寻常，险些在默默无闻中湮没①。牛津大学默顿学院（Merton College）的学监凭过人的远见预测道："（怀特）刚面世的这本书除了报纸上的一两条广告，目前还无人问津，但是有朝一日定会家喻户晓。"② 自那以后，这本书发行超过二百七十五个版本，从未绝版，至今仍是早期生态学的公认经典。

与林奈、凯茨比和梅里安不同，怀特从未去海外旅行。他的大部分旅行都以自己家为圆心，半径不超过一百英里，于他而言，对世界上的一个小角落了若指掌，远胜于在广阔天地中走马观花。20 世纪最伟大的理论生态学家之一罗伯特·梅爵士（Sir Robert May）认为怀特这本书"是毋庸置疑的第一部生态学专著"③。

怀特的祖父是塞尔伯恩的牧师，1720 年 7 月 18 日，怀特出生在村中的牧师宅邸④。他先在贝辛斯托克的语法学校学习，接着于 1740 年进入牛津大学的奥里尔学院（Oriel College）学习神学。1743 年，怀特获得文学学士学位，开始旁听数学课。1744 年，他得到一份教职作为终身的职业。这份职业虽然薪水微薄，但不需要长时间坐班，对心系乡野的人来说已足矣。除了讲课，怀特经常走亲戚，其中最亲近的是丽贝卡·斯诺克（Rebecca Snooke）阿姨，她养了一只宠物龟，唤作提摩西。怀特非常喜爱提摩西，阿姨去世后，他把还在冬眠中的提摩西带回了塞尔伯恩。在怀特

---

① 怀特，1911［1788］。
② 转引自霍尔特-怀特（Holt-White），1901，第 191 页。
③ 梅（May），1999，第 1951 页。梅为混沌理论在种群生物学方面的应用奠定了大部分理论基础，他还为流行病学和模拟生态系统结构做了大量研究。
④ 见佚名，1899。对于怀特在生态学和动物行为方面的观点，达兹韦尔（Dadswell，2003）有很多有趣的见解，并给出大量插图，其中有怀特笔记本和信件的摹本。

年复一年的自然笔记中，提摩西出镜率相当高，还常常成为各种无害实验的对象[1]。

　　在 1746 年，怀特获得文学硕士学位，次年由牛津主教任命为执事。后面这份殊荣让他成为位于塞尔伯恩附近的斯瓦雷顿（Swarraton）的助理牧师。在当时，一些英国国教社区会把下属教区划分给牛津大学的各个学院，任其在毕业生中择优任命教区牧师。可惜塞尔伯恩教区并未划给奥里尔学院，所以尽管怀特大半生都在家乡从事牧师工作，但一直没有名正言顺的牧师头衔（和薪水）。

　　在接下来的七年中，怀特走遍英国东南部地区，拜访亲人和在各个大学任教的好友，还曾为家庭事务前去剑桥郡。从他和朋友们往来的信件中可以看出，怀特有一双善于发现细节的眼睛，已经开始留意记录周围的环境[2]。他并不常在学院露面，但却还是在 1752 年升任学监和奥里尔学院的院长。

　　1758 年，怀特安葬了父亲，然后搬进了塞尔伯恩的祖屋，再也没有离开。家族产业中有大片良田，紧邻着垂林。陡峭葱郁的垂林曾让攀登者望而生畏，直到怀特和弟弟约翰开出一条蜿蜿蜒蜒的山路，人称"之"字路（Zig-Zag）。怀特痴迷园艺，一边侍弄着美丽的花园，一边种菜以供家用，这两项工作他都做得有声有色。一搬回威克斯，他就开始试验蔬菜的各种种植方法，经常骑马在教区中游荡，请农夫传授种植谷物的秘诀。

　　尽管怀特对各个教区的助理牧师工作似乎有点漫不经心，却是出了名

---

[1] 提摩西在怀特手下活了一年，有一本以她自己为主角的书（"他"原来应该是"她"）：沃纳（Warner），1982 [1946]。这是关于提摩西的一个绝妙的"一站式"资料来源，应怀特笔友戴恩斯·巴林顿的要求，书中附有提摩西完整的体重表格。

[2] 这些信件中，很多存放于伦敦的林奈学会。怀特的手迹堪称精美，在二百五十多年之后仍清晰可读。

图5 19世纪早期塞尔伯恩的印刷品。教堂钟塔的右侧可以看到"之"字路。（作者藏品）

图6 威克斯，塞尔伯恩，从后院草坪看过去。（作者藏品）

的慷慨大方，常常向穷困者伸出援手，或与村民分享家中菜园的收成①。对怀特来说，下地劳作一举多得，不仅能补贴微薄的薪水，帮助教区的居民，还有助于观察记录植物生长的季候和规律。

塞尔伯恩是怀特生命和事业所系之地，对家乡风物勤勉细致的观察让怀特名满天下。从 1751 年到 1767 年，他在一本《花园日历》（*Garden Kalendar*）中记录照料花园的种种事宜、植物的生长和特殊的天气。当怀特外出旅行时，记录难免会中断，但建造花园、种植蔬菜和记录收成的内容，读起来却具有一种悦人的"鲜活"之气。举例来说，在 1756 年 4 月 6 日，他写下："给三杯黄瓜种子弄了一个黄瓜种植床，浇了两车帕森牌肥料，挖的沟有十六英尺长，两英尺半宽，一英尺半深：肥料铺了几英尺厚。"②

80 怀特的世界里没有英雄壮举，没有前往遥远拉普兰的浪漫探险，也没有穿越卡罗来纳的长途跋涉，人们很容易将他的记录视为平平无奇的园艺笔记，和其他成千上万的农户相差无几，只是更认真一些，他们关心的不过是蔬菜苗床春季如何快速萌发之类的琐事。然而怀特从一开始就是个实验者。在 1756 年 4 月 10 日，他记下了一个备忘录："发过霉的瓜类植物会逐渐病死，最后整个给霉菌吞噬；但是经过我的实验，用剪刀剪掉感染部位的植物会幸免于难；在它们被剪掉的部位恢复后，长得还不错。"虽没

---

① 有两件被认为出自怀特之手的布道，由塞尔伯恩学会托管在伦敦林奈学会的档案馆。两次布道都和博物学没什么关系，其中一件甚至可以确定不是怀特的作品——笔迹不同，而且使用完整的"和"，而在另一件笔迹清晰，明显出自怀特之手的布道中，总是使用缩写"&"。每份布道中都列表注明在何时何地宣读，奇怪的是，第一件用完全不同的笔迹列出了一些怀特从未在那里担任过助理牧师的地点，但最后的几条却又换回了怀特的笔迹。可以想象，忙碌的牧师也许会互换他们的布道，来减少"工作量"。第二份完全由怀特书写的布道，是关于《圣经》中最短的一节经文，《约翰福音》11：35"耶稣哭了"的一次精彩讲演。怀特根据这两个词为耶稣建立了完整的救世主形象，"用我们所知的一切热情"。这确实与博物学无关，但却能帮助我们了解怀特自己的信仰体系。他用热情和喜悦拥抱自己的人性。可以感受到，他是一个真正可亲的人，人人都会想与他共事。

② 怀特，1986，第 40 页。

有英雄壮举①，但怀特耐心观察，仔细记录，逐步为未来积累起一个经验
宝库。他从不假装在一个宏大的领域里做综合研究，相反，他的全部理论
仅仅与几个本地专家密切相关，他们各自详述和分析了一些自己十分熟悉
的领域。

在 1766 年，怀特的文风有所改变，关注点也更集中。他不再使用
《花园日历》作为标题，改为《塞尔伯恩植物志以及 1766 年关于候鸟
迁徙、昆虫和爬行动物行踪的一些观察》（*Flora Selborniensis with Some
Co-Incidences of the Coming & Departures of Birds of Passage & Insects
& the Appearing of Reptiles for the Year* 1766）。在这项工作中，他明确引
用了约翰·雷关于植物、昆虫和爬行动物，以及威路比关于鸟类的著作②。
于是雷和威路比的文字再次活灵活现起来——他们的著作不再是简简
单单的物种目录，而是成为实践家的得力工具。怀特日复一日地勤勉
工作，记录特定物种的行踪和活动，为了确保准确性，一般还标注出
拉丁名。他的用语如电报般言简意赅："开花""爆裂""萌发""出芽"
"结苞"。天气也形容得十分简洁："降雪""大雾"；"积雪在阳光下快
速消融"③。

这部《植物志》中也提到了动物的行为："沼鸡（more-hen）或水鸡
（water-hen），拉丁学名 *Gallinula chloropus major*；喳喳叫；在水中嬉
戏。"④ 注意，在这里怀特给出了同一种鸟的几个名称，就像威路比的三名
标注法。这些笔记远不如林奈的拉普兰笔记翔实，但它们有不同的用途。
林奈希望对未知物种和栖息地进行分类，而怀特则沉浸在熟悉的世界

81

---

① 怀特，1986，第 40 页。
② 他随后开始对林奈系统抱以极大的热情，在写给弟弟约翰的信中，他说："我很高兴你开
始尝试林氏的系统：在博物学无边无际的疆域内，没有体系不成方圆（1770 年 5 月 16 日，
写给约翰·怀特的信，伦敦林奈学会档案馆）。"
③ 怀特 1986，第 192 页。
④ 同上。

中——他面对的物种已得到其他人的命名。怀特要做的，是在最亲切的身边环境中发现规律和变化。

怀特的弟弟约翰也和兄长一样喜爱博物学。他的大学生涯有个不太光彩的开始（因为行为不端被开除，最后重被录取），然后也担任圣职，成为军队牧师，被派往直布罗陀（Gibraltar）。这给予了他绝佳的机会，来观察春秋两季候鸟如何跨越狭窄的直布罗陀海峡，在欧洲和非洲之间迁徙。兄弟俩就某些鸟类的活动频繁通信。约翰还和林奈书信往来，讨论分类学和动物学[1]。考虑到兄长的建议，约翰把关于直布罗陀的博物研究手稿结集成册，但是没能出版，大部分都散失了。

18和19世纪的历史有个重要的特点，那便是中上阶层人士对书信怀有极大的热情——而且他们还把这些书信保存了下来。手写书信是一门艺术，写信人通常都会尽量活灵活现地描绘场所和事件。两个世纪的书信写作风潮，把过去人们的真实生活图景记录下来，成为现在的珍贵史料，这多么令人动容。而吉尔伯特·怀特的博物人生，也正是因为书信，才在博物学史上留下永恒的瞬间[2]。

怀特的笔友中，有两位对博物学至关重要：托马斯·彭南特（Thomas Pennant，1726—1798）[3] 和戴恩斯·巴林顿（Daines Barrington，1727—1800）[4]。彭南特出身豪门，从不担心生计，大约是在牛津大学和怀特相识。他进入奥里尔学院（怀特的母院）学习，但是一直没能毕业，毕生都

---

[1] 贾丁（Jardine，1849）提供了三封林奈写给约翰·怀特的信，有证据显示两人已经通信一段时间。有趣的是，林奈和吉尔伯特·怀特似乎没有通过信。

[2] 写给吉尔伯特·怀特的信中，最有趣的一封由伦敦林奈学会保管，寄信人詹姆斯·吉布森（James Gibson）在一支轰炸舰队服役，信中详细记录了1759年的魁北克战役。信在1759年7月8日寄出，在9月21日城市已经陷落之后才寄到。虽然这和博物学无关，但却亲历和见证着发生在远离平静安详的塞尔博恩之地的一次重大历史事件。

[3] 彭南特，1793。

[4] 福斯特，1986。

在写作较为"畅销"的读物[1]。莱萨特（Lysaght）把彭南特形容为"雷和达尔文之间最出色的英国动物学家"，但也承认彭南特缺乏原创，还有个坏习惯，那就是大谈别人的成果而不完整注明出处[2]。他人脉极广，怀特就是通过他认识了巴林顿。

巴林顿出身贵族，后来成为一名法官，平生为皇家学会贡献了大量笔记和观察结果[3]。巴林顿和彭南特在当时都声名远播，发表过大量科学和通俗文章，也都是皇家学会的成员[4]。

在巴林顿的热心帮助下，怀特将自己的博物笔记改进得更规范便捷。由于受过充分的法律训练，巴林顿热衷于在忠实记录客观现实的基础上进行研究，他还发明了一种特殊的速记法，让怀特受用终身。1767 年，巴林顿寄给怀特一套《博物学家日志》（*Naturalist's Journal*），里面有一捆笔记本，每页都分为十二列，便于怀特填写笔记[5]。这十二列分别为"日期""地点（几乎总是塞尔伯恩）""气压""温度""风向""降水""大致天气状况""树木长叶和真菌出现""首先开花的植物""首先出现和消失的鸟类和昆虫""对鱼类和其他动物的观察"以及"备注"。

怀特马上觉出了这种结构的妙处，并于 1768 年 1 月开始在日常数据收

---

① 他最后获得了一个荣誉学位。戴维斯（1976）称彭南特"在林奈的坚持下（184）"入选乌普萨拉皇家学会。但她文章里短短两句对他的评价中，也提到"他是吉尔伯特·怀特的笔友（184）"。这两者不知哪一个更为荣耀呢。

亦见于彭南特（1781）。这些多卷本系列是在雷的分类基础上写出的。彭南特不能完全接受林奈，部分原因是他认为林奈系统不够稳定，总是不够用，此外他拒绝接受林奈把人和其他灵长类动物放在一起的做法。彭南特也发表了大量大不列颠群岛范围内的游记，并为《伦敦皇家学会学报》撰写过各种文章。

② 莱塞特，1971，第 36 页。

③ 巴林顿的一条笔记非常有趣（巴林顿，1770），描写了会见和研究当时年届八十的莫扎特的经历。巴林顿还写了鸟类的歌唱等内容。

④ 佚名（1913），将彭南特誉为"同时代最博学的博物学家之一（405）"。

⑤ 不同注释者对笔记本真实结构的看法不同。格林欧克（Greenoak，1986 年参与了怀特著作的编辑）认为笔记本有九列。福斯特（1986）认为有十一列，但是根据他从原版笔记中复印的页面来看，如果算上"年份"——在这一列中，怀特也会记录日期——和"地点"，一共有十三列。

集中全面采用，他还雇用了一名看门人，在自己外出时帮忙记录数据。他开始记录教区的人文和自然现象，诸如来来去去的鸟类、花园中初放的雪滴花、一年中第一次霜冻等，建立起一门详尽的物候学。从姨妈那里继承了乌龟提摩西之后，他开始把提摩西的习性作为物候观察的一种度量"标准"，记录它何时从冬眠中苏醒，在花园中如何活动，又在何时再次进入冬眠。

如果能长期这样严谨、系统地记录身边的环境，怀特原本可以建立起一个数据库，对各种学术问题都具有不可估量的价值，例如气候变化，以及英国工业污染如何波及郊区（他时不时就会提到特定风向下"伦敦雾"的出现）[1]。然而，怀特的通信人彭南特和巴林顿希望怀特可以扩大自己的观察范围。在三人热切的通信往来中，怀特将他在塞尔伯恩及周边地区的观察详细呈现出来。这些信件成了《塞尔伯恩的博物志和古迹》的雏形。

巴林顿极力鼓舞怀特，为怀特提供了一些额外的研究方向（对于用乌龟提摩西作实验对象，他赞赏有加，建议每年都坚持，怀特做到了），还把怀特的一些工作成果呈送皇家学会[2]。巴林顿提的建议中，也有一些怀特没有采纳，比如用剪趾来标记雨燕，以观察同一只鸟是否每年都返回同一个巢。

终其一生，怀特像凯茨比一样沉迷于鸟类迁徙，或"候鸟"的问题。怀特的弟弟在直布罗陀享有终身教职。那里是鸟类迁徙的必经之路，引发过很多关于迁徙时间和方向的讨论。而怀特大致正确地推断出了迁徙的成因和结果，但还是回到前人的错误观点上去，开始相信燕子是冬眠而不是

---

[1]《吉尔伯特·怀特日记》（*Journal of Gilbert White*）出版为多卷系列（怀特，1986）。

[2] 可参见怀特，1774。有趣的是，似乎吉尔伯特·怀特从未想要加入皇家学会。他的弟弟托马斯入选为成员：本顿（1867）简短地提到了托马斯，形容他为"皇家学会多年成员，一位出色的古典学者、植物学家、化学家，还是那个时代的一名优秀的电工"。他对哥哥的《塞尔伯恩博物志》有非常实际的帮助（262）。吉尔伯特·怀特不时前往伦敦，在皇家学会宣读论文，似乎已经建立了足够的联系，但是却没有入选。

迁徙。很多人声称见过鸟儿在冰封的池塘中冬眠或冻僵，直到天气转暖才苏醒，这些说法误导了怀特[1]。此外，燕子的来去有些不规律，与其他物种不同，这也影响了怀特的判断。

两百多年过去了，怀特的著作仍引人入胜，这要归功于他为读者而写作的努力。同期很多其他的博物学书籍都是百科全书式，要么是便于查找的手边工具书，要么是存放于图书馆架上的学习导读，但都不是有趣的读物。怀特的格式——经过编辑的写给彭南特和巴林顿的书信——让读者感到仿佛是在和友人侃侃而谈。读者既可以从头读到尾，也可以顺手翻到任意一页，总能发现关于动植物和它们生存环境的有趣洞见。

怀特死去七十多年后，洛厄尔（Lowell）盛赞怀特的书为"亚当在天堂的日记"[2]。这评语饱含着情感，然而不该让情感遮蔽怀特对科学扎实的贡献。

在 1769 年 6 月 3 日，气压计上的数字高达 29.5，气温 58 度，塞尔伯恩下着"瓢泼大雨"，降水达 0.3 英尺，然后"放晴"。这时机恰到好处，因为在当天的《博物学家日志》的"备注"一栏中，怀特写下："看到金星进入太阳盘面。正当落日之时，那个位置肉眼可见。夜莺在歌唱，林鹬在啼鸣，欧夜鹰聒噪不休。"[3] 不过注视着这难得一见的金星凌日景象的，不止怀特一人。

约瑟夫·班克斯（Joseph Banks，1743—1820）生在伦敦一个富有的人家，先后在哈罗公学和伊顿公学就读，于 1760 年进入牛津大学[4]。他说，自己早在就读伊顿公学时就已对博物学萌生兴趣，直到有一天放假在家，

84

---

[1] 关于冬眠的问题，见怀特，1744。他的看法其实并没有看上去那么愚蠢。在我小时候，我的母亲曾参与一些野生动物救助工作。在加州一个特别凛冽的晚冬，许多蜂鸟因为寒冷从树枝上摔下来，动弹不得。救助者会用炉子帮它们暖和起来，几分钟以后它们便恢复，又能飞了。

[2] 洛厄尔，1871，第 6 页。

[3] 怀特，1986，第 286 页。

[4] 史密斯，1911。

从母亲的藏书中发现约翰·杰勒德的《植物志》，从此一发不可收拾。生活对于一个年轻的博物学家而言从不算轻松，哪怕他生活在宁静的英国乡村。少年时代的班克斯有一段传奇故事，一次他在切尔西一条高速公路边的水沟中搜寻新植物种类，结果被当成拦路强盗抓了起来。直到进了弓街法院（Bow Street Court），这场误会才水落石出，人们纷纷向班克斯道歉。

很多年后，班克斯的同校好友讲到他有一次和班克斯一同穿越约克郡旅行时发生的趣事："对我来说最好玩儿的是有一次，咱们这位约瑟夫爵士的脖子上溜下来一只青蛙，他把它放在手心里……向旁边的三个人证明这小动物没有毒。"①

当班克斯进入牛津大学时，他发现偌大的学校里，竟然没有一位老师能教授他深爱的植物学和博物学。在这种情况下，这位不愁生计的年轻人（父亲已经过世，留下大宗产业）便转入剑桥大学，给自己聘请了植物学和数学老师。1763 年，班克斯未及获得学位就离开剑桥，但继续满腔热情地研究博物学。很快他就结识了彭南特，通过他认识了很多时下小有名气的博物学家。有了这样的学术资源，1766 年，年仅二十三岁的班克斯成为皇家学会的一员。1766 年 4 月底，班克斯加入尼日尔号（HMS *Niger*）的队伍，他们的任务是前往拉布拉多的沙托湾（Chateau Bay），在那里建立一个防御堡垒。

凭借在船上的职务，班克斯从纽芬兰（Newfoundland）搜集了大量植物标本，野外经验也大大提高。在这一季结束的时候，尼日尔号经过圣约翰斯（St. John's），与格伦维尔号（HMS *Grenville*）在港口相遇。格伦维尔号的船长是詹姆斯·库克，在 1763 年被派来纽芬兰和拉布拉多，他已经完成了沙托湾的测量和该地其他详图的绘制。虽然无从证明班克斯和库克船长曾在圣约翰斯相遇，然而他们又怎可能不见面呢？不管怎样，他们

---

① 莱塞特，1971，第 44 页。

在彼此接下来的人生中扮演着举足轻重的角色。

　　尼日尔号从圣约翰斯驶回欧洲，经停葡萄牙，然后回到英国。班克斯 85
满载而归，带回大量奇异精美的美洲标本，令政府和整个英国博物学界瞩
目。桑威奇勋爵（Lord Sandwich）成为他的朋友，这位勋爵在 18 世纪曾
数次担任第一海军大臣，手上有大把优越的工作机会，还能为有才之士提
供强有力的推荐①。

　　18 世纪初，天文学家（同时也是皇家学会会员）埃德蒙·哈雷
（Edmund Halley）预测了金星凌日的时刻，会员们一致决定派出一支远征
队伍前往南太平洋进行进一步观测。他们说服乔治三世（George Ⅲ）赞助
这次远征，还将远征延长为一次环球航行，直至新西兰，以及当时几乎只
存在于人们假想中的澳大利亚。在拉布拉多海岸测绘中功成名就的库克船
长，成为远征指挥官的不二人选。班克斯交游广泛，财力雄厚，又有丰富
的探险经验，于是也作为博物学家获得了一个舱位。

　　一般来说，这次远征被视为库克船长的第一次远征，在接下来的两百
年中，还有很多探险家追随着他们的足迹，为了地图绘制或博物考察而走
向远方。1768 年 8 月，奋进号（HMS *Endeavor*）从普利茅斯（Plymouth）
出发，航行至巴西的海岸。从那里，奋进号转向南方，在美洲大陆最南端
绕过霍恩角（Cape Horn），然后来到塔希提岛（Tahiti），完成了观测金星
凌日的目标。和一个甲子之后达尔文的比格尔号不同，库克船长和班克斯
的奋进号没有在南美海岸多作停留，更从未到达加拉帕戈斯群岛
（Galapagos）附近。远征队直取塔希提岛，于 1769 年 6 月 3 日在大致确定
的凌日位置进行观测，而吉尔伯特·怀特这天傍晚在塞尔伯恩自家花园
里，也在屏气凝神地见证同一场奇观。但从库克船长的日记中可以看出，
他们既没能像怀特一样"美美地洗了个热水澡"，也没有夜莺在一旁歌唱。

———————

① 卡特（Carter，1995）认为桑威奇勋爵在当时没有足够的权利为班克斯在奋进号上弄到一
　个席位（见后面的章节），指出班克斯是靠自己的影响力和斡旋来推动这次航行的。

　　离开英国前，库克船长已得到关于航行下半程的秘密指令。旅程充满未知，故而指令只给出了模糊的方向，但鼓励库克船长前往南纬 40 度之远，搜寻南方那片可能的大陆，如果找不到，再向西寻找新西兰①。奋进号艰难地向南行进，到达南纬 40 度 20 分，然后转向西北。10 月，奋进号

86　到达新西兰，对两大主岛进行了仔细的测量。从新西兰开始，船又向西航行，希望能到达范迪门之地 [Van Diemen's Land，现在的塔斯马尼亚岛（Tasmania）]，但是他们的航向有些偏北，最后到达了澳洲的东岸。

　　奋进号沿着海岸向北航行，库克船长尽力绘制地图，而班克斯则狂热地向往着靠岸。他们在 1770 年 4 月下旬到达植物学湾（Botany Bay，现在的悉尼），终于有机会亲自上岸一探究竟。班克斯和同伴第一次见到袋鼠，简直着了迷，那里的植物也让他们目不暇接。他们搜集了大量的标本，画家悉尼·帕金森（Sydney Parkinson，1746—1771）用画笔记录了当地的风景、植物和动物②。奋进号继续向北航行，在到达大堡礁（Great Barrier Reef）边缘时，因触礁而严重受损。远征队不得不靠岸修船，停留了很久，这让班克斯有机会采集和观察各种令人眼花缭乱的新奇动植物。

　　船修好后，远征队绕过澳大利亚的北端，在荷属东印度群岛（Dutch East Indies）停留补给，对船只做了进一步修理，然后继续向西，绕过好望角（Cape of Good Hope），拜访了圣赫勒拿岛（St. Helena，后来作为拿破仑囚禁终老之所而闻名），最后在 1771 年 7 月返回英国老家。库克船长和班克斯在家乡受到了英雄般的迎接，不过在荣誉方面似乎班克斯才是最大的赢家，有的传记作家批评他太自吹自擂，让库克船长黯然失色。虽然班克斯在航行中采集标本、记录笔记，为博物学做出了相当大的贡献，他

① 可参见托马斯（2003）及佚名（2008）。指导库克后半程航行的"秘密指令"全文见佚名，1893，第 398—402 页。
② 可惜帕金森没能坚持到航行结束。他在东印度群岛感染痢疾而去世，被船员们海葬。他的艺术作品保留了下来，提供了关于殖民之初的澳大利亚的珍贵史料。

还协助库克船长，用维生素 C 来防止船员患上坏血病，但库克船长才是远征队安全归来的关键，他用出色的航海技巧和求生技能，带领远征队挺过险象环生的大堡礁，穿越漫长未知的海域，完成了这次惊世骇俗的航行。但是班克斯却获得了觐见国王的殊荣——这份殊荣为博物学乃至整个科学界赢得了来自英国王室的一份珍贵持久的襄助。

在班克斯的风头刚刚开始盖过库克船长时，两人的友情似乎还能维持。然而，当讨论到第二次航行的可行性时，一个严重的问题出现了。班克斯兴致勃勃地筹划，自己出资招募了一支科学家队伍，并购买了研究需要的器材和物资。然而博物学家和航海专家之间却产生了分歧，具体原因不得而知，似乎班克斯虽有奋进号的航行经验，却异想天开要在一艘小船上搭载十八名超员的乘客。他坚持改造这次旅程舰队的旗舰决心号（HMS *Resolution*）。这意味着要在船上额外加盖甲板，会导致船体头重脚轻，领航员甚至不敢驾驶这样一艘船驶入运河，更不要提环游世界了。船长坚决拒绝这次改造，海军部也站在船长一边，班克斯气冲冲地退出了远征筹备，转头跑去了冰岛①。

不过班克斯的孩子脾气平复下去后，他又回到了伦敦，继续推动博物学的发展。班克斯成功说服国王乔治关注位于邱地的一些植物园，两人的友情也同时突飞猛进。正是由于班克斯的努力和国王的赞助，邱园（Kew Gardens）才有了今天的模样，以珍贵的植物收藏举世闻名。

班克斯的个人生活也值得顺便一提。在这方面他也和前辈吉尔伯特·怀特颇为不同。班克斯在 1779 年就已结婚，但至少有两个情妇。虽然乔治三世旗帜鲜明地反对婚内出轨，不过在当时的上流社会中，寻欢作乐处

① 史密斯（1911）倾向于把一切归咎于海军部，但对班克斯却丝毫不加指摘。莱塞特（1971）对班克斯就没那么宽容了。班克斯似乎的确行为失当，可能是从拉布拉多和环球航行中获得的一连串成功，让他被赞誉冲昏了头脑。库克似乎很担心卷入这场争执，一出发就立即写下几封调解信。

处可见，毫不稀奇。班克斯的好友兼赞助人桑威奇勋爵是声名狼藉的地狱火俱乐部（Hellfire Club）的成员，在 18 世纪晚期的社会中，这是一桩引人注目的花边新闻①。班克斯的婚姻看起来倒是风平浪静，但是却没有公开承认的后代。他的死恰逢科学和社会的重要转型时期。那时达尔文还太年轻，没能亲眼见到班克斯，但可想而知，当达尔文踏上比格尔号时，脑中不可能不浮现出班克斯的形象，这位游遍大千世界，回到家乡后仍不懈探索的奇人，怎能不成为他的精神榜样呢？

当英国和欧洲大陆上涌现出越来越多满世界奔波的博物学家之时，北美正在产生土生土长的另一类博物学家。约翰·巴特拉姆（John Bartram，1699—1777）和威廉·巴特拉姆（William Bartram，1739—1823）是一对出色的父子，他们携手为北美植物学建立了坚实的基础。据传，老巴特拉姆本来"只是个农夫"②。但是，根据他在一封给凯茨比的信里所说，他"比英属美国殖民地出生的任何人都要勤奋地研究植物学和自然方面的技艺，但在俗世生活中却缺少一些好运，必须特别努力工作才能撑起家庭"③。

当时的欧洲学术界热切盼望着，能有一位聪慧勤勉的植物学家采集美洲新世界的植物用于研究，老巴特拉姆正是这样一个合适的人选，他身居美国东北，同时又热衷于通信④。老巴特拉姆通信的对象有凯茨比、牛津大学的约翰·蒂伦尼乌斯、伦敦的汉斯·斯隆爵士和瑞典的林奈（在林奈的"信徒"彼得·卡尔姆访美期间，老巴特拉姆也提供了一些帮助）。他

---

① 对于放纵的 18 世纪上流社会来说，地狱火俱乐部本质上是一个狂饮团体。俱乐部举行各种伪异教仪式，但似乎只是纵情酒色的噱头，并不是真为复兴什么原始宗教信仰。流行媒体因这个组织的存在而兴奋不已，挖出了不少猛料，但恐怕很多都是流言而非真相。在乔治三世的严格统治下，地狱火俱乐部一度销声匿迹，但在奢靡放纵的乔治四世摄政期间也曾死灰复燃。
② 米德尔顿（Middleton），1925，第 193 页。
③ 达林顿（Darlington），1849，第 324 页。
④ 凡霍恩（Van Horne）和霍夫曼（Hoffman），2004。

帮助同行补充标本室和植物园中的收藏，也自己鉴定新物种，还把林奈的系统分类理想带入了正在兴起的美国学术界①。老巴特拉姆在写作中流露出了对新知的浓厚渴望，任何人看了都会心生喜爱："在蒂伦尼乌斯博士给我提示之前，我未曾特别留意过苔藓，只是像一头牛望着畜栏新换的大门一样无动于衷；但是现在他会很高兴地承认，我在植物学的这一分支做出了实实在在的贡献，这真是一种非常有趣的植物！"②

对新知的浓烈渴望穿越大西洋，在美洲和欧洲之间传递。英国的博物学家寄来长长的清单，列出他们不解的问题和想要的标本种类，用各种货币向老巴特拉姆支付报酬，但他更喜欢的可能是海外殖民地尚难一见的各类书籍。在福瑟吉尔博士（Dr. Fothergill）的一封信中也可以看出父子二人从事研究的一些线索："我很高兴你的儿子威廉开始描述美国的龟类。美国似乎到处都是这类动物，比其他国家都要多。但是随着殖民地的人口越来越多，它们就会像当地的植物一样变得稀少，正因为如此，记录它们是当务之急。"③ 有趣的是，同期的正统神学或多或少拒绝承认物种灭绝的可能性，而博物学家们已经充分认识到人类活动会导致动植物"变得稀少"。

英国的博物学家资助了巴特拉姆父子的长途探险，其中有从宾夕法尼亚到安大略湖（Lake Ontario）的旅行，父子俩还在"七年战争"的尾声阶段穿越了佛罗里达。在一封信中，老巴特拉姆写道："我穿越马里兰和弗吉尼亚，远达威廉斯堡（Williamsburgh），沿着蜿蜒的詹姆斯河（James

---

① 老巴特拉姆把制好的标本寄到英国，他的信件（达林顿，1849）显示，有时他也会寄活的动物，比如牛蛙，这些动物活过了他们的大西洋航行，却没能如他们所愿呈送给国王。
② 转引自威尔逊，1978，第 105 页。
③ 达林顿，1849，第 340 页。约翰·福瑟吉尔（1712—1780）是约克郡一位富有的外科医生兼业余博物学爱好者。他在爱丁堡大学获得医学学位，大半生都在伦敦行医。他资助出版了悉尼·帕金森关于库克第一次航行的回忆录。福瑟吉尔如饥似渴地搜集关于美洲的资料，他写给老巴特拉姆的信中，一长串的问题以及每个问题下列出的标本愿望清单简直令人眼花缭乱。

River）走到山上……从出发到返回，我在五周时间内旅行了一千一百英里，全程没有休息哪怕一天。"[①] 有人猜测他是骑马出行的，但就算对于骑马，这也是一段惊人的距离。英国的朋友说服乔治三世，除了购买巴特拉姆父子的标本，支付他们的旅费，还给了老巴特拉姆一个北美皇家植物学家的头衔。头衔带来一份可观的津贴，让这位曾经的农夫再也不用为生计发愁了。

89　　　一方面是为了更好地为欧洲的同行供应标本，另一方面是为了有个妥善的地点来研究和思考，老巴特拉姆在费城郊外建立了一座系统正规的植物园，在北美可能是首开先河。这座植物园广泛收藏了大量开花植物，有的具有药用价值，有的则仅仅是稀有、美丽。到了 19 世纪中叶，植物园仍由巴特拉姆家族管理。

　　老巴特拉姆的写作不甚符合当时人们的口味。和他一起建立了美国哲学学会（American Philosophical Society）的朋友本杰明·富兰克林（Benjamin Franklin）在写给一位同行的信中这样评价老巴特拉姆："我一点都不后悔介绍他给你，他虽然是个平平无奇的文盲，但是你一定能发现他的用武之地。"[②] 这说法未免太过倨傲。老巴特拉姆的书信可以证明他是一位严谨聪敏的自然观察家——绝对不是文盲——其中很多都被收录在《伦敦皇家学会学报》中，从贻贝、胡蜂、蛇类谈到北极光。后来的传记作家称他为"美国植物学之父"，这称号他当之无愧，但又有多少现代植物学家（或任何时代的科学家）可以说"我把石材劈成十七英尺长，亲手削凿石材，盖起四幢石屋"[③]？正是同一双手，还可以温柔地打包苔藓和牛蛙，寄给大西洋彼岸的朋友。白兰地溪战役（Battle of Brandywine Creek）中，几支英国军队曾驻扎在老巴特拉姆的植物园，但是他本人则在美国独

---

① 米德尔顿，1925，第 201 页。
② 转引自凡霍恩和霍夫曼，2004，第 107 页。
③ 米德尔顿，1925，第 213 页。

立革命之前很久就去世了①，随后被葬在费城朋友墓园（the Friends Burying Ground）的一处无碑的墓地。

据记载，威廉·巴特拉姆曾经常随父亲旅行，还继承了家族的植物生意。老巴特拉姆和第二任妻子安（第一任妻子死于 1727 年，生有两个孩子）育有九个孩子，小巴特拉姆是其中的老三。除了和父亲密切合作、照管家族的植物园和标本生意，小巴特拉姆还是才华横溢的艺术家，他亲手绘制了父子一同收集的植物标本，并逐渐发展出了另一项爱好：北美的鸟类。

小巴特拉姆曾随父拜访佛罗里达，尝试在父亲的担保下在那里建立一个植物园，但是这项事业却一败涂地②。尽管如此，他还是决定尽可能地探索美国南部地区，在父亲的通信人约翰·福瑟吉尔的赞助下，小巴特拉姆在 1773 年春出发进行了深入收集之旅③。这次旅行为期超过四年半，穿越了佛罗里达、南北卡罗来纳、亚拉巴马、佐治亚、密西西比和当时由法国辖制的路易斯安那。

小巴特拉姆最终把自己的旅行经历写成了《威廉·巴特拉姆的旅行》90 (Travels of William Bartram)④。这部著作是已知的对殖民时代末期美国东北部最全面的描述。小巴特拉姆总是独自旅行，有时徒步，有时乘船。他常以身涉险，但临危不乱，一丝不苟地记录周围的环境，并用画笔描绘

---

① 战争双方的博物学家似乎一直保持着友好的来往。在写给老巴特拉姆的信中，有一封来自皇家近卫队的"弗雷泽（Fraser）上尉"，时间是 1777 年 12 月 15 日，当时英军占领了费城。信中没有一丝敌意，只是表达了上尉想要结识巴特拉姆一家并亲眼看看植物园的心愿，还希望"在离开美国之后，希望一定保持通信，保证每年都能收到我想要的那些种子（达林顿，1849，第 466 页）"。显然，"无代表则交税"要让位于更重要的事情，比如植物标本。

② 卡欣（Cashin），2007。

③ 福瑟吉尔曾在写给威廉父亲约翰的信中说："他画得很好，对博物学有强烈的兴趣；要是这样的天分不幸被埋没就太可惜了。他是否是个清醒而勤勉的人呢？"（转引自达林顿，1849，第 344 页）约翰大概是给了他肯定的答复。亦见于西尔弗（Silver），1978。

④ 完整的标题（见参考文献）太过冗长，需要简化：巴特拉姆（1791）。拼写同原文。

所见所闻①。总体来说，他的写作非常客观，也会谈到一些奇闻逸事。就算和一群短吻鳄短兵相接，他也不会吓乱了阵脚，而是抽出棒子将它们打得落荒而逃，随后继续在险象环生的环境中勘探。在他泛舟的河流中有不计其数的鲜美鱼儿，可想而知附近觅食的猛兽定不会少。

独立战争之后，小巴特拉姆没再出过远门。他继续和那些有名望的学者通信。在和托马斯·杰斐逊（Thomas Jefferson）的通信中，两人讨论了小巴特拉姆为杰斐逊寄到蒙蒂塞洛（Monticello）的植物种子②。当杰斐逊筹划刘易斯（Lewis）和克拉克（Clark）的探险时，他鼓动小巴特拉姆同行，哪怕只参与一部分旅程也好。由于年事已高，小巴特拉姆婉言谢绝。还有人邀请小巴特拉姆教授植物学课程，他同样没有答应。但是，在年轻的亚历山大·威尔逊（Alexander Wilson）计划为北美鸟类撰写一部图鉴时，他提供了慷慨无私的帮助。

远在异乡、近在家圃的见闻，小巴特拉姆几乎都用高超的艺术技巧忠实呈现出来。在写作中，他赞叹那些摄人心魄的美丽事物，植物画作品大都也精美异常。但形成鲜明对比的是，尽管（也许正是因为）几次狭路相逢，他笔下的短吻鳄却像中世纪的恶龙一样，完全看不出是佛罗里达的沼泽生物。

小巴特拉姆诞生时的美国和马克·凯茨比笔下的描述并无二致：一条夹在野兽和土著统治的广阔未知荒野中的狭长殖民地带。但是到他去世的时候，美国差不多已经完成了自己的使命，将这片大陆东西海岸之间的土地占据殆尽。在这片初生大国的热土上，巴特拉姆父子静静地采集、绘制动植物，迎来了美国植物学的新时代，逐渐强大起来的美国又将成为这片土地上万物的守护者。

---

① 高迪奥（Gaudio, 2001）提供了小巴特拉姆作品的一些精美的复制品，并对他的艺术感受力和想象力进行了新颖的解读。简直像是亲自和小巴特拉姆一起在野外工作过一样。
② 达林顿，1849。

第八章
起源之前

　　由阿尔弗雷德·拉塞尔·华莱士（Alfred Russel Wallace）命名的达尔文生物学，或达尔文主义，在博物学中有着深厚的渊源[①]。查尔斯·达尔文和华莱士都是极为自信的博物学家和敏锐的观察者，他们感兴趣的对象包罗万象；两人都曾在职业生涯中某个阶段做长途旅行；都充分认识到学界先驱为研究和理解自然世界付出的卓绝努力。

　　达尔文主义的理论基础，诞生于博物学研究以及在其基础上建立起来的分类学[②]。自然选择这样的理论，甫一诞生，便让一切都解释得通了[托马斯·赫胥黎（Thomas Huxley），达尔文的头号崇拜者，在读过《物种起源》之后惊呼道"要多傻的人才会想不到这些啊"][③]。达尔文要阐述的内容概括起来是这样的：如果一个物种形态发生了变异（可通过形态学

---

① 华莱士，1889a。

② 迈尔，1982。

③ 赫胥黎，1900，第 176 页。

研究获得），而且这些变异是可遗传的（可以从家养动植物的家谱中获得），除此之外，这些可遗传变异与生物繁殖后代的数量直接相关的话（或许可以从详细的行为研究中观察到），那么假以时日，这个物种的性状势必发生大规模的改变。

显然，达尔文和华莱士的观点不是从真空中生造的，无数学者倾尽光阴和笔墨，试图弄明白这些观点的源头、达尔文和华莱士的为人，以及他们到底在说些什么①。想把两人中任何一个人的生平娓娓道来，短短一章的篇幅都显得捉襟见肘，但是我们应该认识到博物学在他们工作中扮演了举足轻重的角色，而他们开创的"生物学"又反过来对博物学产生了深远的影响②。

尽管在形形色色的博物学作品中总是充斥着不同程度的宗教信仰或怀疑论色彩（有时两者皆有），但《圣经》如何根深蒂固地影响了博物学家的思维仍是一个值得探究的问题③。希尔德加德·冯·宾根、约翰·雷、吉尔伯特·怀特、威廉·巴特拉姆和达尔文本人在作为博物学家探索世界之前，都早已读过了《创世纪》（*The Book of Genesis*）。

---

① 艾斯利（Eiseley, 1961）生动地描绘了达尔文身边很多重要的 19 世纪科学家以及他们身处的世界，对达尔文本人则避而不谈。他随后的一本古怪的小书（艾斯利，1979）或许可以解释这一点，书中基本上是在指控达尔文在提出理论时有欺骗行为。我认为艾斯利的观点完全站不住脚。

② 达尔文的传记可以装满好几个书架（2010 年 11 月在网上书店检索的结果超过两千条，虽然其中有一些是重复条目和同一本书的不同版本，总量还是多得惊人），他还是一部热门影片和很多电视剧的主人公［创造（狮门影业，2009）］。布朗撰写的传记（1995，2002）是毫无疑问的最佳。达尔文的《自传》经妻子埃玛和儿子弗朗西斯先后编辑。幸运的是，达尔文的孙女诺拉·巴洛（Nora Barlow）重新出版了这部自传（达尔文，1958），加入了埃玛刻意删节的部分，用不同格式附在一旁，从中读者可以看出夫妻俩意见相左之处。华莱士的传记没有这么多，但是他的自传（华莱士，1905，1908）非常好读。关于他的事业，雷比（Raby, 2001）也提出了很有帮助的分析。

③ 德鲁里（Drury, 1998）。德鲁里认为人类的思考模式通常在潜意识层面受到早期经历的影响，因此通过化学和物理学进入科学领域的学生，总是在生物学问题上遇到困难，因为他们在潜意识层面，对什么是"科学的"以及什么又是"不科学的"的看法，已在物理科学中遇到的问题和答案而被"程式化"了。恩斯特·迈尔（迈尔，2007）提出了类似的担忧。

如果把"进化"定义为"随着时间的变化",那么《创世纪》在某种意义上也与进化有关。一个创世者仅用意念创造了整个世界,这是完全可能的。这样的故事在其他宗教中也存在,但是在《创世纪》中,世界的创造经历了一系列步骤,这建造过程本质上符合逻辑。它是一个循序渐进的发展过程:一个事物从无到有,从含糊混沌到终极有序。

《创世纪》中的进化,与达尔文和华莱士的进化有三个关键区别。首先,《创世纪》假设了一个创造者的存在,这和亚里士多德"不动的动者"类似,但更拟人化。其次,《创世纪》的进化有一个明确的终点:一切都在六"天"内完成,第七天上帝休息。在此之后,就没有更多创造和改变了。最后,上帝在每天结束时通常都会对他的创造做个评价:他检查当前的成果,发现一切"很好"。

《圣经》和古希腊哲学对博物学的另一个重大影响是类型学(typology)。柏拉图认为,我们感知到的世间万物只是理想形式的"影子",在物理世界中只能接近而无法达到。这说明任何物种都会有好一些的或坏一些的"影子"或复制品,于是就出现了变异的问题。分类学家受到这些思想的鼓励,试图通过比对物种间的个体,找出一个物种"最好的"或"最典型的"模式标本。但在实际中,模式标本的选择总是非常主观,这一点常常被忽略,而标本收藏中,模式标本总能反映出总体收藏的水平。柏拉图提出的理想形式的影子的概念,与《圣经》中的创世说也有契合之处:生物在被创造之初总是处于理想状态,后面的任何变异都是从完美中堕落,而非进化不可缺少的环节,进化的过程随着创世的结束就完结了。

随着博物学家的研究和交流日益深入和广泛,地图上的空白一一得到 93 填补,使《圣经》创世说面临前所未有的压力。雷就因感知和信仰的落差而深深失望,感知告诉他,一场洪水绝不可能雕凿出他见到的地貌,但是这却与他对《圣经》的信仰背道而驰。其他博物学家彻底避谈起源的问题,他们安于述而不作，但随着收集到的证据越来越多，新问题层出不穷。

布丰伯爵乔治-路易·勒克莱尔（Georges-Louis Leclerc，1707—1788），常被称作布丰，他所著的《博物志》（*Histoire Naturelle générale et particulière*）是最受欢迎的百科全书之一，受众极广，老少咸宜[①]。布丰和林奈生于同年，但是不同于林奈，他不必为了求学历经坎坷。布丰生于贵族家庭，只要他想，可以尽情学习和旅行[②]。布丰沉浸在当时的前沿博物学研究中，交往的科学家遍布各个学科，也有自己的原创研究。他博闻强识，着迷于科学的一切分支，还认为科学家有责任用通俗易懂的方式向普罗大众传播知识。

1739年，布丰成为巴黎皇家植物园（Jardin du Roi）的园长，这座植物园之于法国，相当于邱园之于英国。虽然对于布丰来说，动物似乎比植物要有趣得多，但他还是兢兢业业地对待这份工作，并开始用一种包罗万象的笔法书写自然界中的一切事物。《博物志》中以三界为结构，但是从1749年到1788年布丰去世的近四十年间，他只完成了矿物和动物的三十五卷。布丰遗留的大量笔记结集成剩余的九卷。植物虽然是他职业生涯的主角，却在著作中占据最少的篇幅。布丰对自己著作的编排，没有沿袭林奈分类法中最通用的界的划分，而是按照他设想中读者对这些物种的熟悉程度，从家养的物种逐渐扩展到外来的物种。此外，他先重点书写温带物种，再写到热带的变种，还特别强调在任何等级体系中，人都是最完美的形式。

如同迈尔指出的那样，一个建立在熟悉程度上的分类系统"极不适合用作进化方面的考量基础"[③]。布丰已经有了惊人的发现，却执意不肯用它

[①] 布丰，1769。

[②] 迈尔，1982。

[③] 同上，第331页。虽然提出了这样的批评，迈尔仍不失为一个"布丰迷"，称他为"19世纪下半叶博物学一切思想之父（332）"。

图 7　鸟类，来自布丰的《博物志》，18 世纪。（作者藏品）

94　们得出结论："举例来说，如果驴真的是由马退化而来——自然的力量就未免太过于全能了，那么我们无疑可以假设，现在生机勃勃的世间万物，可能是一个物种经过漫长的时间演变而来的。"① 他差不多就要成功了，只差毫厘！共同的血脉、物种的增加、渐变论（gradualism），他已经非常接近达尔文主义。但紧接着却分崩离析："但这绝不是自然的正常表现，启示的权威让我们坚信，万物同沐恩泽，造物主亲手打造了每个物种那最初的一对。"② 在这个时代，宗教的权威四面受敌，唯有最后的这处高地，又经过了两代人才攻克。

　　布丰相信，物种的外观一定程度上是为了适应他们生存的物理环境而被塑造的，所以他除了依据熟悉程度以及对人类的重要性给物种编目，还依据发现生物的位置将它们分组。这样的分类初看平平无奇，但是却让布丰进入了生物地理学和生态学的领域。一个严格根据形态和演化关系来决定的分类系统，可能会忽视或混淆地理区位保留下来的差异。在这个意义上，布丰领先于洪堡和华莱士这些公认的生物地理学家一个世纪之久。布丰让博物学妙趣横生，继承他这一观点的后继者无不在他的文字中流连忘返，惊叹他们所见的生命和景观之丰富，可探索的天地又是多么广大。

　　在通往达尔文主义途中的另一位重要的法国博物学家是让-巴蒂斯特·皮埃尔·安托万·德·莫内（Jean-Baptiste Pierre Antoine de Monet），人称德拉马克骑士（the chevalier de la Marck），也就是读者们耳熟能详的拉马克（Lamarck）。拉马克于 1744 年生于皮卡第（Picardy）的一个小村庄③。他的父亲希望他能成为一个神父，把他送到了亚眠（Amiens）的一所耶稣学校。老拉马克在儿子十六岁时去世，次年拉马克参军，服役七年

---

① 布丰，1766。转引自迈尔，1982，第 332 页。
② 同上。
③ 斯特弗鲁（Stafleu，1971）给出了拉马克生平的各种来源，下面的很多内容都出自这里。

后获得津贴前往巴黎①。在那里，拉马克一边在一家银行工作，一边钻研植物学和医学，随即出版了一部三卷本的法国植物志，这引起了布丰的注意。这部植物志的特别之处在于采用明确的双关键词法标注每个物种。它的另一大优势是用法语写作，这带来了更广泛的受众。1779 年，拉马克入选法国科学院，但一直靠写作和兼职来增加收入，直到 1788 年成为巴黎皇家植物园的标本管理员。截至此时，拉马克最重要的作品是《方法论百科全书》（*Encyclopédie Méthodique*）中的植物卷，编写历经四十多年，长达一百八十六卷，或许是启蒙时代最为鸿篇巨制的大型百科全书。

拉马克在大革命（1789—1793）期间的经历成谜。他继续在巴黎皇家植物园工作，但"共和狂热"（Republican fervor）的爆发和接下来的恐怖时期让社会精英人人自危②。拉马克的地位朝不保夕，但还是设法出版了一系列关于植物园藏品重要性的小册子，其间他权宜地将植物园的名称改为巴黎植物园（Jardin des Plantes），于是园子和他都挺过了这场逆变。法兰西第一帝国不仅扩充了植物园的收藏（查没收缴的标本都加了进来），还提升了拉马克的职业前景。在 1793 年，他成为"动物、昆虫、爬虫和微观动物学教授"③。

直到这时，拉马克似乎还持有 18 世纪的普遍思想，认为创世的过程完结后，物种及其关系是稳定不变的。他的地质学研究却截然相反，揭示出一个转变和退化的过程，矿物结构从初始的高度组织的结构，逐渐分解

96

---

① 根据一条记载（同上，第 399 页），因为一个朋友试图拎着头部把他拉起来，拉马克伤残退役。颈部的伤让他此后都不能在军队服役。
② 在一桩最有名的"合法但不正义的死刑判决"中，18 世纪最伟大的化学家之一安托万·拉瓦锡（Antoine Lavoisier）被带到法庭上，以"无礼"和在人民的烟草中掺水的罪名被判死刑。法官助理宣布："共和国不需要学者，正义必须得到伸张［拉姆齐（Ramsey），1896，第 102 页］。"在拉瓦锡人头落地后，一个旁观者说："砍掉他的脑袋只消片刻，但再生出这样的脑袋一百年也不够［索普（Thorpe，1894，第 89 页）］。"拉马克在政治方面比拉瓦锡敏锐得多，因此侥幸逃脱，幸免于发生在这场恐怖统治顶峰时期、针对受过教育而可能成为贵族的科学家的大规模迫害。
③ 斯特弗鲁，1971，第 401 页。

为简单的晶体。这个观点在如今看来显得有些浅显，但当时人们眼中的世界从此不再一成不变和井井有条。拉马克对地质学的涉猎在另一个方面也十分重要：这迫使他直面化石的问题。巴黎盆地埋藏着丰富的化石，通过仔细研究不同的地层，拉马克发现地球十分古老。在讨论全球尺度的自然变化时，拉马克把人类比作朝生暮死的昆虫，试图描述其寓居的房子的年龄："二十五代虫以来，房子毫无变化，所以可想而知房子是永恒不变的。"① 这非常重要，当时人们对地球年龄的估计仅仅依赖于《圣经》。1650年，大主教詹姆斯·厄谢尔（James Ussher）通过计算《圣经》所载人物的年龄，估计地球是在公元前4004年10月22日下午较晚的时候诞生的②。尽管其他学者对于厄谢尔计算的准确性有些闪烁其词，这个说法还是得到了广泛的接受，给科学界造成不少困扰。一个不到六千岁的地球不可能通过渐进的变化产生出这么多物种。拉马克抵触这一估算，也不认同常常相伴存在的认为物种一成不变的观点，这也预示着一场即将到来的剧变。

1801年，拉马克重回生物学领域，完成了一篇关于无脊椎动物的论文，在其中开始讨论物种演变的可能，正是这一问题在日后使他声名鹊起③。他在1815年到1822年间完成了这项工作，同时开始筹备一部七卷长的无脊椎动物博物志。拉马克通过研究地质学发现，物种的演变是环境和漫长岁月日积月累、共同作用的结果。拉马克最大的贡献是发现了分类

97

① 拉马克，1802，转引自斯特弗鲁，1971，第419页。
② 关于厄谢尔对《圣经》所载人物年代研究的一次有趣的讨论，见南伯斯（Numbers，2000）。关于地球年龄的其他讨论和科学研究，见克诺夫（Knopf，1957）。早在18世纪，天文学家埃德蒙·哈雷（1656—1742）就指出，地球真正的年龄可以通过测量海水盐度经过几个世纪后的变化来推算［霍姆斯（Holmes），1913，第61页］，说明并非所有博物学家都同意厄谢尔对地球诞生时间的看法。对于当时的地质学研究水平，这是一个非常新颖的想法。哈雷的抱怨很能引起人们的共鸣，他说要是希腊人和罗马人早已开始这项研究的话，此时一定已经积累了很多有用的资料用于推算。
③ 拉马克，1801。

学和种系发生（phylogeny）的显著相关性——生物不仅在我们的分类序列里有简单和复杂之分，它们本身也都随着时间变得越来越复杂——这意味着物种的形态可以由简转繁，这样的演变真实存在，只要经历足够长的时间，一个物种就可能会变成另一个物种。

拉马克对演化机制的解释衍生出许多理论——如获得性状遗传（inheritance of acquired characters），或称用进废退。拉马克非常确定地说："每个物种都会顺从它们生活环境的影响，由此获得我们现在了解和观察到的习性以及各部位形态的改变。"[1] 本质上，环境制造了"需求"，迫使物种产生某种新特征，或强化某种旧特征；物种做出反馈；反馈的结果被传递到后代身上，直至达到某种暂时的平衡。产生的新物种可能会与原来的物种截然不同，甚至在分类学中拥有全新的位置。也有可能，物种利用一个已有的特征（或反之，停止使用一个特征），使这个特征得到加强或弱化，这同样引起分类学位置的改变。拉马克以明显特化的长颈鹿脖子作为自己的论据。尽管这一论据来自动物学，但人们无法不好奇，早期在植物学中的浸淫对拉马克的影响有多大。众所周知，植物的形态有极强的适应性，并明显会针对不同环境条件来调节生长模式。但是拉马克没有考虑到，可遗传到后代身上的或许正是这种适应性，而非变化本身。还要经过一个多世纪，这种适应性的本质才能得到清楚的阐释[2]。

令人扼腕的是，拉马克晚年穷困潦倒，逐渐失明。他的观点逐渐过时，而法国科学界的话语权则逐渐让位于乔治·居维叶（Georges Cuvier，

---

[1] 拉马克，1783—1789，转引自斯特弗鲁，1971，第 433 页。

[2] 关于植物适应性及其对环境的反馈，克劳森（Clausen）、凯克（Keck）和希齐（Hiesey）有一项经典的研究（1940）。这项研究将植物的无性繁殖个体小心地移栽在加利福尼亚境内不同环境的"同质园"中，测量植株的形态和染色体变化。作者表明，环境的确可以使植物形态在一代内发生改变，但是这些变化并不能遗传下去。在后来几版的《物种起源》中，达尔文有些退回了拉马克式的理论。不过或许并非因为认同拉马克的观点，而是因为他对颗粒遗传机制缺乏理解。分子遗传学已经揭示了可能的"新拉马克"过程的一些有趣的案例，但它们似乎更像是偶然出现的例外，而非普世规律。

1769—1832）。不过，尽管居维叶率先通过化石研究发现了灭绝问题，却坚决反对进化思想，而是强烈支持灾变说（catastrophism），认为地球的历史是由不时出现的洪水和地震支配，其间偶有稳定。到了 1810 年代末，拉马克的视力急转直下，在 1822 年彻底失明。他再也不能书写，有些著作只好由女儿代书。1824 年，他不得不出售自己的标本，到 1829 年去世时几乎已经被遗忘。后人已经证明，拉马克的很多观点是错误的，假设也常常论据不足，但他是让生物进化理论面世的先驱。假如他看到此后的两百年间，有多少聪明绝顶的研究生为他肇始的工作废寝忘食，一定会觉得十分宽慰。居维叶男爵迫使这位 18 世纪传统博物学最后的伟大守护者中途谢幕，然而拉马克虽然先于居维叶离场，却为 19 世纪和未来揭开了序幕。

与此同时，在工业和霸业迅速崛起的英国，达尔文家族的姓氏开始变得家喻户晓。从他们的写作——特别是私人信件中——可以看出，达尔文一家似乎都是古灵精怪、妙语连珠的人，他们不仅有严肃的事业追求，也真诚地欣赏着彼此和周遭的世界。

查尔斯·达尔文的幽默语录不胜枚举。在描写他祖父伊拉斯谟（Erasmus，1731—1802）一生的《预告》（*Preliminary Notice*）中，查尔斯禁不住附上了祖父与叔祖母苏珊娜（Susannah）往来的书信，信中他们讨论了在大斋期进行的斋戒①。苏珊娜引用加大拉的猪群的典故，再三用猪肉其实是"鱼"来麻痹自己，这样就不算破了荤戒②。伊拉斯谟安慰道，她的假设一点都没错，还说："我的整个大斋期都靠布丁、牛奶和蔬菜过活，但是别误会，我不是没有碰烤牛肉、绵羊肉、小牛肉、肥鹅还有其他

---

① 克劳斯（Krause, 1880）提到了《预告》，其中收录了查尔斯·达尔文对家庭早期经历的很多叙述，还有很多有趣的家庭信件。

② 《马太福音》8：32。耶稣放出一群魔鬼，把它们送入猪群，然后那群猪自己冲进大海，在水里淹死。

野味。因为它们都是什么呢？所有的肉都是草！……附记：恕我匆忙，晚餐好了，肚子饿极了。"①

有的人会觉得这番话非常好玩（特别是附记），有些人则不会。但显而易见的是，达尔文家族的成员们其乐融融，喜爱斗嘴，又都是饱读诗书的敏慧之士，所以不需要提示就能领会彼此玩的文字游戏。伊拉斯谟在查尔斯出生前就去世了，他的风采多少因大名鼎鼎的孙子和一桩丑闻显得晦暗，但在生前也曾是令人肃然起敬的人物。查尔斯在成名之前，也早已对祖父的著作和遗产十分熟悉。

伊拉斯谟于 1731 年出生在英国诺丁汉郡（Nottinghamshire）埃尔斯顿大堂（Elston Hall）的大家族里。从剑桥大学获得文学学士和医学学位之后，伊拉斯谟搬到利奇菲尔德（Lichfield）行医，在 1757 年迎娶了比自己小八九岁的玛丽·霍华德（Mary Howard）。查尔斯还引用过另一封引人入胜的信，是祖父在婚礼三天前写给玛丽的，称他找到了一本家庭笔记，里面有制作"馅饼皮"和"果馅饼"的食谱，但是他的目光却被"烹饪爱"的这一条吸引住了：

"这道菜谱"，我想"应该十分有趣，我要在下次写信时寄给霍华德小姐，把它烹制出来"——它是这么写的："烹饪爱，取足量美洲石竹和迷迭香，美洲石竹里面混点银扇草和芸香，迷迭香里小米草和益母草各掺一大捧，把它们分别混合，然后一起切碎，加入一个李子，两茎三色堇和一点百里香，一盘色香味俱全的爱就烹好了。"②

99

① 克劳斯，1880，第 20 页。最后一句出自《以赛亚书》40：6。很明显，伊拉斯谟一直在开妹妹的玩笑，查尔斯想要和读者分享这个笑话。
② 美洲石竹（Sweet-William）暗指他自己，迷迭香（Rose-Mary）暗指玛丽，银扇草（Honesty）意为"诚实"，芸香（Herb of grace）意为"优雅"，小米草（Eye-bright）意为"目明"，益母草（Motherwort）暗指"母亲的话"，三色堇（Heart's Ease）意为"舒心"，百里香（Thyme）与"时间"（time）谐音。所以这份菜谱的言外之意就是：想要获得幸福，需要你我两人共同努力，我保持诚实、优雅，你持家聪敏、贤惠，我们坚定、愉快地相守，假以时日，定会成为一对幸福的爱侣。——译者注

他接下来还写了"如何制作一个诚实的男人"："'这道菜对我来说驾轻就熟，而且现在有些过时了；我就不写了。'接下来附上'如何制作一个好妻子。''啧啧，我的一个熟人，利奇菲尔德的一位年轻淑女，是全世界最会烹制这道菜的人，她已经答应我，改天做来给我尝尝。'"①

这18世纪的示爱方式多么含蓄啊②！伊拉斯谟和玛丽过得很幸福，五个孩子中养活了三个，其中就有查尔斯的父亲罗伯特。然而好景不长，久病的玛丽于1770年溘然长逝。伊拉斯谟为照顾罗伯特而聘请了一位看护，最终和她有了不伦的感情，生下两个私生女。伊拉斯谟亲自抚养这两个女孩，她们的生母却嫁给了一个当地的商人。接着，伊拉斯谟热烈地爱上了伊丽莎白·波尔（Elizabeth Pole）。这位女士的丈夫是一位年长她近三十岁的战斗英雄，两人已经育有三个孩子。这段时间伊拉斯谟在人们看来可不算如意郎君。对美食的爱好——正如前文写给苏珊娜的信中所说——已经开始让他发福。天花在他的脸上留下了大量疤痕，而且行医虽然足够养家糊口，却没法发家致富。他一生都困于口吃，不能清楚地表达自己的想法，却是个善解人意的倾听者。而伊丽莎白则正好相反，她出身贵族，风姿卓约，伶牙俐齿，不仅富有，而且拥有人人称羡的美满婚姻。

伊丽莎白的丈夫在1780年去世，出乎所有人意料的是，她不久就嫁给了伊拉斯谟。他们的婚姻同样美满，尽管伊丽莎白在这第二任丈夫去世后还活了三十年，却再也没有结婚。他们生了七个孩子，有一个早夭。伊丽莎白坚持要伊拉斯谟从利奇菲尔德搬出来，和她一起住在德比（Derby）。此外，她也不喜欢长期乡居，要伊拉斯谟定期陪她去伦敦。

100

---

① 查尔斯·达尔文，转引自克劳斯，1880，第20、26、27页。

② 厄格洛（Uglow，2002）在她引人入胜又丰富翔实的书中，也引用了这封信的一些内容，并提到伊拉斯谟·达尔文在结婚前"慌了神"，犹豫要不要领结婚证。对这封信的另一种解读则完全相反。伊拉斯谟再三向年轻的未婚妻（她那时只有十七岁）保证会给她一桩幸福的婚姻，不愿成为流言蜚语的中心，也不愿让她承受市井乡邻讲给新娘的下流故事。达尔文家的男人们似乎都是为爱而结婚，与妻儿其乐融融。

伊拉斯谟最初钟情医学，但擅长用优雅的笔调将五花八门的主题混合起来。在 1783 年到 1785 年之间，他着手将林奈的著作译成英语①。在《植物之爱》（*The Loves of Plants*）中，伊拉斯谟将林奈的文字译成了一首极富寓言色彩的诗作，并给每个诗节配上详细的解释②。大概正是这首诗，在他去世很久之后，让较为保守的维多利亚时代的人把他当成了一个色情文学作家。一个连桌子腿都羞于露出的文化，自然无法接受这样直言不讳地描述性爱的诗歌，就算大部分都是植物的性爱也不行。我想我的祖母可能也会觉得下面这番话"毫无必要"：

> 斑点鸢尾爱焰伫，
>
> 慷慨三夫娶老妪。
>
> 柏木苍郁嫌憨妇，
>
> 一穹圆顶两床独。③

伊拉斯谟虽然在诗旁加以阐释，但是人们心里难免嘀咕，林奈真的需要这样的改编吗？

在原创性工作方面，伊拉斯谟的《生物学》（*Zoonomia*）原本是一部系统的医学著作，但是也有大量内容是在分析生物行为的成因和作用④。这本书的第一部分分析了人类、动物和植物的运动，接下来是一段讨论本能的有趣分析，随后进入他的医学系统。他囊括了一些十分现代的实验，如让读者盯着一个彩色的点或一组圆圈，再移开视线，来做眼科检查。这样的图解在 21 世纪的教科书里仍会出现。查尔斯说，祖父一直不愿发表

---

① 达尔文，1785。

② 达尔文，1806。

③ 达尔文，1806，第 11 页。

④ 达尔文，1794。

《生物学》①。伊拉斯谟在引言中写道，因为害怕被嘲笑，这本书的草稿"二十年来常伴身侧"——巧的是查尔斯也因同样的原因而赧于发表《物种起源》②。

　　伊拉斯谟的《自然神殿》（*Temple of Nature*）是一部长诗，由于韵律回旋，这首诗难于通读，易被戏仿③。查尔斯不无悲伤地提到，他怀疑，祖父的诗歌虽然曾风靡一时，但到了自己这一代，已没有人读过其中哪怕一行④。尽管如此，伊拉斯谟的很多诗歌都蕴含着新的科学观点。几十年后查尔斯的一些思想，在祖父的诗歌中早已有迹可循，只是用更加清楚的术语表达出来：

101

> 人类将会繁息，倘若
>
> 天公作美，食物充裕
>
> 越过万水千山，成群结队！蔓延开来
>
> 不久，就会泛滥水陆

---

① 达尔文，1880，第 102 页。
② 达尔文，1794，第 ix 页。
③ 达尔文，1804。
④ 克劳斯，1880，第 95 页。伊拉斯谟的诗在一首作者不详的诙谐诗《三角之爱，献给坎宁、弗里尔、艾利斯和吉福德》（*The Loves of Triangles, attributed to Canning, Frere, Ellis, and Gifford, 1801*）中受到了嘲弄。诗句有些粗鲁，但确实很有趣，最后几行如下：

　　只有你们两个，巨大框架的青春
　　等腰三角形！那颗桀骜不驯的心
　　你们的存在徒劳地飘动羞怯的数理
　　让她温柔迷人的眼珠转动
　　每根弯曲的神经，都在加尔瓦尼的火焰下战栗
　　颤动她蓝色的血管，终结她冰冷的沉默（134）

这首诗的结尾更加粗鲁，描绘了乔治三世座下的保守党首相小威廉·皮特（William Pitt the Younger）被斩首的场景。这首诙谐诗把伊拉斯谟的文字变成了笑料，至少一整代人都在笑他。

　　然而战争和瘟疫，疾病和饥荒

　　又把多余的人从大地上抹去①

　　马尔萨斯（Malthus）对查尔斯·达尔文观点的影响匪浅，但是从这首明快的小诗中我们已经读到了一个马尔萨斯式的世界，在这个世界里，若没有疾病和冲突，动物可以无休止地繁衍。这首诗的各个部分及附上的"哲理笔记"预示着各种意义上的转变，在这些笔记中，可以读出"上帝创造了一切存在物，而且他们从一开始就在不断完善"②。这是一次值得铭记的转变，它告别了中世纪"存在之链"的一成不变和完美无缺。人们虽然尚未完全抛弃自然阶梯的理论，却已经开始感受到它的过时。

　　伊拉斯谟的好友中，有当时最风趣活跃的一批思想家、发明家以及实业家。在政治方面，他是个自由主义者，甚至到了激进的地步。哪怕强权恐怖如阴云密布，他仍为美国和法国的革命积极奔走。他和本杰明·富兰克林是好友，一起讨论电和字母表③。他还是月光社（Lunar Society）的创始人之一，侪辈皆是时下最具创新精神的实干家和思想家④。1761年，伊拉斯谟入选皇家学会会员，但很少出席，他的兴趣在于科学应用，热爱创造，因而更喜欢善于实践的大众而不是精英群体⑤。月光社的另一位成员乔赛亚·韦奇伍德（Josiah Wedgewood）更具商业头脑，一边开发物美

---

① 达尔文，1806，第54页。
② 达尔文，1804，第3页。
③ 胡萨考夫（Hussakof），1916。伊拉斯谟迷上了会说话的机械。就像我们在前面几章提到过的中世纪博物学家一样，他制作了一颗黄铜头颅——但是他这颗真的可以通过一种机械系统说出话来。查尔斯·达尔文说，这颗头颅可以说出"妈妈"和"爸爸"等简单词汇。伊拉斯谟在月光社的一位朋友许诺，如果他可以制作出一颗能背诵《主祷文》的头颅，便奖励他一千英镑，但是伊拉斯谟没有做到（克劳斯，1880，第121页）。
④ 金-海莱（King-Hele），1998。关于月光社成员及其时代的详细讨论，见厄格洛（2002），他准确地捕捉到了他们的科研和社会环境，以及他们对工业革命兴起的影响。亦见于斯科菲尔德（Schofield），1966。
⑤ 月光社的其他十三名成员中，有十位入选皇家学会会员。

价廉的陶器，一边投资运河系统来运输自己的产品，这让他很快发家致富成为百万富翁。

乔赛亚和伊拉斯谟成为挚交，从此，韦奇伍德家族和达尔文家族就结下了不解之缘。乔赛亚的女儿苏珊娜嫁给了伊拉斯谟的儿子罗伯特。他们有四女两子，小儿子便是查尔斯。乔赛亚的儿子乔赛亚二世有三女四子①。乔赛亚三世娶了查尔斯的姐姐卡罗琳，而查尔斯自己则娶了乔赛亚二世的小女儿埃玛（Emma）。

102

伊拉斯谟在 1802 年 4 月突然去世。他整个清晨都忙着写作，一阵寒意袭来，便挪到火炉边。接着他因头晕而靠在沙发上工作，不多时就静静去世了。他葬在一个当地教堂里，墓碑上写着，"医生、诗人和哲学家"。这些称号伊拉斯谟当之无愧，甚至远超于此。他去世得太早，没能亲眼看到自己最出色的一位后人冉冉升起，但是假如他知道，经过博物学强有力的滋养，进化思想离他只有短短一代人之遥，一定也会欣喜若狂。

---

① 一个颇令人心酸的讽刺是，韦奇伍德的后代为诗人塞缪尔·科尔里奇（Samuel Coleridge）提供了一百五十英镑的赞助，让他安心创作。但是科尔里奇却是对伊拉斯谟·达尔文批判得最狠的评论家之一，说伊拉斯谟的诗让他"感到恶心"（科尔里奇，1895，第 1 卷，第 164 页）。

第九章
最美的形式——达尔文

查尔斯·罗伯特·达尔文（Charles Robert Darwin，1809—1882）是罗伯特·达尔文医生和苏珊娜·达尔文-韦奇伍德六个孩子中的老五。当小查尔斯出生时，达尔文和韦奇伍德家族已经积累起可观的财富。他的父亲继承伊拉斯谟·达尔文的衣钵从事医学，也利用月光社的人脉过上了富裕的生活。和苏珊娜的婚姻，让罗伯特成为韦奇伍德家族的一员，世代交好的两家人更加亲近。

因家庭人丁日益兴旺，罗伯特在什罗普郡（Shropshire）的什鲁斯伯里（Shrewsbury）建造了芒特庄园（the Mount），一幢坚固的乔治亚式房子，并在附近行医。和父亲一样，罗伯特是个体格魁梧的男人（体重似乎远远不只三百磅），初见往往令人望而生畏。其实他非常善于倾听，对"妇道人家的抱怨"——一个世纪后弗洛伊德称之为"歇斯底里"——十分细致体贴。由此我们可以管窥罗伯特的医术，他可能在弗洛伊德之前就开始使用谈话疗法，帮助患者克服焦虑。

　　达尔文笔下的童年（随着时间推移，固然有修饰和美化的成分）是一段快乐时光①。虽然几位大姐姐总是对他颐指气使［他提起有一次去姐姐卡罗琳房里上课，走进房间之前心中忐忑：“她这次又要怎样责备我呢？”(22)］，但是他身边也有很多小伙伴，大家都很喜欢他。他喜欢长距离徒步和编故事［他几次提到自己是个“淘气鬼”(22)］，但是学习却不是强项。他感到自己最多是中等智力——不是班上最笨的，也不特别出众。他提起自己的父亲，说虽然“很多人都怕他”，但“他是我知道的最和蔼可亲的人”(28)。达尔文这样谈论父亲识人断物的能力，令热衷钻研心理史学的人大感兴趣，毕竟他是这样批评达尔文的：“你成天就想着射击、逗狗和追老鼠，将令自己和全家蒙羞。”(28)显然，他大错特错。

　　到达尔文的年龄已经不适合跟家庭教师学习时，他入读一所语法学校。这所学校注重古典学科。这方面达尔文无法拔尖，但他谈到求学经历时说：“我深深爱上了博物学，或者更确切地说，是深深爱上了收集。我会辨认植物的名字，收集各种物什，如贝壳、印章、邮戳、硬币和矿物。对收集的热爱，假如没有让一个人误入歧途成为一个守财奴的话，便可以引导他或她成为系统的博物学家或艺术品鉴赏家。这种爱在我身上非常强烈而且与生俱来，我的兄弟姐妹中则没人有这种爱好。”他还提到一本书，叫作《世界奇观》(*Wonders of the World*)，正是这本书鼓舞他去远方旅行②。

　　当罗伯特·达尔文发现，达尔文上语法学校不过是浪费时间之后，就

----

① 达尔文，1958。《1809—1882 查尔斯·达尔文自传》(*The Autobiography of Charles Darwin* 1809—1882)已有若干版面世，其中一版名为《生活和信件》，由达尔文之子弗朗西斯编辑（达尔文，1887）。但是诺拉·巴洛的版本（达尔文，1958）是唯一一收录了达尔文写给子女的原始书信的一版，下面引用达尔文的内容，如无特别说明都出自这里。页码在文中标注。

② 或引自克拉克(Clarke)，1821。19世纪出现了很多“奇观类”的书籍，但是这本的出版时间（1821，后来还有一个美国版）和内容更加接近。达尔文后来乘比格尔号去看的很多地方这本书都有提及。

决定早点送他上大学。达尔文的哥哥伊拉斯谟（Erasmus，1804—1881）已经开始在剑桥大学攻读学士学位，但是罗伯特思虑再三，决定直接送小儿子去医学院。达尔文已经随父出诊数次，甚至治疗过几个安排给他的病人，后来达尔文的儿子弗朗西斯也记得父亲一脸骄傲地谈到治愈病人的经历。

达尔文在医学院的时光远不能用"不开心"形容。他在课堂上昏昏欲睡，在解剖中呕吐不停，只参加过两次真正的手术："我去过手术厅两次……看到两台可怕的手术，其中一次还是在一个小孩身上进行，手术没结束我就跑掉了。我从此再也没去观摩过手术，没有任何理由能让我回心转意——那时造福人类的氯仿麻醉剂还没发明。这两台手术在我心头留下了沉重的阴影，很多年都挥之不去。"（48）

也许，爱丁堡大学带给达尔文最好的机遇就是普林尼学会（Plinian Society）的一席之地，这个博物学社团刚由皇家博物学教授罗伯特·詹姆森（Robert Jameson）建立不久，成员们会定期在学校一间地下室集会。达尔文在学会中，有机会聆听和汇报一些关于动植物研究的短"论文"，他的第一次演讲以海洋无脊椎动物和藻类为主题，但由于学会没有对讲座留档，所以无从得知当时具体讲了什么。达尔文也参与魏尔纳学会（Wernerian Society）的一些活动，在那里听到了约翰·詹姆斯·奥杜邦（John James Audubon）关于北美鸟类的演讲①。达尔文对奥杜邦并不十分认同，认为他对其他鸟类学家太过苛刻，尤其是在秃鹫觅食的问题上。这个问题不知为何让达尔文印象深刻。1834 年 4 月 27 日，他在南美记录道，"今天我射中了一只秃鹫"，然后描述了一系列针对这只秃鹫的实验，试图

---

① 魏尔纳学会的创始人中也有詹姆森。学会以德国地质学家亚拉伯罕·魏尔纳（Abraham Werner）的名字命名，他相信所有沉积岩都是各种矿物从一片原初的宇宙海中沉淀而形成的。学会像是一个进阶版的普林尼学会。在詹姆森去世后，学会没多久就解散了。

了解秃鹫的嗅觉①。

　　关于达尔文对种族的态度，各方曾经争论不休，有人义正词严地指控他是一个种族主义者，有人则认为他是个远远超越时代的自由主义者②。毫无疑问，废奴在达尔文和韦奇伍德两家是一桩旷日持久的重要议题。老伊拉斯谟在 18 世纪就曾大声疾呼、秉笔直书，坚定反对奴隶制，韦奇伍德家族还曾烧制一块瓷匾，上面绘有一名黑奴和一句格言"难道我就不是一个人，不是你们的兄弟吗？"达尔文旗帜鲜明地反对奴隶制度，这一立场让他在比格尔号上麻烦缠身③。

　　显然达尔文并不认为所有人类都身心平等——他被火地人（Fuegians）吓坏了，认为他们是十足的"野蛮人"，但是在当时和其他的情境下，这似乎也情有可原。火地人表现得的确"野蛮"，对达尔文来说简直是岂有此理。反之，当达尔文遇到聪慧有礼、富有人情味的异族人，便会立即投桃报李。举例来说，当达尔文在爱丁堡遇到"一位住在爱丁堡的黑人，曾和查尔斯·沃特顿（Charles Waterton）一起旅行，制作鸟类标本谋生，手艺十分高超；他有偿给我上课，我曾经常与他小坐，他不仅可亲，还异常聪明"④。这些剥制术课程无疑也包括一些南美旅行的趣闻，很可能是达尔文在爱丁堡期间学到的最有用的知识。后来，他对没能好好学习解剖术感到痛心疾首，因为这门学问对他后来的工作至关重要。

---

① 达尔文，1902，第 178 页。

② 关于达尔文对种族和奴隶制的看法，见德斯蒙德（Desmond）和摩尔（Moore），2009。

③ 在巴西，达尔文和菲茨罗伊因奴隶制大吵一架。菲茨罗伊叫来一个奴隶，问他对当前的生活状态是否满意。奴隶回答说满意，菲茨罗伊回头看达尔文的反应。达尔文机智地答道，如果监工没有在一旁盯着，奴隶的答案一定不会如此。菲茨罗伊暴怒，旋即冲回船上，两个人很久都不与对方说话。达尔文，1887，第 61 页。

④ 查尔斯·沃特顿（1782—1865）是一位约克郡乡绅，曾周游南美，在印第安部落逗留，并在那里学会了箭毒和其他毒物的使用。他还是满怀热情的动物标本剥制师、保护主义者和鸟类学家。他曾和奥杜邦激烈争论秃鹫嗅觉的作用。很多传记作家都提到了他。例如，同时代版本可参见霍布森（Hobson，1866），几乎很难阅读。也有更晚近的传记，但是沃特顿似乎不仅自己是个怪人，也很能吸引其他怪人。亦见于达尔文，1958。

哥哥伊拉斯谟在一年后离开了爱丁堡之后，达尔文继续跟着詹姆森学习，但他认为这位了不起的学者的课程"难以置信地无聊"。他没有在课程中获得启发，而是"下定决心这辈子再也不读任何一本地质学书籍，或用任何方法研究这门学问"（52）。

106

达尔文经常在韦奇伍德家族位于梅尔（Maer）的宅邸度暑假，此地距离什鲁斯伯里约三十英里。他过去很喜欢"乔斯叔叔"——乔赛亚·韦奇伍德二世（Josiah Wedgewood II）——此时又重拾这种喜爱。乔斯叔叔在达尔文的青少年期间起到了关键的作用。

1828 年夏天过后，罗伯特对达尔文成为医生大概已不抱希望。谋生早已不成问题——罗伯特已经通过投资运河、修路和后来的铁路建设赚得盆满钵满——但是拥有一项值得为之奋斗的事业，远比做个富贵闲人要重要得多。此时医学已经出局，达尔文对法律又毫无兴趣，剩下的体面职业就只有神学了。罗伯特坚持要达尔文从爱丁堡大学退学，送他去剑桥做一名牧师。

达尔文热爱剑桥大学，但原因并不如父亲所愿。从达尔文的信件中可以看出，他的经历和行为是个不折不扣的毛头本科生[①]。他说自己"加入了一个体育团体，和一群吊儿郎当的青年厮混"（60）。他没有沉湎酒色——家族对酒精的厌恶深植于他的性格中（他对弗朗西斯说，自己一生只大醉过四次）——但他和朋友们的确喝得不少，他们热爱美食（信中谈到一个贪吃者俱乐部），喜欢骑马打猎，发展一切和学习无关的爱好。在那时，"大学生绅士"本该在宵禁时待在家里，但晚钟过后在守门人眼皮底下溜进溜出，几乎成为一种得意扬扬的荣耀。达尔文是违反宵禁的惯犯，险些被遣送"下乡"，换句现代话说，就是被流放。

二十岁出头时，仿佛丰富多彩的大学生活还不能满足达尔文，他又开

---

① 达尔文，1985。

始琢磨着交往一位正式的女友。他看上的年轻淑女是范妮·欧文（Fanny Owen），其父威廉·欧文（William Owen）是一名退休军官，在什鲁斯伯里附近拥有一处产业。范妮是达尔文姐姐的好友，他们青梅竹马，而她好像生来就善于调情。没人知道这段恋情持续了多久。范妮写给达尔文的一些信保存在剑桥大学的达尔文档案中，但是达尔文写给范妮的信，却都毫不意外地丢失了。在这些信件中，她显得活力四射、身手矫健（喜欢骑马），但却头脑空空。她写到马、聚会和当地的绯闻，对达尔文的学术追求却全然无知，毫无兴趣，甚至还出言取笑。布朗称，这段关系之一厢情愿超乎达尔文的想象①。范妮比达尔文大一岁，已经订过一次婚，看起来对于任何男性的垂青她都来者不拒。达尔文对昆虫的爱好和对政治事务的关注在范妮看来无聊透顶。

从《自传》（*Autobiography*）中我们知道，达尔文在去爱丁堡之前就已经读过吉尔伯特·怀特的著作②，怀特和他的塞尔伯恩，似乎成为达尔文在比格尔号上写作的理想原型："尽管我喜欢漫游——但对宁静的牧师生活还有隐约的向往，甚至可以透过一丛棕榈树望见这种人生③。"人们仍在争论他究竟是否抱有这种田园牧歌理想。达尔文很早就知道自己和怀特不一样，不用为经济发愁，很难想象如果他也经常中断研究去主持布道或为病人祷告会怎么样。虽然他在《自传》中提到，自己非常欣赏佩利的自然神学，但理智上，达尔文从未真正对宗教感兴趣④。他修完了必修课，但老师在第一学年结束后警告道，他绝对没有做好参加资格考试的准备。

---

① 布朗尼，2002。

② 他写道："通过阅读怀特的'塞尔伯恩'，我在观察鸟类习性的过程中收获了很多乐趣，甚至也记了很多相关的笔记"（达尔文，1897，第45页）。

③ 1832年4月25—26日，查尔斯·达尔文写给卡罗琳·达尔文（Caroline Darwin）的信，见达尔文，1985，第227页。多处引文出自他们的通信。

④ 佩利，1813。非常有趣的是，这本书是献给达勒姆主教舒特·巴林顿（Shute Barrington）的，他是吉尔伯特·怀特的笔友戴恩斯·巴林顿的弟弟。

一位好老师改变了达尔文的人生轨迹。在神学院的第二年，他开始旁听约翰·亨斯洛（John Henslow，1796—1861）的植物学课。像达尔文一样，亨斯洛也自幼钟情于博物学。然而，成为一名职业博物学家却是个艰难的任务。1814 年亨斯洛进入剑桥大学时，博物学和植物学——事实上所有自然相关的学科——还不能授予学位，这种状况一直持续到 1861 年[①]。在那时的大学体系中，教授的职责并不明确；学生可以和导师亲密无间地工作学习，但课程却不是必须参加的，很多教授很少甚至不开课。亨斯洛怀着对科学的一腔热情克服了这些阻碍，建立起包括植物的解剖学和生理学在内的一整套植物学课程。

除了鼓励学生在"实验室"里解剖植物，亨斯洛还是漫步学派在 19 世纪的践行者：他带学生到剑桥郡郊外、坐船沿康河顺流而下，或乘车到更远的地方开展野外实习。他甚至会把其他教授和出色的本科生邀请到自己家里，举办晚间茶话会，让大家交流讨论[②]。达尔文无疑是亨斯洛最喜欢的学生，除了正常的茶话会，还经常受邀参加亨斯洛的家宴。他常和亨斯洛待在一起，以至其他教授把他称为"那个和亨斯洛形影不离的家伙"[③]。在亨斯洛和达尔文的通信集中，达尔文的孙女诺拉·巴洛（Nora Barlow）做了这样的注释，把亨斯洛称为"达尔文的通信对象"[④]。这也许有些不公平，亨斯洛本人是位小有成就的博物学家，还激励了很多重要的人物，其中就有奥杜邦，他用恩师的名字命名了亨氏草鹀（Henslow's sparrow）作为纪念[⑤]。

亨斯洛鼓励达尔文放下在爱丁堡的不愉快经历，再把地质学捡起来。

[①] 巴洛，1967。
[②] 弗朗西斯·达尔文在父亲的自传（达尔文，1958）中注释，当亨斯洛离开剑桥之后，学校内社会和学术两方面的裂痕日益加深，以约翰·雷命名的剑桥雷学会由此创立。
[③] 德斯蒙德和摩尔，1991，第 v 页。
[④] 巴洛，1967，第 28 页。
[⑤] 沃尔特斯（Walters）和斯托（Stow），2001。

于是达尔文投入不少时间，向当时剑桥最重要的地质学家之一亚当·塞奇威克（Adam Sedgwick，1785—1873）学习。塞奇威克在当时会用暑假的大部分时间去野外考察，在 1831 年前往威尔士的一次地质采集之旅中，亨斯洛说服他带达尔文同行。

虽然达尔文师从塞奇威克的时间不长，但在很多方面都受益匪浅。这是达尔文第一次跟随学术素养高超的导师参与真正的野外考察，受到了妥善的监督、指导，开始承担起数据收集和分析的责任。对塞奇威克用搜集到的数据复原出一幅栩栩如生远古景观的绝艺，达尔文心悦诚服。除此之外，他还学到了很多实用的技术，很快就可以在更大的天地中施展起来。塞奇威克教会达尔文熟练地使用地图和罗盘，指导他在穿越多山地带时横切，为准确了解某种构造而沿一个方向前进，尽量减少左右偏移。考察归来后，达尔文对地质学感到兴奋不已，开始主动寻找类似的工作机会来挥洒这番全新的激情。

亨斯洛和达尔文都向往着旅行。亨斯洛一直在琢磨着一次海外之旅，或许是深入非洲南部。达尔文在读过洪堡和其他博物学家的著作后，也满心盼望尽快拿到学位，去海外探险。他热切希望能完成很久之前约翰·雷和弗朗西斯·威路比的宏愿，去加那利群岛（Canary Islands）攀登特内里费岛的最高峰。他鼓励亨斯洛同行——有什么能比师生二人一起去亲眼看看异国他乡的奇花异草更有趣呢？不料这时亨斯洛已经一心扑在家庭上，就连短短几个月也抽不开身。

在 1831 年 8 月，当达尔文与塞奇威克踏上风尘仆仆的归途时，满脑子都是接下来去梅尔和乔斯叔叔玩射击的悠闲惬意。就在此时，亨斯洛收到一封信。这封信里提到了一个叫作罗伯特·菲茨罗伊（Robert Fitzroy，1805—1865）的人，他曾参与过一次南美海岸测量，打算在火地岛（Tierra del Fuego）和欧陆间，"经南太平洋诸岛"继续这项测量。测量所用的船只比格尔号将会"配备齐全，专门服务于科学研究，再加上这次行动会为博物学家提供一个千载难逢的机会，不参加实在太可惜了"①。菲茨罗伊希望找到一位合适的年轻博物学家，既作为航行中的得力助手，也协助自然标本的采集和编目。

亨斯洛去信达尔文，询问他是否有意参加。他向达尔文保证，菲茨罗伊并不是在找一位"老到的博物学家"，达尔文是"据他所知这一重任的最佳人选"②。恐怕到这个时候亨斯洛已经意识到——虽然达尔文还懵懵懂懂——自己这位得意门生不可能仅仅做个牧师，在某个宁静的乡村教堂颐养天年。将心比心，亨斯洛知道如果自己像达尔文一样风华正茂，一定会毫不犹豫地登上比格尔号，但他慧眼识才且慷慨无私，马上向达尔文提供了这个良机。

罗伯特·达尔文对此却一点都不赞成。他罗列了一串不同意的理由，但是留下了一线希望："如果你能找到任何一个明智的人同意你去，我就同意。"(71)达尔文飞快地赶去梅尔，向乔斯叔叔和表亲们寻求支持。乔赛亚·韦奇伍德是个公认的沉默寡言的人〔悉尼·史密斯（Sydney Smith）对埃玛·达尔文的母亲评价道，"韦奇伍德是个很优秀的人——美中不足的是他恨他的朋友们"〕③，但是查尔斯却是他最疼爱的外甥。韦奇伍德非常支持达尔文，先给妹夫写信，又开车送查尔斯回家，当面和达尔文医生商量这件事。查尔斯也写了一封信，带着一丝得意扬扬的口吻写道，"所有韦奇伍德家的人"对这次航行都持不同于"你和姐姐们"的看法④。韦奇伍德的信如今还可以读到，信中逐条反驳了罗伯特的观点，从行文中流

① 乔治·皮科克（George Peacock）写给亨斯洛的信，1831年8月24日之前的某一天，见巴洛，1967，第28页。皮科克是剑桥大学的一位教师同事，海军水道测量家和博福特风级的发明者弗朗西斯·博福特（Francis Beaufort）的朋友。
② 1831年8月24日亨斯洛写给查尔斯·达尔文的信，见巴洛，1967，第29页。
③ 利奇菲尔德（Litchfield），1915，第7页。
④ 1831年8月31日查尔斯·达尔文写给罗伯特·达尔文的信，见巴洛，1967，第34页。"所有韦奇伍德家的人"这个用词非常有趣，说明他如我们现在一样，知道埃玛将会嫁给自己。

露出深厚的情感，可以看出他深深牵挂查尔斯的健康成长①。因为罗伯特"一直把他（乔赛亚）看作是世上最明智的人之一（72）"，他终于松口，同意查尔斯去找菲茨罗伊面试。

110 在某种程度上，罗伯特·菲茨罗伊是达尔文的故事中最令人费解、最具悲剧色彩的人物。据记载，他是个出色的水手、测量员和航海家。他是天气预报的行业先驱，一位仁慈细致的指挥者，对他人的错误宽宏大量，对自己的事业精益求精。他只比达尔文年长四岁，但是两人的人生从始至终都不同。他的母亲是侯爵之女，祖父是格拉夫顿公爵（Duke of Grafton），叔父卡斯尔雷勋爵（Lord Castlereagh）时任作战部长。菲茨罗伊十二岁就被送入军营，十五岁就完成了第一次南美航行。1822 年，荣归英格兰的菲茨罗伊被授予海军上尉军衔，1828 年再次被派往南美，为了不起的罗伯特·奥特韦船长（Admiral Robert Otway）担任旗尉。当达尔文在爱丁堡和剑桥享受学生时光时，菲茨罗伊正坚守岗位，搏击世上最凶险的风浪。

第二次到达南美后，菲茨罗伊才发现肩上的担子沉重得超乎想象。这支考察队由冒险号（HMS *Adventure*）、比格尔号和阿德莱德号（*Adelaide*）组成，路线经过美洲南端的霍恩角，众所周知，那里天气恶劣，海岸凶险。关于这次考察的记录有些轻描淡写，但也记录下考察队如何在有限的人力、物力条件下运作②。即使是在南半球的盛夏，这片土地也总是阴雨绵绵。强风随时可能造访，有时肆虐数天，有时就像"威利瓦飚"（williwaw）一样不期而至，令船长和船员们措手不及。系统的观测和制图总要仰仗老天垂怜，完成任务遥遥无期。

历经挫败后，比格尔号的指挥官普林格尔·斯托克斯（Pringle

① 1831 年 8 月 31 日乔赛亚·韦奇伍德写给罗伯特·达尔文的信，出处同上。
② 帕克·金（Parker King），1839。

Stokes）船长开枪自杀。即便如此，测量还要继续，船只返回巴西，等待一位新船长接任。了不起的罗伯特·奥特韦船长对他的旗尉印象颇佳，决定让他担任比格尔号的临时指挥官，将权力和重担一并托付于他。比格尔号长约 90 英尺，梁宽 24 英尺[1]，排水量 235 吨，吃水略超 12 英尺。它小巧饱满，但储藏空间充足，适应各种气候条件，只要有一位优秀的船长来指挥，便能扛过海上各种风浪。

　　这支小队伍再次前往火地岛。在麦哲伦海峡（Straits of Magellan），探险家们第一次遇到土著居民。火地人是一万四千多年来，美洲大陆上人类迁徙的最南一支。实际上他们已到达世界的尽头：南边是波涛汹涌的大海，海风从那里一直吹遍全球，再往南只有南极大陆的冰雪，但是他们与南极之间隔着凶险的大海，所以对那片大陆一无所知。

　　火地人适应了极端恶劣的环境。他们吃一切可吃之物——海洋动物、海鸟、贝壳、海草，还有短暂夏天里的各种野果。他们生活在一种用树枝和浮木建造，以当地茅草盖顶的"棚屋"里，用海豹尸体中的油脂涂抹身体来保暖和防水。对于菲茨罗伊和其他考察队成员来说，这些人完全就是英国文明社会的对立面，然而他们却没能想到，火地人能适应这样恶劣的环境，一定具有出色的生存本领。

　　晚秋时节，船队穿过麦哲伦海峡，在太平洋度过最糟糕的一段时间，在奇洛埃岛（Chiloé Island）下锚停歇，修缮设备，整理数据，预备下一季的行程。此时，达尔文和菲茨罗伊的生活再次形成了鲜明对比——达尔文正在和亨斯洛出席各种体面的剑桥茶话会，或在假期前往梅尔打猎作乐；而菲茨罗伊则生活在智利岛屿岸边促狭异常的船舱里，条件合适时才能打到新鲜的猎物，要么就只能依靠船上的补给。这种情形就算没有库克船长时那么糟糕，也远逊于什罗普郡和剑桥的标准。

111

----

[1] 尼科尔斯（Nichols），2003。

南半球进入春天时，菲茨罗伊从火地岛险象环生的海岸把比格尔号带回了家，达尔文正在返校。在剑桥，最大的担忧不过是考试；古老的大学教室虽显清冷，但亨斯洛那里永远有温暖的壁炉和有趣的话题。火地岛的海岸曾以孤寂击垮了菲茨罗伊的前任船长。根据传统，英国皇家舰船的船长与船员间总是十分疏远。甲板上每个人的性命都攥在船长的手里，他总是一个人吃饭，把想法、计划，尤其是恐惧，都留给自己。

比格尔号没有发动机来逃离险境；他们不像崭新鲜亮的苏地亚(Zodiac)舰队，可以以九十匹马力飞速靠岸，没有 GPS 来准确定位，没有雷达来预测前方的未知岛屿。在那个时候，船和船员只能依靠自己，遇到麻烦必须自力更生。如果某个零件发生了故障，他们要么自己修好，要么就只好凑合着前进。航行记录中有这样生动的描述："晚上雨一直不停，我们费了老大的劲儿都生不起火。干燥的燃料在船上是多么不可缺少啊……雨整天都在下，再试图生火也是白费功夫；走路都要摸黑，除了风雨什么都看不见。"① 总而言之，这是一次地狱般的经历，但倘若坚持下来，也可谓是对船长的绝佳锻炼——菲茨罗伊正是这样的船长。

凭借勇气和顽强的决心，菲茨罗伊带领船员绕过了南美海岸，他们用小艇靠岸，在天气糟糕时离岸（而天气几乎总是糟糕），尽全力在短短的夏季完成测量任务。船上的小艇至关重要，因为比格尔号不能靠近未经开发的海岸运输人员和补给，而最近的港口和码头都在几百英里开外。为了对关键地点做三角测量，他们需要在不同的地点安排几组人，使用光学经纬仪、精准指南针和水准仪，以及诸如此类的设备，并在能见度允许的情况下尽可能多地往复观察。在很多情况下，一小队人会乘坐一艘小艇去独立测量一个棘手的地点，或前去定位一个位置或小海湾，而剩下的人去别处执行其他任务。

---

① 1829 年 5 月起菲茨罗伊的日志，转引自帕克·金，1839。天气瞬息万变。在下一条中，菲茨罗伊就记下天气"晴朗"以及在"不比秋天的英吉利海峡冷"的海水中游泳（225）。

一次任务中，一群火地人趁着夜色偷走了一艘小艇。菲茨罗伊怒火中烧。途中恶劣的天气已经消耗掉了很多小艇和补给，再没有多余的小艇可以损失了。顾虑着丢失小艇对后续测量的影响，菲茨罗伊开始把火地人视为"野蛮"的化身来安慰自己。他似乎一直都有介入火地社会的想法，盗窃案则给了他完美的理由。

大家发现，丢失的小艇没办法轻易找回，菲茨罗伊决定抓几个火地岛人质做交易。大部分船员都参与了这次行动，在一个火地人村庄附近登陆，悄悄向大海的方向包抄。队员们本想出其不意，没想到这次偷袭惊动了村中的狗，吠叫惊醒了火地人。随后的混战中，一个火地人命丧当场，几名船员挂彩，但是菲茨罗伊如愿抓到了几名人质。

然而令菲茨罗伊费解的是，火地人似乎对"人质"毫无概念，时间一天天过去，要回小艇的可能性变得渺茫。比格尔号的船员重新踏上旅程，尽可能用仅有的艇只完成任务，许多人质逃之夭夭。菲茨罗伊决定带着剩下的火地人返回英国。但从他的笔记中可以看出，当比格尔号绕过霍恩角，准备向北经里约返回英国时，他已开始酝酿一次新"任务"[1]。除了之前没能逃走的两个火地人，他们又抓来两人。1830年6月上旬，船载着船员和火地俘虏（三个男人和一个女孩）离开了火地岛，驶入大西洋，前往一个对火地人来说像外星一般的地方。

到达英国后，火地人迎来了盛大的游行、潮水般的礼物和国王的接见。菲茨罗伊本人却非常不满。比格尔号的船长和船员受命于海军部，虽已拼尽全力，但是由于时间和条件限制，测量表上还留有许多空白。

为了完成测量，也为了履行承诺把火地人送回南美，菲茨罗伊决定再次前往火地岛。起初他计划配备一艘船独自航行，并选中了一艘小型伦敦商船"约翰号"（John）[2]。短短十一个小时后，海军决定派出另一艘类似

---

[1] 尼科尔斯，2003。
[2] 约翰·格里宾（Gribbin）和玛丽·格里宾，2004。

比格尔号的船"雄鸡号"（HMS *Chanticleer*）执行这个任务。雄鸡号也曾经历南半球航行，但仔细检查后，人们发现这艘船情况太糟糕，短期内还不能下海①。所幸比格尔号尚在待命，海军部的长官再次把指挥权交给菲茨罗伊。

菲茨罗伊的个人财富，以及不惜血本执行命令的精神，无疑是这项任命的重要动因。他自掏腰包对比格尔号做了很多改造，比如加装两条额外的小艇，以及二十四只以上的航行表②。航行表对于测量和航行的精度至关重要。海军部已经宣布，将通过伦敦郊外格林尼治天文台的经线设为本初子午线，以作为一切测量的东西参照。水手可以使用六分仪测出"当地正午"和"伦敦正午"的差别，来计算出所在地的准确经度。携带这么多额外的航行表并不是毫无原因，当比格尔号再次返航时，二十四只航行表中，只有十一只还能正常使用③。

114   菲茨罗伊初次见到达尔文时并不满意。菲茨罗伊对颅相学颇有研究，认为达尔文鼻子的形状说明他是一个意志软弱的人，应付不了航行的艰难困苦④。菲茨罗伊强调，行程可能要持续至少两年，具体路线悬而未决，他们要穿越的地区即使在职业水手看来也是世上最危险的一些地区，风险可想而知。但是达尔文决心同行。菲茨罗伊又说，博物学家在船上本就算是超员，报酬一文没有，还要自负船上的用度。达尔文向他保证这不成问题。［在《传记》中，达尔文写道，自己告诉父亲："像我这么不善交际又

① 1829 年，雄鸡号就和冒险号在霍恩角会合。这次行动中的船和船员都令人钦佩，他们敢于在其他水手避之不及的水域逗留。
② 1831 年 11 月 15 日，查尔斯·达尔文写给亨斯洛的第十六封信，见达尔文，1897，第 188 页。
③ 关于菲茨罗伊对精密度和准确度的坚持，见雷珀（Raper）和菲茨罗伊，1854。
④ 这种 19 世纪流行的伪科学观点认为，通过头骨和面部的形状，能够了解一个人的心智能力和性格。阿尔弗雷德·拉塞尔·华莱士对此笃信不疑，在他最后一本书《神奇的世纪》（*The Wonderful Century*，华莱士，1899）中列出了他认为的十个将在 20 世纪成为科学主流的领域，其中就有颅相学。

木讷的人，平时的零花钱就够我在船上的开销了。"罗伯特笑着答道："但是别人可都说你机灵得很啊。"（9）从几封道歉信看来，达尔文的花费确实超过了零用钱，但罗伯特似乎并没有责备。他既已同意儿子的计划，便毫无保留地支持他。]

达尔文的热情和活力说服了菲茨罗伊，终于让他成为团队的一员。在9月5日，达尔文去信亨斯洛，抒发自己对菲茨罗伊的叹服，说旅行会持续三年，但只要父亲不反对，自己便无后顾之忧①。

达尔文马上兴高采烈地开始筹备，采购了一系列标本采集和处理用具，还买了崭新的猎枪和手枪，用于捕鸟及其他可能的猎物。最重要的是，菲茨罗伊十分有先见之明地给了他一本查尔斯·赖尔（Charles Lyell，1797—1875）的地质学著作②。

查尔斯·赖尔出生在苏格兰，先在牛津学习古典学科，然后随父亲从事法律行业。短暂工作后，他来到爱丁堡，在那里听到詹姆森的地质学课。不同于达尔文，他立即迷上了这门学科，并开始全情投入地质学研究。随后他成为伦敦国王学院的地质学教授，撰写了一系列极具影响力的著作，广为流传一个世纪之久，再版多次。赖尔明确支持詹姆斯·赫顿（James Hutton）提出的均变论。均变论的支持者与宗教正统极不对付，因为他们的理论建立在极长的时间跨度上，与《圣经》文献学家的主张背道而驰。后来赖尔和达尔文成为挚交，但赖尔大半生都不愿接受生物进化论。

比格尔号航行是达尔文漫长的科研生涯中唯一一次大型野外实践。大学时他曾游历威尔士和苏格兰，可这些都不能与比格尔号之旅相提并论。菲茨罗伊策划的这次探险规模宏大：一次环球航行，经停多地，其中很多地方都还没有专业博物学家踏足过。除了航行本身，还多次上岸探险，每

115

———————————

① 查尔斯·达尔文写给亨斯洛的第九封信，见达尔文，1897，第178页。
② 赖尔，1831。

次为期数周乃至数月，每一次都非常重要，值得大书特书。约瑟夫·班克斯和库克船长的航行为期不到三年，大部分时间都在海上，相比之下，达尔文离家几乎五年，还有大把时间上岸研究动植物。

很多人都把菲茨罗伊视为一个三句话不离《圣经》的极端信徒，坚守着过时的神学，不肯接受摆在眼前的种种证据，一有机会便驳斥达尔文的观点。这种看法将菲茨罗伊理解得过于简单粗暴，尤其误读了他在比格尔号上的那段时光。菲茨罗伊是位有真才实学的科学家。他在地质学方面经验丰富，是位出色的测量员和数学家，对旅行中遇到的地理和生物都怀着浓厚的兴趣。达尔文与菲茨罗伊都读赖尔的书，也都热衷于在南美海岸验证书中的理论。菲茨罗伊收集标本既缜密又有条理——几年以后，达尔文不得不求助于菲茨罗伊来完善"达尔文地雀"（Darwin's finches）的收藏，因为他获取标本时没有标记哪种来自哪个岛屿。菲茨罗伊的工作方法高度系统，非常擅长做笔记。可惜达尔文和菲茨罗伊最终因进化论分道扬镳，这是整个故事中最具悲剧色彩的情节。比格尔号上的他们是两个志同道合的年轻人，却因新生事物的出现而形同陌路。

比格尔号在圣诞前都没能启航。在日记中，达尔文因没能在节礼日出发而懊悔不迭，因为大部分船员都为庆祝圣诞而喝得烂醉①。他也为船员受到严重的惩戒［在公众场合醉酒要受鞭打和"铁钳夹手"（clapping in irons）］而感到非常沮丧。比格尔号最终于1831年12月27日驶出德文波特（Devonport），向西南方航行，穿越比斯开湾（Biscay Bay）向特内里费岛前进，接下来是佛得角群岛（Cape Verde islands），前方是南美的海岸。

达尔文严重晕船。除了这样形容别无他法，而且他好像一直都没能克服这个问题。在12月29日的记录中他详细描述了自己的状态："首先，这感觉实在难受，对于一个在海上最多也只待过几天的人，简直糟糕透

_____
① 雷林（Railing），1979。

顶……我发现自己的肠胃只能消化饼干和葡萄干，然而筋疲力尽时，对它们也逐渐提不起胃口了①。"这和达尔文之前想象中勇闯未知的探险之旅实在大相径庭！晕船也许是祸兮也是福兮。正是因为晕船，达尔文一有机会就上岸待着，不用随着测量队伍沿着海岸线周围活动。这样，他就有大把时间进行观察，这对后来的研究意义重大。与此同时，比斯开湾似乎总也看不到尽头："12月30日中午南纬43度，横穿著名的比斯开湾：意志消沉，恹恹无力。出发前我就知道，到时候一定会后悔不迭。但绝没想到，竟悔得这样铭心刻骨。我再受不了更多折磨，心头的愁云惨雾终于把我压垮。"②

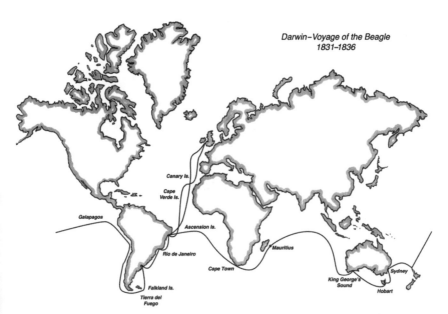

地图1　达尔文在比格尔号船上的航行路线，1831—1836［罗宾·奥因斯（Robin Owings）制图］

———————————

① 达尔文，2009，第43页。
② 同上，第44页。比斯开湾的天气是出了名的差。一百五十多年后，作曲人戈登·博克（Gordon Bok）——对达尔文的遭遇深有同感——在《欧岛的群山》（*Hills of Isle au Haut*）这首歌里唱道："比斯开湾的巨浪啊/能把你的脑袋从肩膀上扯下。"可怜的达尔文一定能对这句歌词心领神会。

　　一周后，特内里费岛映入眼帘，但是靠岸的希望却被船长击碎，他严禁任何船只入港。菲茨罗伊认为船队没有时间在这里下锚停留十二天，命令所有船只向佛德角前进。达尔文能说的只有："惨了，惨了⋯⋯①"

　　达尔文对这次旅行的记录，最初以《研究日志》（*Journal of Researches*）发布，更常见的名字是《比格尔号航海记》（*The Voyage of the Beagle*），或许是他最流行的著作②。这本书是达尔文的处女作（在《自传》中他也说这是自己最得意的作品之一），肯定会被三个严格的姐姐逐字逐句地挑错儿，所以写得格外认真。在航海记录中，达尔文鲜少提到身体不适、遇到的困难以及姑娘，大多都在描述船上（这部分极为简略）和岸上的观察，后悔和忧虑只是偶然流露。和他私人日记中的痛苦形成鲜明对比的是，《比格尔号航海记》中只有一次提到晕船，还是在讲到船上的一个火地人杰米·巴顿（Jemmy Button）时提到的："当海面不平静的时候我总会有些晕船，而他常常走到我身边，叹道'可怜的人呐'！"③

　　这和他的个人记录全然不同，船上的人显然都心知肚明。关于女士的字眼，《比格尔号航海记》中出现了四次（"姑娘"两次，"年轻女人"两次）。其中最著名的一次可能是在布宜诺斯艾利斯（Buenos Aires），在那里有人问达尔文："在世界上的其他地方，女士也会佩戴着这样大的发梳吗?"达尔文"一本正经"地答道"她们不会④"。《比格尔号航海记》本身是一部"好看"的游记，大量信件都保存下来，给事件和作者提供了可靠的依据，这是多么难能可贵。

　　比格尔号前脚离开英国，范妮后脚就甩掉了达尔文，和一位名誉欠佳的年长男士订了婚。达尔文刚到达南美，便从姐妹的信中得知此事。最

118

---

① 达尔文，2009，第 45 页。
② 达尔文，1845。
③ 同上，第 207 页。
④ 达尔文，1902，第 143 页。

终，羞愧的范妮及其父亲也来信，称这桩恋情是两人情投意合，而非头脑发热。有趣的是，虽然在此之前达尔文似乎还尚未对韦奇伍德家的女孩产生情愫，但他在1832年4月2日写给姐姐卡罗琳的信中却写道："我满怀柔情地为最亲爱的范妮哭泣时，脑中浮现的单单是梅尔的向日葵花园。"[①]

埃玛写给达尔文的信没有一封保存下来，而达尔文姐妹以及其他亲戚、朋友的信中也很少提到她，所以我们无从得知"向日葵花园"是否不仅仅意味着挥之不去的乡愁。但不管他感受如何，英国已在千里之外，还要几年才能重见，他又有太多见闻和事务，无暇考虑感情的事。

比格尔号在大西洋中央的圣保罗群礁（St. Paul's Rocks）短暂停留。达尔文如获大赦地上岸休整，逃离大海的颠簸，再趁机收集地质标本，观察筑巢的海鸟。随后他们前往巴西，在那里达尔文第一次见到了丰富多彩的热带地区。正是在这里，达尔文逐渐开始成为独当一面的野外生物学家，开始真正感受到博物学的力量，并从中获得毕生事业的启迪和动力。达尔文对一切都兴致勃勃，他的笔记本上记满了电报般简短的条目，但是读者从中可以获得一种身临其境的观感[②]。此时随处可见的，都是过去前所未见的。在1832年4月17日里约附近的一次旅行中，达尔文为自然的浪漫而深深感动："藤蔓缠绕着藤蔓，鳞翅目昆虫的触须像美丽的秀发。静悄悄，神啊。蛙像蟾蜍，缓缓跳着。古铜色的鸢尾酷似昏沉的蛇，珊瑚蛇、淡水鱼，可食用的琵琶甲外壳麝香味，染红手指……"[③]

很少有别的文字比这段话更简洁优美地描绘出新热带区（neotropics）的景象。达尔文随身携带一本正式的笔记本，每天记录。它既是游记的写作素材，又将在研究中成为引用来源。4月17日的笔记这样写着："木质

---

① 达尔文，1985，第220页。
② 这些笔记经誊抄、编辑成为引人入胜的文字，见钱塞勒（Chancellor）和凡维尔（Van Wyhe），2009。
③ 见钱塞勒和凡维尔，2009，第35页。标点和拼写如原文。

119　藤本，藤上又缠着藤，厚度惊人，周长一到两英尺——许多老树都奇崛壮观，覆盖着藤本植物的卷须，形如一捆捆干草……赞叹、惊讶和崇高的热爱充满并升华着心灵。"① 这段话的确更合乎文法，细节丰富，但是却失去了一些身临其境的诗意。达尔文读过洪堡的《个人记事》（*Personal Narrative*），我们将在下一章提到这本书，达尔文可能也一直有类似的构思②。

在巴西，达尔文和菲茨罗伊第一次围绕着奴隶制产生严重分歧。正如前文提到的，达尔文是个废奴主义者，父母两系亲属也都如此。英国本土在 18 世纪就废除了奴隶制，到了 19 世纪初，还出动皇家海军来打击非洲的奴隶贸易。1833 年，大英帝国全面废除奴隶制，此时比格尔号还在海上漂泊。作为一名皇家海军军官，菲茨罗伊宣誓效忠皇室，如果在航行大西洋中遇到运送奴隶的船只，一定也会高效有力地执行命令。但与此同时，菲茨罗伊出身于保守的贵族阶层，似乎更亲近蓄奴的巴西农场主，而非满脑子自由解放的达尔文。

有一天菲茨罗伊提到，他面试的一名奴隶对自己的地位还挺满意③。达尔文反驳道，他多半是因为监护人在场才这样说。菲茨罗伊当场怒不可遏，差点把达尔文撵下船去。还好，几个钟头后菲茨罗伊就为自己的坏脾气道歉，两人重修旧好。

4 月 22 日，我们又读到一些不宜放入《比格尔号航海记》中的个人感受："在小酒馆很少见到女人，难得有几个。一点也不耐看前途未卜，这艰难险阻的漫漫长路真是没劲透了——眼前是一堆刽子手和十字架——以

---

① 达尔文，2009，第 87 页。

② 除了著作中常引用的洪堡译本（洪堡，1852），亨斯洛还曾给过达尔文一个更早的译本，在 1814 年到 1825 年之间出版（见凡维尔，2011）。

③ 达尔文，1958。在《自传》中，当达尔文回忆后来和菲茨罗伊紧张的关系时，读者能感受到一种克制的悲伤。完美的菲茨罗伊船长早已成为过去，但是能够感受到达尔文对两人之间过往的伤痛感到深深悔恨。

上帝之名，这些黑奴的日子可比我们这些英国劳工强多了？"① 如果把第一句那个奇怪的句号放在"耐看"后面，整句话的意思就变得明确多了。在接下来的日记里，达尔文毫不避讳自己作为凡人的本心，时不时会抱怨旅途的艰辛。

从巴西的海岸出发，比格尔号继续向南，若菲茨罗伊对测量的结果不满，还要不时返工。这些来来回回的折返让达尔文很欢喜，因为他终于有机会上岸待一段不短的时间，他可以在原地等船返回，或沿陆路前行，在约定的地点和其他人会合。

沿着拉普拉塔河（Río De La Plata）的河岸，达尔文发掘出各种化石，遣船只寄给亨斯洛。亨斯洛——一日为师，终身为师——写了热情的长信作为回赠，指点达尔文如何采集和打包标本，有时还寄来书籍让他继续深造。亨斯洛明明白白地看出了达尔文观察的重要性，提醒他要好好做笔记，还要画下所见的一切："不要寄碎片。标本保存得越完整越好，根、花、叶，不要出错。若是大型的蕨类和叶片，将标本在一侧对折。"②

亨斯洛还提了一个关于备份的建议，每个现代读者恐怕都再熟悉不过："把你的备忘随下一个包裹寄一份回英国，难道不是一个很好的预防措施吗？我知道抄写是个枯燥的工作——但是尽量避免丢失这些笔记才是明智之举。"③

在亨斯洛的耐心指点下，达尔文也在渐渐进步，当他向南前往霍恩角时，已经不再是一个时时向导师请教的、初出茅庐的博物学新手。他已经能轻车熟路地在远大于剑桥郡的地域范围开展研究，他的笔记和搜集到的标本，也开始赢得他曾景仰的学者的重视。虽然他仍旧畏惧这片大海，内心深处却也开始喜爱探险。

120

---

① 达尔文，2009，第 46 页。
② 1832 年 1 月 15 日亨斯洛写给查尔斯·达尔文的信，达尔文，1985，第 293 页。
③ 同上。

　　南下霍恩角的这段路程令人筋疲力尽。菲茨罗伊坚持进行详尽全面的制图，中途前往福克兰群岛（Falklands）便是其中一个例子。对达尔文来说，这莫过于一次令人生厌的偏航，但从后来的结果来看，这次机会实属难得，让他见到了独特的岛屿生态，也令加拉帕戈斯群岛从此名扬四海①。

　　刚刚在风平浪静中绕过霍恩角，船队就迎来一场大风，海浪如此汹涌，把一艘小艇拍个粉碎。达尔文在写给姐姐卡罗琳的信中说："我很震惊，自己竟然可以忍受这样的生活。要不是在博物学方面的乐趣如此强烈并且与日俱增，我不可能坚持下来。"②

　　菲茨罗伊决定放火地岛人质下船。一名英国传教士自告奋勇陪同，尽可能护送他们安全返回。菲茨罗伊选择了一处容易返航的地点靠岸，并决定先进行一次短暂的测量，然后返回确认一行人的情况③。幸好他这样做了。比格尔号刚消失在地平线上，较年长的火地人约克·明斯特（York Minster）就伙同年轻的女人质菲吉亚·巴斯克特（Fuegia Basket）大包小包地卷走了传教物资，其他火地人把传教士暴打一顿后洗劫一空。待到比格尔号返航，他千恩万谢地离开，再也不想留在这个鬼地方了。可悲的是，不出两代人，火地人就因疾病和后来探险者的迫害而消亡。达尔文曾经看到的荒凉海岸，如今成了富人前往南极探险的一处出发地点。这个省份的首府乌斯怀亚（Ushuaia）拥有超过六万人口，如今全是北边来的移民。

　　在航行全程，达尔文的健壮给人留下了深刻印象。在阿根廷，他看马累了，便跳下来自己跑过宽阔的草原，让世界上最刚猛的牛仔高乔人（gauchos）都竖起了大拇指。在极南之境，崩解的冰川碎块在海湾掀起滔

①　在家书中，他对福克兰群岛一点好感都没有。群岛当时正由阿根廷转手英国，几个英国人遭到谋杀。在1834年3月30日写给爱德华·兰姆（Edward Lamb）的信中，他把群岛称为"这个自然和人事都一团糟的所在"（达尔文，1985，第378页）。

②　1833年3月30日，查尔斯·达尔文写给卡罗琳·达尔文的信，同上，第302页。

③　在同一封信中，达尔文提到他很不以为然地把火地人视为食人族，说一个小男孩告诉他们，火地男人们在冬天把这个女人吃掉。当问到他们为什么不吃掉狗作为替代，男孩回答："狗可以抓水獭。"达尔文继续评论道，火地女人"比例很低"（同上，303页）。

天巨浪。当船上的小艇快要被拍碎时，是达尔文跑过沙滩，把小艇拉到安全的地方。

比格尔号绕过霍恩角后，开始沿着南美洲西岸北上，达尔文几次上岸做短途旅行，其中就包括 1833 年 7 月到 9 月在安第斯山脉（the Andes）中的一次徒步。地质活动抬起的巨型岩床上，数量惊人的海洋生物甲壳令达尔文特别着迷。他爬得越来越高，同时记下："谁能不惊讶于举起这些高山的造化鬼斧之力，更赞叹这过程经历的沧桑岁月。"[1]

他还亲眼见到了智利瓦尔迪维亚（Valdivia）和康塞普西翁（Concepción）强烈地震的遗迹。在这时，他和菲茨罗伊都读完了赖尔《地质学原理》（*Principles of Geology*）的第二卷，这本书在途中已令他们心痒难耐，两人都一心想要看到最直观的证据，以了解这重要的地质事件怎样在漫长的时间里，促使景观发生沧海桑田的变化。达尔文深入安第斯山脉的一大收获，就是直观地感受到时间的久远。但另一个收获就没那么令人愉悦了，在那里感染的寄生虫困扰了他一生。在山上的一座简陋的小屋里，达尔文记录自己被一只很大的吸血昆虫咬伤。不幸的是，我们不知道这昆虫是否感染了什么难缠的微生物，又传染给了达尔文，我们只知道从此以后，达尔文每隔一段时间都会莫名其妙地呕吐，有时还不得不缠绵病榻[2]。

当船驶到加拉帕戈斯群岛时，达尔文对这次旅行已经厌倦透顶。他有过一次机会，可以从西海岸许多港口中的任意一个乘坐商船去巴拿马地峡（Isthmus of Panama），从那里再出发，回家就只用几周，而不是几年。即使前方仍是无穷无尽的幽蓝海水，他的胃也早已不堪折磨，达尔文还是选

122

---

① 1833 年 8 月 17 日，达尔文日记，转引自罗林（Rawling），1979，第 117 页。
② 关于达尔文的病有种种猜测，有人认为，病因是他担忧自己的"异端"思想日后会殃及妻子埃玛而导致身心失调，也有人认为是南美锥虫病。伍德拉夫（Woodruff，1965）仔细回顾了一些诊断，否定了南美锥虫病，因为在达尔文动身前往南美之前就已经表现出一些症状（也早在他的思想脱离正统之前）。而扬（Young，1997）则支持狼疮的诊断。

择留在比格尔号上。《比格尔号旅行记》中关于加拉帕戈斯群岛的章节是全书最短的，其中再也看不到达尔文在巴西和阿根廷时的活力和热情。他的日记中再没有"藤蔓缠绕着藤蔓"，而是成了："直射的阳光把黑色的岩石烤得像炉子一样滚烫，让空气变得淤滞、闷热。植物散发出难闻的气味。这地方可以与地狱中最糟糕的地方相提并论。"[1]

达尔文一直都想来加拉帕戈斯群岛研究地质学——这是一个靠近观察活火山的好机会。然而，他一踏上群岛就对那里的动物产生了浓厚的兴趣。他发现岛上的大型陆龟非常引人入胜，也对岛上鸟类的温顺感到非常惊讶。尽管他在笔记中提到了山雀，嘲鸫却紧紧抓住了他的注意力："这些岛上的嘲鸫温顺又好奇。我很确定南美洲的鸟类和其他地方的不一样，要是植物学家就够呛能发现了？"[2]

这项观察非常重要，说明达尔文一直在将群岛上见到的鸟类与大陆上的做比较。随后他检查自己的标本，发现不同岛上有不同的"Thenca"（嘲鸫）亚种，还得知当地居民可以用龟类壳的形状来分辨它们来自哪个岛，这些现象进一步激发了他的兴趣。最重要的发现莫过于他鸟类笔记中那常被引用的论点。他汇总了对福克兰群岛的野狐（现已灭绝）及加拉帕戈斯群岛的龟类和嘲鸫的观察，然后提出："这些迹象背后若有原因，那么岛上的动物就非常值得仔细研究，因为这些现象会动摇物种稳定不变的传统观点[3]。"

小心地积累一个又一个证据，正是达尔文擅长的方法，这"长长的论证"成就了《物种起源》。出于现实考虑，航行在加拉帕戈斯群岛后也即将宣告结束，但有一个可能的例外。在令人（达尔文）绝望的长途航行后，探险家们来到了塔希提岛，停在库克船长和班克斯一行人曾经观测金

---

[1] 1835 年 9 月 16 日，达尔文日记，达尔文，2009，第 309 页。
[2] 1835 年 9 月 21 日（?）达尔文笔记，见钱塞勒（Chancellor）和凡维尔，2009，第 418 页。
[3] 巴洛，1963，第 262 页。

星凌日的地点。在南太平洋的环状珊瑚礁间巡游，这些岛屿的起源让达尔文陷入沉思，开始构思一本多年后的著作①。海上剩下的时光就有点乏善可陈了。对于新西兰、澳大利亚和好望角，达尔文没什么好说的。在航行结束前，队伍横渡大西洋，前往南美一处测量点完成了最后一次任务（菲茨罗伊实在是个完美主义者，一点遗憾都不愿留下），最终在 1836 年 10 月 2 日返回英国。船刚下锚，达尔文便跳下船，菲茨罗伊只好自己把船开到伦敦，卸下沉重的标本、笔记和其他旅行储备，这令他恼火不已。

离开英国时，达尔文初出象牙塔，是个名不见经传又缺乏经验的年轻博物学家。归来后他却成为英国科学界热议的人物。慧眼独具的亨斯洛早已展示了达尔文的标本，还在各种学术会议上宣读了他的信，人们迫不及待地想知道更多。达尔文已经集齐了毕生事业所需的原材料，接下来面临更难的挑战，那就是把这些碎片拼起来，并且尽他所能消灭剩余的空白部分。生活的其他方面也要继续。

达尔文下定决心要住在伦敦城里或周边，离主流科学界更近一些。显然，"小小乡村牧师"这个职业选择早已是过眼云烟，罗伯特·达尔文为儿子提供了一大笔钱（以及投资建议），让他再也不用担心生计。达尔文突然对埃玛·韦奇伍德（Emma Wedgewood）求爱，令两家又惊又喜，皆大欢喜②。

———————————

① 达尔文，1851。

② 查尔斯在纸上列出了婚姻生活的优点和缺点，还把这份清单忘在了其他的手稿中间，真是个典型的达尔文。埃玛整理手稿时发现了这张清单，一定是因为对亡夫爱得深沉，才克制住怒气没有把它付之一炬。这场有趣的天人交战见达尔文（1958）的附录。他列出的婚姻的优点有"长久的陪伴、（晚年作为老伴）彼此关心——疼爱的对象和玩伴——总比一只狗要好……音乐和女人的闲聊的乐趣。这些事物有益于健康，但是非常浪费时间（232）"。婚姻的缺点之一是担心"可能我的妻子不会喜欢伦敦；那么便会在懒惰中受放逐和退化之苦，成为一个懒惰的傻瓜（233）"。这番挣扎的结论是"结婚，结婚，结婚"，所以他就结婚了。埃玛一定是一个"天使"，忍受着他无休无止的病痛，并让他保持"勤勉"，他在很多方面都做对了。他虽然没能"搭乘热气球"，或者访问美国和欧洲，但是再也想象不到比这更好的结果了（233）。

一对新人先在伦敦定居下来，达尔文开始撰写比格尔号之行的正式动物学报告，并开始为其他著作整理笔记。然而在《研究日志》的初稿前言中，达尔文却没能充分肯定为他提供了旅行机会的菲茨罗伊，这既令人费解，又让人无法原谅。菲茨罗伊十分愤怒，不仅出于私人恩怨，也因达尔文没有承认船上官员和水手们的贡献。抛去其他不论，单单考虑到他们与他分享了自己的发现，达尔文的所作所为就十分说不过去①。达尔文一直都是个慷慨大方的人，这疏忽令人百思不得其解。在风暴、困窘和探险中并肩战斗、紧密讨论五年之久的一对伙伴，就这样开始走向陌路。这段关系一度有所缓和，但是达尔文的家族财富（远非菲茨罗伊家能及）让他能专心致志地研究旅行中获得的研究素材，不得不在政府部门供职谋生的菲茨罗伊自然感到不太平衡。

正如之前提到的，离开南美后达尔文的身体一直不太好，终于决定搬离城市。他们把家安在当村（village of Down）。这里离伦敦不远，让达尔

124

图 8 当村故居。（作者摄影）

① 1837 年 11 月 15 日和 16 日罗伯特·菲茨罗伊写给查尔斯·达尔文的信，转引自伯克哈特（Burkhardt）和史密斯，1986。前言和达尔文的回复的原始手稿就算有过，也没有保存下来。

文可以参加他想参加的学术会议，又有宽敞安静的实验和写作环境。关于当村生活的景象，达尔文的孙女格温·雷夫拉特（Gwen Raverat）做出过最好的描述，她出生时达尔文已过世几年，但她对祖母和几个叔叔非常了解①。当村故居承载了她大部分的童年回忆，尽管达尔文的三个孩子都在褟褓中夭折，但这里仍不失为儿童成长的天堂②。

　　当村与吉尔伯特·怀特的塞尔伯恩惊人地相似。两者都是远离 20 世纪喧嚣的城郊小村。像威克斯一样，当村故居有一处不小的院落，达尔文会在里面栽花种菜，一部分自家享用（但是不像怀特，他不用为了吃饭而紧巴巴地过日子），一部分用于实验。正如他自己说的，当村"距离伦敦

图 9　查尔斯·达尔文的书房。（作者摄影）

---

① 纳斐纳特，1953。
② 安妮·达尔文是她父亲最爱的小女儿，1851 年夭折时年仅十岁，她的死留下了很多动人的故事。达尔文的曾曾外孙兰德尔·凯恩斯（Randall Keynes）写了一本感人的小书，讲述安妮的夭折给达尔文和家庭带来的影响（凯恩斯，2001）。这本书是 2009 年一部剧情片《创造》的蓝本。

桥不过十六英里"，说近又不近，只有真心实意想来拜访的人才会驱车前来，毕竟在肯特郡的狭窄村道中找路可不是件易事①。当村没有陡峭的垂林给达尔文边爬边沉思博物学。他自己铺了一条沙石小路，总是清早在那里来回踱步，思考下一本书的内容。故居房子很大，对逐渐增多的家庭成员（七个孩子活到了成年）绰绰有余，也容得下络绎不绝的访客，随着时间的推移，几乎整个英国博物学界的巨擘都成了这里的熟面孔。

125　　　在当村定居后，达尔文延续了比格尔号上的工作方法，但更加精细。他批评过祖父伊拉斯谟，认为他总是过于随意地假设，而用作支撑的证据又远远不够。达尔文自己的方法截然相反：把从广泛途径搜集来的大量证据组成完整的假设。他有一种本领，可以将看上去风马牛不相及的生物（狐狸、陆龟、嘲鸫）联系到一起，从中得出解释性的观点，再推而广之。他还能对浅显的表象提出关键问题，从中洞悉浩瀚天地。几千年来，不计其数的农夫、园艺家和科学家都见过蚯蚓，吉尔伯特·怀特也曾为它们着迷，但是只有达尔文会有意设置一块"蚯蚓石"，然后年复一年，耐心等待蚯蚓在土壤中钻出的通道使石头陷入土壤中，并测量这个过程的速率②。

　　　达尔文总是喜欢追根溯源。他的通信对象中既有当时的名人巨擘，也
126　有医生、律师、农夫和鸽贩子。他默默汲取一切让他感兴趣的人和事，终于写出《物种起源》（*The Origin of Species*）。达尔文何时从种种线索中推导出进化论很难有定论。显然，在 19 世纪 40 年代初他已经得出了一些结论，随后便好像就此心满意足似的，转而花费许多年研究藤壶。他一直都计划着写一本巨著，把自己的所有研究囊括在内，用来解释从珊瑚、植

---

① 利奇菲尔德，1915，2：75。
② 在讨论植物腐殖土形成与蚯蚓的关系时，达尔文简短而略带轻视地提到吉尔伯特·怀特（达尔文，1896）。我们知道他早先曾读过怀特，似乎就像伊拉斯谟·达尔文一样，查尔斯对建立在有限观察上的假设一点耐心都没有。

物、蠕虫，乃至人类的世间万物，但却被年轻的崇拜者阿尔弗雷德·拉塞尔·华莱士用一本薄薄的手稿抢先了一步。这位年轻人也选择去遥远的岛屿探险，寻找前所未见的动植物，追问关于起源和形式的深奥问题。

当华莱士的手稿寄到当村时，正值达尔文的小儿子查尔斯垂危之际，达尔文显然无心工作。但是他的朋友约瑟夫·胡克（Joseph Hooker）和查尔斯·赖尔说服他，华莱士的论文和达尔文之前关于自然选择的"草稿"，连同达尔文写给美国植物学家阿萨·格雷（Asa Gray）的信件备份一起，都应该在伦敦林奈学会宣读。他们在 1858 年 7 月 1 日完成了这次发表，但随后直至当年年底，都没有激起很大的水花。在林奈学会主席托马斯·贝尔（Thomas Bell）当年的年度总结中，他写道："过去的一年中，并没有任何重大发现可以令科学界为之振奋。"[1]

若无新声支持，他们的成果可能会就此沉寂下去。华莱士身在远方又籍籍无名，科学界因物种形成的观点而产生了分歧。此时急需一个划时代的博物学家，将种种证据排兵布阵，来攻陷陈旧观念的堡垒，达尔文正是理想的人选。他需要尽快发表自己的著作，虽然比他设想的要仓促许多，但他为这个理论已经孜孜矻矻地钻研了十六年以上。

达尔文于是未等彻底完成巨著，先将主要观点和相关证据编成"摘要"，在 1859 年以《论处在生存竞争中的物种之起源（源于自然选择或对偏好种族的保存）》（*On the Origin of Species by Means of Natural Selection, or the Preservation of Favored Races in the Struggle for Life*）发表[2]。书的全名基本上概括了他的论点，而内容则呈现了论据。对现代读者而言，《起源》的某些部分显得有些枯燥和重复，但是达尔文正确地预见到，除非尽可能多地用明确例证将异议——击破，他的理论很可能被斥为谬误或琐碎。尽管达尔文有丰富的旅行经验来帮助阐述他的观点，却非

---

① 贝尔，转引自布朗，2002，第 42 页。
② 达尔文，1859。

常机智地选择日常和熟悉的例子——书中连篇累牍地提到家鸽的选择性繁
127   殖，这是 19 世纪动物饲养的一大热门话题，比遥远岛屿上的嘲鸫和陆龟
更易于理解。

不同于达尔文和华莱士在林奈学会初次亮相时的平淡反响，《起源》
一经出版就销售一空，很快加印。达尔文余生一直在修订这本书，不断增
加新发现和新观察，来巩固他最初的观点。

达尔文一生都将自己视为一个博物学家，静静研究兰花、蚯蚓、食虫
植物等。他一直没有写成那部巨著，但各种出版物加在一起超过二十卷。
比起一本百科全书，它们自成一体且更好操作。越来越多出色的学者开始
支持他，家人也极为宽容［他最引人入胜的一本书是《人与动物的情感表
达》（*The Expression of Emotion in Man and Animals*），就以自己的孩子
为研究样本］。虽然病痛一直在折磨着他，但托马斯·赫胥黎和阿萨·格
雷这样的拥护者，也在公开支持和不断完善着他的理论。弥留之际，达尔
文在当村故居留下最后一句话："我一点都不害怕死亡。"[1] 终其一生，他
大大推进了我们对博物学的理解，他的贡献远超前人。经过了千年的述而
不作，博物学史上终于诞生了真正的综合理论。

对于一些读者，《起源》最令人不安的一点就在于，如果跟随着达尔
文的论证直至得出结论，他们将不得不接受，不可能有造物主在一个确定
的时间段里创造了世界。这本书的最后一句话也许是最掷地有声的："那
种造物主以诸般伟力为最初的若干形式注入生机的生命观固然壮美，然而
其实，这个星球一直在遵循永恒的重力法则而周而复始地运行，从起初最
简单的生命形式中诞育出无穷无尽极致美丽奇妙的形式，并将继续演变
不息。"[2]

现在你知道了，达尔文距离"藤蔓缠绕着藤蔓"已经有二十八年和几

----

[1] 利奇菲尔德，1915，2：253。
[2] 达尔文，1859，第 490 页。

千英里，但他还保有真正的博物学家的审美："极致美丽奇妙的形式。"在巴西静谧的雨林中，他呼喊的那句"神啊"是否仍有模糊的回声？达尔文为我们带来了一场革命："生命从演化中出现，并且还在不断演进。"在自然界和科学里，没有什么会永垂不朽。

第十章
自然的地理学——洪堡

当达尔文出发环游世界时，他是不断壮大的博物学家队伍中的一员。此时旅行空前便捷，整个世界任由他们征服和研究。约瑟夫·班克斯是此中先驱，从达尔文的信中可以知道，达尔文读过库克船长的航行记录，当他看到那些曾让库克船长和班克斯叹为观止的景象时，是那样喜出望外。激发达尔文热爱旅行的还有另一位旅行家，1807 年前后，这位旅行家写道："自幼投身于对自然的研究，在群山峻岭拱卫、古老森林遮蔽的乡村热切地感受着野性之美，旅行令我喜悦，这喜悦足以弥补奔波劳碌的一生中挥之不去的艰难困苦。"[1]

亚历山大·冯·洪堡（Alexander von Humboldt，1769—1859）是踏上发现之旅的旅行家中最干劲十足的一位。他不仅精通各种领域，还影响了包括达尔文和华莱士在内的两代以上的旅行家。在南美探险中，他创造了

---

[1] 洪堡，1852，1：ix。

人类攀登海拔的世界纪录，并率先奠定了生物地理学的基础。他终生被公认为欧洲最博学、最有影响力的人之一。1839 年，洪堡主动联系达尔文，达尔文在复信中难抑喜悦："《个人记事》这本书中的文章我读了又读，甚至抄写下来，它们永远在我脑海里。这本书的作者（注意到了我），让我多么荣耀，何人能像我一样喜悦。"[1] 达尔文这时还年轻，距离提出自然选

129

图 10 中年亚历山大·冯·洪堡。来自 K. 施勒西尔的《亚力山大和威廉，洪堡兄弟的生平》 (K. Schlesier, *Lives of the Brothers Humboldt*, *Alexander and William*)，1853。（作者藏书）

---

[1] 1839 年 11 月 1 日查尔斯·达尔文写给亚历山大·冯·洪堡的信，见达尔文，1986，第 240 页。

择还有好多年，两人都预料不到，后来达尔文会举世闻名，而洪堡渐渐淡出了人们的视野。

洪堡出身德国贵族，父亲是普鲁士军官，母亲曾是一位富有的寡妇①。他在家族的城堡中长大，九岁或十岁的时候就见到了歌德。进入法兰克福大学后，洪堡结识了库克船长第二次探险之旅的成员之一乔治·福斯特（George Forster），两人的友情激发了洪堡对旅行的向往。用洪堡自己的话说，就是："这种渴望是人生中一个时期的特点，生活中出现了一道一望无际的地平线，某种无法抗拒的欲望猛烈地激荡着心灵，想象着真实的危险，从此一发不可收拾。"②

洪堡的写作如此引人入胜：我们仿佛能想象到，年轻的达尔文如何一边如饥似渴地阅读这些篇章，一边抓起手头的世界地图翻阅。像达尔文一样，洪堡热爱地质学。在短暂游历欧洲之后，洪堡决定远行。他原本想要前往埃及，沿尼罗河上行，沿途研究河谷的地质。但是英法两国间剑拔弩张的局势打断了他的计划，埃及之旅只得搁置。洪堡又希望参加一支法国的环球航行队伍，行程与后来的比格尔号惊人相似，但是这项计划再一次因为政治问题而搁浅，拿破仑政变让法国的一切探险之旅都化为泡影，洪堡滞留在南法，尝试去摩洛哥的阿特拉斯山脉（Atlas Mountains）探险。

根据《1799 到 1804 年美洲赤道地区旅行个人记事》（*Personal Narrative of Travels to the Equinoctial Regions of America，during the Year* 1799—1804），出发前一天，船主坚持要把牲畜安置在主舱，延误了原本的行程（洪堡强调，自己的便利倒是无关紧要，他更怕牲畜破坏他的科学仪器），此时传来消息，所有法国旅客一落地摩洛哥就将遭到逮捕。前往非洲的希望也破灭了，洪堡只得先去西班牙再做打算。到达马德里后，他因学者身份受到欢迎，得以参观当地的自然藏品和博物馆。他在觐

① 施勒西尔（Schlesier），1853。
② 洪堡，1852，1：1。

见国王时得到了皇室的好感，获准前去访问美洲的西班牙殖民地。对于现代人来说，环球旅行除了机票开支以外，几乎没有什么别的障碍，很难想象这在当时是多么千载难逢的机会。旅客必需备齐护照（或旅行"文件"）以及政府发放的介绍信，穿越边界时必须出示，旅途中还时刻可能遇到盘查①。

　　作为一个地质学家，洪堡已经盛名在外，无论去哪里都畅通无阻，有时甚至能破格获得许可。他前往拉克鲁尼亚（La Coruña），乘上一艘去往古巴的封锁突破船（此时西班牙和英国间正在交战）②。船一离岸，便开往加那利群岛的特内里费岛。对于洪堡来说这是最佳着陆地点，因为特内里费的最高峰泰德峰（Mount Teide）海拔超过一万两千英尺，是世界上最高的火山之一。想到能看到岛屿在海平面处的热带植被，受到途中各种人的热情迎接，洪堡欣喜若狂。一片尚未有矿物学家研究过的地域是多么令人兴奋，洪堡相信自己可以获得很多有价值的信息，引起欧陆同行的兴趣。

　　虽然洪堡感兴趣的主要是山峰的地质结构（他在《个人记事》中详细描述了所见岩石的外观），但他的目标受众显然不止地质学从业者，还包括广大受过良好教育的从事其他领域的读者。像达尔文一样，他厌恶奴隶制，还不时点评当地人的生存状况，以及他们的村庄、房屋和习俗。

　　但两人又有所不同，达尔文在撰写游记的时候，他对生物学做出的最伟大的成就还没有成形，但是洪堡写《个人记事》时，已对以后的理论胸

132

---

① 我父亲给我讲了一个好玩的故事。19世纪70年代，伟大的英国考古学家阿瑟·贝文斯爵士（Arthur Evans）在巴尔干半岛旅行，但是没有护照。当阿瑟试图穿越边境时，一位官员要求检查他的文件。绝望中，阿瑟爵士抽出一张五磅的纸币，作为贿赂递了过去。官员严肃地接过纸币，盖了章，又递还回来。"当然了，"我父亲说，"在那个时候五磅可是很了不起的数目。"

② 英国和西班牙的关系总是极为复杂。起初，西班牙站在英国这边一同对抗法国，在第一次反法同盟失败后倒戈。1797年，英国在西班牙海岸实施封锁，严重妨碍了西班牙联系和控制其在拉美的殖民地。这使得边境的警戒提高，让护照获批成为洪堡的意外之喜。拿破仑战争中，西班牙再次倒戈，英国表面上支持其同盟，背地里却在美洲破坏西班牙的统治——当达尔文到达南美时，很多旧西班牙殖民地已经独立。

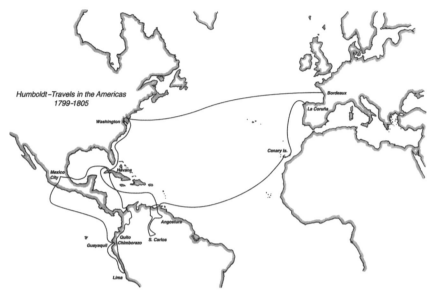

地图 2　洪堡的美洲之旅，1799—1805。（罗宾·奥因斯制图）

有成竹。在特内里费岛的顶峰，洪堡记下："我们发现植物有不同的分区，因为大气的温度随着海拔上升而降低。从山顶向下，地衣逐渐开始覆盖光亮的火山岩：一种堇菜……不仅在草本植物中占据优势，甚至比禾本植物还要茂盛……豆科灌木再向下，就是蕨类植物的天下了。"[①] 这双善于发现细节和规律的慧眼，伴随着洪堡穿越大西洋，在安第斯山脉成就了不朽的事业。

　　洪堡主要是在引导读者了解地质学和博物学相关的内容，但他也知道，他的著作可以帮到未来的旅行者，所以极力确保他们能从文中获取有用的信息。这方面的一个很好的例子是，洪堡从山顶下来后记录道："很多在圣克鲁茨（Santa Cruz）上岸的旅行者之所以不来攀登泰德峰，是因为他们不知道要花多长时间，所以下面这些信息可能会有帮助：如果借助英吉利牧场（Estancia de los Ingleses）的骡子，从奥罗塔瓦（Orotava）到

① 洪堡，1852，1：81。

山顶再返回港口就只需要二十一个小时①。"他随后给出一份详细的行程，注明了每段路程所用时间。这和达尔文的风格截然不同。洪堡几乎是在邀请读者同行，告诉他们，只要你们在百忙之中抽出时间，也可以登上这座山或穿越那片海。也就无怪乎到了 19 世纪上半叶，洪堡的读者们纷纷开始聚精会神地钻研地图，或者热情高涨地选购航海用的旅行箱包了。

洪堡在和旅伴——法国植物学家邦普兰（Aimé Bonplad，1773—1858），一起向西横渡马尾藻海（Sargasso Sea）时，见到了飞鱼。洪堡兴致勃勃地提笔记下一段题外话："自然是新发现取之不竭的源头，所以科学的疆域方能向一望无际处延伸。只有懂得如何探索的人，才能掀开那神秘的面纱，让自然显露真容②。"洪堡不愧是一代宗师，读者不需要费劲思索他的教导，而是仿佛与他同行，一边聆听，一边期待着下一段、下一页带来的新惊喜。这令人回想起亚里士多德和漫步学派。阅读洪堡的文章，是仅次于和他一起旅行的美好体验。他们经过特立尼达拉岛（Trinidad）和多巴哥岛（Tobago），但是船上爆发了热病，导致一名乘客死亡，于是洪堡和邦普兰决定放弃直接前往古巴，在委内瑞拉上岸。

他们上岸的地方就是当时的新安达卢西亚（New Andalusia），这个选择非常幸运。洪堡和邦普兰立时便被当地的动植物吸引，决定展开严肃的考察。此地发生过两次强烈的地震，其中一次是在两年前，把首都库马纳（Cumaná）变成了一片废墟，这激发了洪堡研究地质的兴趣。他再次为未来的博物学家留下了线索："地球上的每一处都可以成为特定的研究对象；当我们没办法搞清楚自然现象的原因时，至少应该努力发现它们的规律，通过比较无数的事实，来弄明白哪些现象是均一不变的，哪些又是偶然多变的。"③ 这也是达尔文自己践行的方法，对它再没有比这更好的阐述了。

133

---

① 洪堡，1852，1：88。
② 同上，1：151。
③ 同上，1：165。

　　洪堡和邦普兰开始耐心探索库马纳城郊。洪堡希望尽可能准确地定位，为此携带了一系列测量和天文仪器。他对纬度的估计极为准确——误差在几百码之内——但对经度的估计就差一些，测得的库马纳的经度偏离了近一百五十英里。两位博物学家在城里给自己找了一个舒服的住处（缺点是离奴隶市场太近），为登山准备物资，并勘探周围的海岸和潟湖。

　　总体来说，洪堡对动物的兴趣不如对植物浓厚，而两者都比不上他对地质和地形的兴趣。探险初期最有趣的动物学发现是 *guácharo*，即油鸱（*Steatornis caripensis*）。它们在加勒比海盆地周围的洞穴里筑巢，形成大型的栖息地[①]。洪堡和邦普兰最初是为研究此地的地质而前往，却惊讶地发现当地有大量油鸱，还是当地印第安人和传教士的食物。洪堡陶醉于这些鸟的夜间行为和蓝眼睛，以及它们在种种滋扰中顽强生存的能力[②]。和以往一样，他先对这种尚未有科学家介绍的物种详细描述一番，然后笔锋一转，开始讨论它们筑巢地的地质问题。

134

　　洪堡对人类活动的观察常常领先于时代。他反对"驯服"当地印第安人的说法，而是洞悉："欧洲对当地土著有种常见的误解，认为他们不选择归顺就只能过居无定所的游牧或打猎生活。其实早在欧洲人到达之前，美洲大陆已有农业。在奥里诺科河（Orinoco）和亚马孙河之间，仍有传教士从未踏足的地方，那里还有人在雨林中开垦土地，从事农业活动。"[③]

　　这些事实是如此显而易见，只要仔细思考便不难发现，但它们常常被蒙在偏见的迷雾中而不为人知。早在殖民时代很久之前，世代的耕作已彻底改变了美洲的景观，但是外来者的征服很快导致大量本地居民死亡，使得当地的植被结构和幸存者的文化习俗都发生了剧烈变化。人类活动是影响当地环境长达几个世纪的重要因素，随着人口锐减而改变，当欧洲人开

---

① 维约米耶（Vuilleumier），2003。
② 格里芬（1953）描述了油鸱的回声定位，可能是鸟类世界中的孤例。
③ 洪堡，1852，1：295。

始记录他们的所见所闻时，他们看到的并不是由来已久的稳定自然状态，而是一系列正在变化的景观。

在库马纳附近考察了四个月后，洪堡和邦普兰决定去西边的加拉加斯（Caracas）。邦普兰因为晕船而饱受折磨，所以步行完成了其中一段距离，边走边研究植物，而洪堡全程乘船[①]。两人都很喜欢这个小城（洪堡把6月和7月的夜晚形容为"悠闲又美好"），把这里作为后面两个月的活动基地，攀登周围的山峰，比较不同海拔的植物，并为后面的旅程做计划。

洪堡采取了一种比较迂回的路线前往奥里诺科河，沿途留意着温泉、湖泊和其他让他"兴致盎然"的事物。他们的路线经过亚诺斯（llanos）——奥里诺斯河北边的一片宽阔的热带草原，洪堡对在当地引入牲畜和反复焚烧乔灌木会带来什么影响做了一些推测。他们一到委内瑞拉中部偏北的城市卡拉沃索（Calabozo），就遇到了一位当地科学家卡洛斯·德尔·波佐（Carlos del Pozo），这让洪堡很高兴。这位科学家一直在做实验来研究电学现象，自制了电池和各种避雷针模型。三位科学家交换了笔记，临走前洪堡还从波佐那里买来一些电学仪器，打算研究此地赫赫有名的电鳗。

洪堡笔下抓电鳗的经历简直是骇人听闻——马匹被赶入电鳗栖息的池塘，反复遭到电击，直到其中两匹马被淹死。最终电鳗再也放不出电来，被印第安人趁机用绑着干绳的鱼叉抓住。洪堡兴高采烈地记下，有些电鳗体长超过五英尺。他还是个身先士卒的观察者——曾提到自己双脚站在一只刚从水里捞出来的大电鳗身上，感到剧痛锥心，这还不够："在接二连三地用电鳗实验了整整四个小时后，我可以确定，邦普兰先生和我一直到第二天，都感觉肌肉无力，关节疼痛，浑身不适，强烈刺激还给神经系统造成一些影响。"[②] 四小时中不断受到强度可以杀死一匹马的电击，难怪两

135

---

① 桑威奇（Sandwich），1925。

② 洪堡，1852，1：474。

位英勇无畏的科学家会筋疲力尽。

心满意足地把电鳗的威力和基本解剖结构完整记录下来后，洪堡和邦普兰继续穿越亚诺斯，向奥里诺科河进发。从他们的笔记中可以看出，这段炎热难耐、尘土飞扬的行军并不太令人享受，但是洪堡必定是个有趣的旅伴。一路上，他像块海绵一样如饥似渴地吸收各种信息，无论是鳄鱼冬眠的习性，还是蟒蛇背肌可以用来制作吉他弦（"比用吼猴肠子做的质量更好"）[①] 的冷知识，都能信手拈来。和洪堡一起工作不仅令人神往，也令人费神——在他的写作中，可以从对河豚的观察突然切换到雷暴对验电器的影响。雷暴让他想到天气的规律，继而引起热带季节周期的讨论。简直可以想象到这样的场景：你百般不适地坐在颠簸的骡子背上，还要一边心不在焉地听着洪堡的高谈阔论，一边琢磨晚饭吃些什么，又要在哪里过夜。

到达阿普雷河畔的圣费尔南多（San Fernando de Apure）后，他们马上买了一艘很大的木筏，沿阿普雷河（Río Apure）向奥里诺科河出发。洪堡还是一如既往乐观地写下："我日复一日地记录值得观察的事物，无论是在船上，还是在晚上上岸过夜的地方。奥里诺科河和卡西基亚雷河（Cassiquiare）岸边，瓢泼大雨和不计其数的蚊子有时会让笔记被迫中断，但我都会在几天后补上。"[②]

除了蚊子和大雨，下面这些文字足以浇灭一些人的旅行念头，却沸腾了另一些人的热血，比如达尔文：

> 经过迪亚曼蒂（Diamante）后，我们来到一片只有老虎、鳄鱼和水豚栖息的地方，最后这种动物在林奈系统中属于豚鼠属……你会发现自己身处一片野性难驯的自然中。还有美洲豹——美洲大陆上最美

---

① 洪堡，1852，2：133。
② 同上，2：152。

丽的豹子——在岸上出没……在这些荒凉的地方，人永远在和自然搏斗，每天关心的都是如何从老虎、蟒蛇，或者鳄鱼的血盆大口中挣扎求生①。

洪堡有一次遭遇"老虎"而侥幸逃生的经历——其实是一只很大的美洲豹——当时洪堡上岸探险，惊醒了这只在树下睡觉的猛兽。所幸洪堡早已想好，逃离美洲豹的最佳办法就是头也不回地走开，于是他就这样安全地回到了船上。

在阿普雷河上需要划桨前进。当船进入更宽阔的奥里诺科河后，当地向导收起了帆，向着第一个湍流水域前进。在一个河边的传教区乌鲁阿纳（Uruana），一个当地人来参观洪堡的科学仪器。他非常不解，这些旅行家为什么一定要去上游："'我真想不通，'他说，'你们离开自己的国家，到这里喂蚊子，只是为了测量那些根本不属于你们自己的土地?'② "这个问题抓住了整个博物学史的精髓：这正是博物学家们通常做的事情。洪堡和邦普兰继续向上游前进，遇到一些收集龟卵的印第安人，这让洪堡陷入沉思：美洲豹捕到成年龟之后，是怎样打破龟壳的? 当它们沿着河岸捕猎时，又是如何找到龟卵的呢? 有一次，船长为了炫技而迎风驾驶，险些让船倾覆。洪堡如释重负地写下"还好只丢了一本书"③，但他也承认，他和邦普兰两人都曾彻夜不眠，担心整艘船葬身雨林深处。蚊子虽然磨人，但是却启发洪堡思考身体彩绘和装饰物的问题。美洲豹越来越常见，但是洪堡也迷上了猴子。总之，虽然《个人记事》是洪堡回到家后在舒适的环境中写下的，但是读者还是感受到他在这段旅程中展现的勇气和坚持，不得不肃然起敬。

137

① 洪堡，1852，2：155。
② 同上，2：184。
③ 同上，2：195。

奥里诺科河上的航行为期近三个月。驶过第一段激流后，他们不得不换了一艘小船——其实是一段三英尺宽、四十英尺长的挖空的树干[①]。一大队船员和乘客——一共十二个成年男子——加上一只大狗、一堆书籍、科学仪器、日志和标本（有活有死），还有为无法捕猎时储备的食物，都被塞进了这摇摇晃晃的笨家伙。怪不得洪堡写下："很难想象在这样的情况下，日子有多么窘迫。"[②]

船上唯一一处遮风避雨的地方，只有船尾一个小小的顶棚下，乘客和捕到的鸟儿、猴子等活标本——装它们的笼子绑在加装出来的架子上——都只得在烈日下忍受暴晒。旅行结束后，他们又多了七只鹦鹉、八只猴子、两只侏儒鸟、一只翠鴗、两只冠雉、一只犀鸟、一只金刚鹦鹉和一只蜜熊。可以理解为什么他们的当地向导会"嘟嘟囔囔地抱怨"这不断壮大的队伍[③]。

这次旅行的重要任务之一，是绘制出汇入奥里诺科河和亚马孙河的上游河网，并看看它们和尼格罗河（Río Negro）是否相连。时而在水中划桨，时而在岸上跋涉，探险家们终于到达尼格罗河，并沿它下行。洪堡本希望进入巴西，但他发现由于当时巴西正由葡萄牙管辖，西班牙国王发放的护照反而成为实现计划的阻碍，雪上加霜的是，官方还下达一项命令，要求边境官员扣留他的科学仪器和笔记，把他从亚马孙带到里斯本接受询问。他逃脱了抓捕，明智地返回卡西基雷亚河，再沿奥里诺科河返回。

在埃斯梅拉达（Esmeralda）的村庄，洪堡在一位"毒物大师"处见到了箭毒的制作。这是一种印第安人用来狩猎和作战的毒药。这位"民间化学家"拥有自己的实验室，在那里熬煮和测试各种植物提取物的混合液。他用芭蕉叶来过滤制备的毒物，再用陶制的桶来煮。洪堡详细记录了箭毒

---

① 沃尔斯（Walls），2009。
② 洪堡，1852，2：213。
③ 同上，2：406。

的制备方法和用途，说这毒药需要混入某种不知名的树（他抱怨，每当自己想要记录那些最有趣的植物时，它们总是不在花期或果期，所以没法辨认）的黏稠提取物，以便涂抹在箭尖上。

在这里我们看到了第一章曾出现过的内容。洪堡自始至终都是一位"博物学家"。而这些有趣的本地专家，则给博物学家提供可以记录和发表的有用信息。洪堡欣赏他的学问，相信他对周围雨林里的动植物的了解，绝对超过了任何一个欧洲学者，但绝不会认为他和自己在智力上同样出色。这很容易被误解为是一种种族或等级歧视，但不妨把它视为一种有意而为之的博物学的另眼相待。前文提到，一个当地人不相信洪堡和邦普兰会大费周章地"测量根本不属于自己的土地"，这句话抓住了问题的关键。毒物大师是为了非常现实的目的而研究动植物。由此他丰衣足食，震慑敌人，还在同胞中获得大师的礼遇。与此相反，洪堡作为博物学家，研究自然并不能为他带来任何实际回报。诚然，发表旅行日志是可以为他赢得名声，学识也可以提高地位，但是一个德国贵族若想获得名声、地位和金钱还有很多舒服又安全的方法，无须这样驾着一艘粗制滥造的小船在蚊虫肆虐、猛兽横行的雨林中盘桓数月。

毒物大师利用一切手头的资源，来服务于自己和所处的社会。而洪堡则无须考虑实用性。他本不需要理解电鳗或箭毒，但是他愿意费尽千辛万苦来研究这些非必需的知识，这是无论什么地方，无论什么时代，都非常鲜明的博物学家的特点。

洪堡希望能发现箭毒潜在的药用价值（他在写作中，总是会留意实际应用），并长篇大论地注明了仅将其吞下和让它进入血液会有什么不同的效果。这顺利解释了为什么箭毒射杀的动物可以放心食用，不会将吃它们的人毒死。

离开埃斯梅拉达后，洪堡和邦普兰继续向下游前往安戈斯图拉（Angostura）。在那里，长途旅行终于让他们不堪重负，两人都患上了热

病。洪堡很快痊愈，但是邦普兰病得很重，需要休养几个星期才能再上
路。他复原后，两人折返亚诺斯，前往海岸。这次轮到洪堡重病，他们在
新巴塞罗那（New Barcelona）滞留了整整一个月。洪堡和邦普兰都非常中
意最初在库马纳落脚的地方，于是一致决定返回那里整理标本，并做进一
步的打算。

最方便的交通方式在海上，但却有被英国军舰抓获的风险。果不其
然，他们搭乘的走私船刚下水，就被一艘私掠船尾随攻击。万幸的是，一
艘货真价实的英国军舰恰好经过，洪堡随后应邀到船上向船长讲述旅行经
历。只是，关于洪堡在美洲大陆上的经历，这艘霍克号军舰（HMS
Hawk）的船长和军官们早就"通过英国的报纸"① 了解得差不多了，可
想而知此时的洪堡已举世闻名。在军舰上度过一个愉快的夜晚后，洪堡返
回自己的船，还得到了额外的天文数据用于绘制地图。

洪堡最初的计划是直接或间接地前往古巴，频繁往返于西班牙属加勒
比海区域的贸易船使他信心大增。然而，英国对海岸的封锁使得交通中
断。虽然洪堡的祖国是中立国，不用担心被逮捕，邦普兰却没有这样的豁
免权。在英军的封锁下，当时没有几艘船可以通行。这对旅伴只好在库马
纳停留了两个月，写作、探索周边，并设法把标本活着送回法国②。

他们在 1800 年 11 月离开委内瑞拉。前往古巴的航行十分艰难，花费
近二十五天，其间各种坏天气接踵而至。他们在古巴待了三个月，在哈瓦
那凭吊克里斯托弗·哥伦布（Christopher Columbus）之墓，在城市周边考
察。1801 年春天，洪堡收到尼古拉斯·博丹（Nicolas Baudin）的消息。他
最初曾计划与这位船长一起环球航行，现在得知博丹已经出发，并且会在

① 洪堡，1885，第 90 页。
② 一个法国海军中队突破了封锁，在洪堡的安排下，鸟和猴子从奥里诺科河经瓜德罗普岛
（Guadeloupe）运回法国。可惜，所有的动物都死在了航行中，只有它们的皮毛到达了巴
黎植物园。

接下来的几个月中停在南美西岸作业。洪堡急于赶上这艘船，和他们一起去澳大利亚和西印度群岛。洪堡和邦普兰迅速平分两人在委内瑞拉获得的标本，分别寄到加的斯（Cadiz）和英国，在英国委托约瑟夫·班克斯爵士把收到的物品转寄到洪堡的德国老家。科学家之间的通力合作非常感人。普鲁士和英国已结成同盟对法国和西班牙宣战，但是祖国分属敌对阵营的洪堡和邦普兰却能长年并肩旅行，在世界各地同行的帮助下，将标本和笔记送过戒备森严的国境。

1801 年 3 月，洪堡租下一艘小船进入中美洲，想随后经陆路去往太平洋海岸，向南追上法国探险队。从古巴南岸出发六天后，洪堡和邦普兰来到卡塔赫纳（Cartagena），此地便是现在的哥伦比亚，然后沿着马格达莱娜河（Río Magdalena）来到翁达（Honda），再乘骡子抵达波哥大（Bogotá），停留了四个月，探索城郊山区。这次停留后，他们又去往现位于厄瓜多尔的基多（Quito），在攀登安第斯山脉的六个月中，把那里当作活动基地。

在基多，他们沮丧地得知，博丹没有向西绕过美洲的霍恩角，而是向东绕过了非洲的好望角。环球航行化为泡影，洪堡只能通过在美洲深入探险来弥补这个遗憾。然而，他的《个人记事》，至少在出版的版本中，并没有对卡塔赫纳之后的行程多加描述①，我们只能从《自然诸相》（*Views of Nature*，或 *Vue des caudilleras*）和其他更严谨的学术读物中去了解他们的后半程。

在基多停留可能不是洪堡的初衷，但是他得以流连于地球上最高耸雄伟的山峰之一，埋首研究植物学和地质学。1802 年 6 月，洪堡和邦普兰在

140

---

① 沃尔斯（2009）认为，洪堡可能写下了后面的几卷，但或许因为内容太过政治化或私人化，他又将这些内容删减了。西班牙所有南美殖民地都将在革命中沸腾，而洪堡声明了自己对集权国家的痛恨，特别是允许奴隶制的集权国家（他对海地的叛乱感到尤为高兴），可能他感觉到自己的文字中有太多敏感的名字。

当地向导的陪同下，尝试攀登钦博拉索山（Chimborazo）。这座山在当时被认为是世界之巅①。他们爬到了距离顶峰仅仅四百五十米的地方，足以证明不凡的身体素质和坚定的意志力。他们记录道，自己的嘴唇和眼眶里开始出血，最后一段路不得不爬着前进，直到一条深不可测的裂缝挡住了去路。最令洪堡恼火的事情，可能是他们的双手被冻得失去了知觉，所以没办法在山上操作科学仪器。

洪堡认为，虽然他们创造了一项人类攀登高度的记录，可能五十年之内都无人能超越，但是他们在科学方面的收获却寥寥无几。这可能有点道理，但在尝试攀登和解释海拔问题（正如前文提到过的，他在特内里费就已经开始思考这个问题）的过程中，洪堡绘制出了人类历史上最立体生动的科学插图之一。那就是 1807 年在《植物地理学论文》（*Essay on the Geography of Plants*）中发表的安第斯山脉及周边地区植物分布示意图（*Tableau Physique des Andes et Pays Voisins*），它无疑已成为现代生物地理学的奠基石②。在图中，洪堡和邦普兰呈现了他们从海岸到钦博拉索高山之巅记录下来的不同植物区系，还阐述了他们认为导致了这些分区规律的气候因素。

《论文》一书的文字本身，是对其非凡的图解的补充说明，把《个人记事》中提及的很多想法重新以集中、精炼的科学写作框架阐述出来。示意图主题清晰：植物、动物、地质学、农耕、气温、永久雪线、大气化学构成、"电压"、气压、重力减弱、天空的颜色、折射和水的沸点。洪堡在特内里费岛和奥里诺科河沿岸测量这些内容，在示意图和《论文》中，把

142

---

① 钦博拉索山只有 6200 多米（20560 英尺）高。而珠穆朗玛峰有 8848 米（29029 英尺）。因为钦博拉索山位置接近赤道，而珠穆朗玛峰的位置要靠北得多，一个人站在钦博拉索山山顶，要比在地球上任何别的地方都远离地球的中心。
② 洪堡和邦普兰，2009 [1807]。史蒂芬·杰克逊（Stephen Jackson）和西尔维·罗曼诺夫斯基（Sylvie Romanowski）在这部著作中帮了英语世界一个大忙，给文章加上了清晰的翻译和既有趣又信息量巨大的导读。他们这一版的《安第斯山脉及周边的物理表格》是生物地理学研究者的必读经典。

图 11　钦博拉索山。这幅凭借想象创作的 19 世纪早期印刷品中，细心地布置了一些"异域风情"的植物、动物和人，几乎置洪堡的分析于不顾。（作者藏品）

大量信息汇为一个图表，附上极长的图释。

　　攀登完钦博拉索之后，洪堡和邦普兰继续翻越安第斯山脉，在群山深处探寻亚马孙河的上游河段。他们继续前往利马（Lima），中途受到科多帕希火山（Cotopaxi）爆发的影响。两人从利马乘船去瓜亚基尔（Guayaquil），1803 年年初到达，接着又坐船去墨西哥的阿卡普尔科（Acapulco）。他们沿陆路来到墨西哥城，停留数月，在那里，洪堡利用当地博物学家和博物馆的资源来编写巨量笔记，辑成《新西班牙王国政治论文》（*Political Essay on the Kingdom of New Spain*）[①]。在当时，洪堡已经开始想要把生物和物理这些学科和我们如今的社会学、经济学和地理学方面的内容联系起来。洪堡的研究的最佳称谓应该是人类生态学，而这门学科真正问世要在一个世纪以后。

　　洪堡没有直接回家，而是中途取道美国。若不是博丹的船队抛来橄榄枝，让洪堡拐道古巴，这原本就是他的一个备选计划。他本想去一睹密西

---

① 洪堡，1814。

西比流域，但在那时学术交流让他更感兴趣。他们坐船经古巴来到东海岸的费城，受到草创时期的美国学术界的热情欢迎。

两位旅行家受邀来到华盛顿，见到一直对科学怀有浓厚兴趣的杰斐逊，这位美国总统刚刚派出刘易斯和克拉克探险队，出发考察北美。不出所料，洪堡和邦普兰对这次发现之旅大加赞赏（假如他们能赶得上参加，一定也会毫不犹豫地签上自己的大名）。尽管杰斐逊蓄奴，洪堡还是和他成为事业上的好伙伴。两位旅行家随后回到费城，等来了英国领事馆发放的通行证，顺利乘船抵达法国①。

邦普兰和洪堡发现，他们离开的几年里，法国已经发生了翻天覆地的变化。当他们在雨林中探险，在高山上跋涉，观察异邦奇特的动植物时，拿破仑·波拿巴已从总司令摇身一变，成为第一执政，接着又登上皇帝宝座。他把革命的矛头转向外部，向几乎整个世界宣战。洪堡作为一个共和主义者，一定觉得这样的法国恍如噩梦②。

尽管寄到法国的标本和笔记中有一些丢失了，他们仍有超过六千件植物标本、大量的其他标本和几千页笔记需要整理编目。除了上文提到的《个人记事》和《植物地理学论文》，洪堡在 1805 年到 1826 年间出版了超过十七本著作。这些著作的主题不仅包括简单的植物学和地质学，还有新大陆的政治状况。

邦普兰后来的事业远没有洪堡那样辉煌。他和皇室关系不错（在和洪堡海外旅行之前，他曾在法国军队服役），被任命为约瑟芬皇后的御用园艺师，在巴黎的马尔迈松（Malmaison）植物园工作。由于拿破仑政权覆灭，时局动荡，这个职务并没有看起来那么诱人。1816 年，他接受了布

① "Laisser passer"，即通信许可，是政府发放的正式文件，允许持有者穿越国界或战争地区。

② 拿破仑并不喜欢洪堡，当洪堡来朝中觐见时，他只说了："你喜欢植物学？我妻子也鼓捣这个。"［布鲁恩（Bruhn）等，1873，第 344 页］

宜诺斯艾利斯的一份教职，前往阿根廷。他继续在南美探险，但于 1821 年在巴拉圭遭到逮捕，身陷囹圄长达十年之久，在此期间重操行医的旧业。获释后，他回到阿根廷继续工作，直到 1858 年在现属乌拉圭的地方去世。

洪堡令人称奇的美洲探险，以及后来发表的著作和论文，奠定了他在当时科学界的地位。当洪堡的个人财富告罄时，普鲁士皇帝亲自资助他的研究，并任命他为驻伦敦外交官。他出席了拿破仑战败后将欧洲重新团结起来的亚琛会议，其间获得一些人脉资源，以期有朝一日可以访问亚洲。同时，他在巴黎的大学开设了一系列讲座，主题只有他一个人可以驾驭：宇宙。

1829 年，洪堡离开巴黎前往柏林，得知尼古拉斯二世（Czar Nicholas）要赞助一支探险队前往俄属中亚。这对洪堡是个重大消息，因为此时他已完成了南美之旅的发表工作，也提携了一批年轻的后辈，旅行的收获已经耗竭。他利用十一年前在亚琛会议上获得的人脉关系，前往圣彼得堡。没想到，俄国热情接待了他。皇室对他的旅行计划兴奋不已，几次设宴款待。皇室的垂青给旅行的筹备和实施带来了难以想象的便利，不过前路还是横亘着许多难以穿越的险恶地带。

洪堡从圣彼得堡出发，一路来到莫斯科，然后向东穿越乌拉尔山脉，到达蒙古边境，接着经里海返回柏林。他花费大部分的时间研究俄国东部正在开发的丰富矿藏，这段旅途虽然比美洲之旅短了很多（只有不到九个月），但他终于有机会认真比较南美和中亚的地质。里海之旅具有典型的洪堡风格，不仅是为了研究那里的水，也为了帮身在巴黎的居维叶弄到一些罕见的鱼类做解剖学研究。洪堡全程乘车或骑马代步，虽然也途径一些以蚊虫叮咬而臭名昭著的地方，但是总体来说，这次旅行肯定比奥里诺科河之旅要舒服得多。他们在二十五个星期里穿越了约九千英里，也就是说每天都要前进五十英里的距离。只有在皇室支持下，才能达到这样的速

144

度——根据一本传记记载，这是全程一万两千匹驿马不停接力的结果①。

洪堡的下一项计划是完成他的毕生杰作：一本讨论万事万物，无所不包的百科全书。这种为物理和生物世界绘制一幅宏伟全图的计划，可以一直向上追溯到亚里士多德（亚述巴尼拔建立了那座伟大的图书馆，或许也有此意）。自亚里士多德时代以来，这样一个计划涉及的知识面已大大拓宽。邦普兰自南美返回后，带回约六千件植物标本，在仅仅五十年前，林奈列出的全球植物还只有七千种。经历两千年的发展，博物学已经揭示出了地球生物之多样，自然科学也愈加复杂深入，远超亚里士多德和老普林尼的想象。如果有人能通晓一切，这个人非洪堡莫属。

他的五卷巨著《宇宙》大概始于 19 世纪 20 年代在巴黎开设课程的课堂笔记。第一卷于 1845 年问世，后面的几卷陆续出版，直到洪堡于 1859 年去世。洪堡还竭尽所能鼓励、支持后辈科学家。当路易斯·阿加西（Louis Agassiz）因囊中羞涩几乎要放弃学术时，洪堡寄给他五十磅，要他把这笔钱当成借款，想什么时候还都可以。他的解囊相助帮助阿加西渡过难关，跟随居维叶继续进行研究，他的成就我们会在后面的章节提到。

洪堡不仅是一个杰出的科学家和万事通，还是一位极富人性关怀的好人，他慷慨得有点过头，对周围的世界常怀喜悦和感激。他在 1859 年 5 月去世，留给世界最后的话是关于窗外的太阳："这光线多么灿烂，仿佛在召唤地球升入天堂。"② 就在不到一年之前，一个小小的包裹投入了肯特郡当村庄园的信箱，它的寄件人和收件人都是洪堡的狂热崇拜者。查尔斯·达尔文，就这样收到了阿尔弗雷德·拉塞尔·华莱士关于自然选择的手稿。

---

① 伯伦等，1873，第 344 页。
② 斯托达德（Stoddard），1859，第 305 页。

第十一章
光明的心灵——华莱士和贝茨

　　曾经有一种以约瑟夫·康拉德（Joseph Conrad）为代表的文学传统，热衷于讲述一位文明开化的欧洲人或美国人进入野蛮的化外之地，便退化到野兽般的原始状态，整个人面目全非。这种想法自有其魅力：野性自然的残酷现实一把扯下文明那层薄薄的虚饰。然而问题在于，这些寓言故事并不是真的。在第十章，我们已经看到两位最为开化的文明人洪堡和邦普兰，他们曾深入雨林，而人性光辉完好无损。阿尔弗雷德·拉塞尔·华莱士（1823—1913）和亨利·沃尔特·贝茨（Henry Walter Bates, 1825—1892）的经历，是又一个康拉德文学的反例：文明开化的人进入雨林，溯流而上，历经艰险，然后变得比之前还要文明开化。不仅如此，他们不仅没有像《黑暗之心》（*Heart of Darkness*）的主人公库尔茨（Kurtz）那样，仅仅从见到的人和事物中获得"恐惧"，而是深深的喜爱，甚至共情。在华莱士的例子中，他还获得了一颗璀璨的知识的明珠，是19世纪科学成就之冠上最夺目的瑰宝：源于自然选择的进化论。

　　关于华莱士有个有趣的细节。比起达尔文，他出生得足够晚，又活得足够久，所以我们可以见到他一生各个阶段的照片，从年轻人华莱士，到爱德华时代的大师华莱士。达尔文的照片总是沧桑而悲伤，而华莱士的照片中，有毛头小伙子，也有戴着礼帽、意气风发的年轻探险家，接着是严肃的科学家，最后那些不如说是人见人爱的邻家爷爷。达尔文向来不苟言笑。华莱士晚年的照片，则总是快乐得光芒四射——几乎可以去儿童电影里扮演圣诞老人，好像对已取得的成就心满意足，笑得合不拢嘴。

　　华莱士的一生证明，虽然财富、地位、正规教育和科学界的熏陶都有助于科学事业，但是只要付出艰苦的努力，再加上一点点幸运和一点点天赋，即便没有上面那些条件，也可以在许多领域中取得巨大的成就。当我们为自己的不努力开脱时，可以摇着头说"毕竟洪堡出身贵族"，或"达尔文家里有钱，又上了个好大学"，但是华莱士什么都没有，他只有自己，带着从巴西的甲虫到火星上是否有生命等满脑袋的奇思妙想。

　　在过去的二十年中，越来越多的人开始"重新发现"华莱士，甚至出现了一种风潮，用华莱士来贬低和矮化达尔文。我想华莱士若地下有知，一定也会为此难过。从他的写作中，看不出他对达尔文除了尊重、敬佩和感激外，还有什么其他的情感。他信任达尔文，所以放心让他来建立两人共同提出的进化论。华莱士太过忙碌，无暇考虑谁更优先的问题。对他来说，只有新知和创造才是有意义的。华莱士喜欢新事物，不管是新地方、新物种，还是对旧现象的新解释。在此之外，华莱士像洪堡一样，是个极富人性的好人。从他后来的肖像中也可以看出，他是个非常和蔼可亲的人。

　　在一次经历了严重痉挛发作的旅行之后，达尔文回归书斋，再也没有离开家乡远行，思绪却在广阔的时空中遨游。当村的宁静生活，隔绝了正在进入工业社会的伦敦的喧嚣，贤妻埃玛尽量确保达尔文的生活不受打扰，可以潜心工作。洪堡和华莱士则正相反，他们从没停止旅行。他们人在路上，思想和行为也大多入世。他们都是身前成名，死后却慢慢地被遗忘。最后，华莱士去到了达尔文和洪堡都未曾踏足的地方。他和达尔文间唯一的重大分歧，是因为他坚持灵魂的存在，甚至超越了自然选择。

148

　　华莱士于 1823 年 1 月 8 日出生在蒙茅斯郡（Monmouthshire）的阿斯克（Usk），完美的时间和地点。英国正如日中天。这个时代恰如他后来一本书的标题《神奇的世纪》（*The Wonderful Century*），工业革命和科学进步，让他的旅行和研究成为现实①。只要付出时间，拥有一点点资源和强壮的身体，一个英国旅行家可以去到任何地方，做任何事情，心知祖国辐射全球的权势和影响力会为他提供足够的支持。讽刺的是，这样的科技进步虽然在全球范围内促进了交通和通信的发展，为环球旅行和博物考察提供了良好的经济基础，但也导致了滥用童工、机械化战争和先后激怒洪堡和华莱士的强权镇压。即便如此，华莱士从未丧失希望，在《神奇的世纪》中，他写道："真正的人性、迫切终结当代社会黑暗的决心、对终将铲除它们的确信、对人类天性毫不动摇的信念，从未像今天一样强烈、有力，如此茁壮成长……我们站在浪潮之巅。我们拥有伟大的诗人、伟大的作家、伟大的思想家来鼓舞和引导我们，还有源源不断的热情洋溢的实践者将薪火传播②。"华莱士本人无疑是最伟大的思想家之一，也是一位热情洋溢的实践者，尽管这样的褒扬会让他有些难为情。他生在航海时代的鼎盛时期，死于飞机、电话和全球通信变为现实的时代。他不会喜欢 20 世纪的。

　　在华莱士的童年里，他的父亲从事过一系列奇怪的工作，比如图书馆管理员和学校教师③。家里仅有的一点余钱也因为一次银行破产而被掏空，

① 华莱士，1899。
② 同上，第 378 页。
③ 威廉-艾利斯，1966。

一家人只好为了工作机会和便宜的房租而不停搬迁[①]。华莱士只上过短短几年语法学校和寄宿学校。在《自传》中，他悲伤地提到，这些课程无非是死记硬背人名、日期和地名，所以当家里没钱供他继续读书时，他好像也没什么好反对的。

　　对华莱士的成长影响最大的，或许是他父亲通过一个读书俱乐部带回家，或寄给他的一些书籍。他的阅读面很广，其中很多都是小说，但他的

图 12　芒戈·帕克第一次见到黑人，来自芒戈·帕克《1795、1796 和 1797 年在非洲内部的旅行》（*Travels in the Interior Districts of Africa Performed in the Year 1795，1796 and 1797*），1816。如图这样的景象激励了年轻的达尔文、后来的华莱士和约翰·缪尔，他们都曾写道，是芒戈·帕克的文字激发了自己对旅行的向往。（作者藏品）

————————

① 华莱士，1905。

《自传》中也提到自己迷上了芒戈·帕克（Mungo Park，1771—1806）的非洲游记。早早就接触到这些遥远的地方，可能也激发了他旅行的热情[①]。　149
华莱士十四岁辍学，来到伦敦和当木匠学徒的哥哥约翰住在一起。华莱士在木匠铺里帮忙，也常和哥哥一起进城走走，既为了消遣，也为去听关于社会主义和劳工权益的讲座，这些话题在后来的很多年里都是他的关注焦点。当华莱士在东印度群岛旅行时，木匠铺的工作经历帮了他很大的忙，让他可以亲手制作收集用的木箱和基本的研究用具。

在伦敦几个月后，他被送到另一个哥哥威廉那里学习测量。在测量中，华莱士了解到数学的实际用途，威廉对地质学的热爱也感染了华莱　150
士。华莱士开始在旅途中收集化石。他也开始对植物感兴趣，掌握了制作和保存植物标本的方法，建立起自己的标本集。测量工作让兄弟二人走遍了英国的大部分地区，见到了各种不同的自然风貌，让华莱士渐渐成长为一名博物学家。好景不长，华莱士的父亲在 1843 年去世，可做的测量工作也越来越少，华莱士决定试试教书的工作，向一家位于莱斯特（Leicester）的小型私立学校递上了求职信。

在莱斯特，发生了三件影响华莱士一生的大事。前两件与书有关。他发现了一本托马斯·马尔萨斯的《人口论》（*Essay on the Principle of Population*）。这本书讨论了当食物有限时，人口爆炸必将带来的后果[②]。他也读到了洪堡的《个人记事》，点燃了对热带的向往。第三件大事是遇到贝茨，一个像华莱士一样喜爱博物学，尤其是昆虫，几乎完全靠自学成才的年轻人。贝茨的家境稍微宽裕一些，但是也没有受过多少正规教育。

---

① 芒戈·帕克是一位苏格兰探险家，在非洲度过了几年。他在重返尼日尔河的时候丧命，但是他的书（帕克，1816）在维多利亚时代的大部分时间里都很风靡。洪堡、华莱士、达尔文和约翰·缪尔都读过他的书。
② 马尔萨斯（Malthus，1766—1834）是一位英国经济学家、历史学家，竭力反对不断推进的工业化进程对劳动阶级造成的伤害。像华莱士一样，达尔文也引用马尔萨斯的《人口论》作为自然选择理论的核心线索。

华莱士马上喜欢上了昆虫学，和贝茨一起在莱斯特郊外四处采集。除了采集，两人还激动万分地讨论一部奇书——《创世的自然志遗迹》(*Vestiges of the Natural History of Creation*)，这部作者不详的著作在1844年出版，提出物种可变的观点，在科学界掀起了一场风暴[①]。

1846年，华莱士的哥哥威廉突然去世，留给他一套测量工具。在那年兴修铁路的热潮中，这套工具就派上了用场[②]。热潮褪去之前，华莱士从测量工作中赚够了钱，向贝茨提议一起去南美旅行，做一对职业博物学家大显身手。这个提议十分大胆。政府和私人收藏家的确愿意花不菲的金钱购买稀有美丽的标本，但是旅途中的危险是实实在在的，而且正如洪堡和邦普兰发现的那样，把标本——特别是脆弱的蝴蝶和蛾的标本——安全寄回欧洲，绝非易事。

华莱士和贝茨发现，摆在他们面前的选择不多，要么继续在英国过无聊的下层中产阶级生活，要么去远方探险，还有机会闯出一番天地。对他们来说，最重要的动机或许是，他们都因阅读而对旅行心痒难耐，也都好奇关于物种起源和变化的问题。要旅行，当时就是最好的时机。两人都没有成家，年轻健康，充满雄心壮志。合适的旅行地点也显而易见：南美的大门将要打开，很快就会有各种收藏家蜂拥而至。而且华莱士在写给贝茨的一封信中提到，已有两位先驱阐明了美洲热带地区的价值："我三四年前读过达尔文的游记，最近又读了一遍。作为一部科学家的游记，这本书仅次于洪堡的《个人记事》——对于大众来说可能还要更好一些。"[③] 贝茨

---

① 钱伯斯（Chambers），1845。《创世的自然志遗迹》最初佚名在1844年出版，它的理论在当时仍显得十分异端，加上未知作者带来的神秘感，引发了一场轰动。钱伯斯用随后出版的第二版总结了种种猜测。

② 达尔文和韦奇伍德家族赖以发家致富的运河网络，开始让位于更复杂的铁路系统。达尔文家族抓住机会进行投资，巩固了查尔斯的财富。其他投资者就没这么幸运了。1846年规划的铁路线中，很多是敌对公司为了竞争而重复铺设的，还有一些从未动工，或者勉强完工却在亏本经营的。

③ 华莱士，1915，第256页。

和华莱士都读过美国昆虫学家威廉·爱德华兹（William Edwards）的亚马孙游记，其中描述了帕拉（Pará）周边的地区，又激发了他们前往巴西探险的渴望①。

在莱斯特及周围进行的野外作业，让华莱士和贝茨积累了丰富的昆虫标本制作、保存经验，但是他们现在要做的，是把业余爱好变为事业。他们前往伦敦，向大英博物馆的专家学习如何包装运输标本，华莱士还上了一门关于如何射击、填制鸟类标本的速成课程。还有一件同样重要的准备工作，他们找到一家中介机构，可以帮他们接收中途寄回的标本，并帮忙寻找买家。和达尔文和洪堡不同，两人都没有殷实的家庭不时贴补来渡过难关，旅行和生活若想为继，就必须依靠这样的机构，为他们和买家牵线搭桥。他们还去邱园拜访了威廉·胡克（William Hooker），当时他正在扩建植物园，承诺接收有趣的植物标本。回到伦敦后，大英博物馆鳞翅目馆的馆长爱德华·道布尔迪（Edward Doubleday）告诉他们，巴西北部还有大片地区未有采集者问津，这也让他们更加确定自己的选址是正确的②。

准备工作完成后，华莱士和贝茨搭上一艘开往巴西、重达一百九十吨的中型帆船淘气鬼号（Mischief）。和之前的旅行家一样，他们发现比斯开湾十分凶险，华莱士在航行第一周严重晕船。还好，过了马德拉群岛（Madeira）后他就适应了大海，之后的大海也风平浪静。他们在 1848 年 5 月底安全抵达亚马孙河口。两位博物学家第一眼看到新大陆都有些失望。爱德华兹对新大陆动植物精彩纷呈的记录，让他们以为一落脚便能观察到惊人的生物多样性，眼前的一切却让华莱士提不起劲头③。贝茨更快地进入了角色，开始怀着新奇描写下船看到的喧闹节日场景，华莱士却只想看猴子和奇异的蝴蝶。帕拉城［现在的贝伦市（Belém）］又小又脏，热带

152

---

① 爱德华兹，1847。

② 伍德科克（Woodcock），1969。

③ 雷比，2001。

雨林的真正边界还在几英里之外。这里的鸟类相对稀少，最常见的蜥蜴又很难让新手抓住。

在当地领事馆小住几日后，他们搬到小镇边缘的一个村子里，把那里作为几个月的活动基地，探索当地的森林，正式开始采集工作。帕拉的日子在很多方面都很不错。早晨他们在丛林中采集和观察。正午气温上升，大部分昆虫都销声匿迹，他们便小憩一阵，等到下午稍晚的时候再继续工作。贝茨专攻昆虫，而华莱士对一切都感兴趣。惦记着胡克的请求，他尽可能地采集、记录见到的植物——这些笔记是他第一本书的主要内容[①]。从早期的文字中，可以看出他很快克服了最初的不悦："参天巨木的树干拔地而起，藤蔓虬结丛生，到处都是奇形怪状的寄生植物，让我们这些见惯了欧洲草甸和荒原的博物学家目不暇接[②]。"他迷上了棕榈树，就像达尔文迷上了加拉帕戈斯群岛的陆龟——在他纯真的眼中，其他物种之间差别很小，但棕榈树总是一眼便能认出："对于自然爱好者来说，棕榈树能够激发源源不断的兴趣，提醒你正置身于热带的丰富植被中，实现他们打童年就怀有的，对自然最狂野美丽的想象。"[③] 华莱士离开威尔士的山谷已很远了，但未来还有很长的路要走。

进入雨林探险，华莱士第一次遇到野生猴子，并开枪射杀了几只做标本收藏。他笔下的描述交织着脉脉温情和冷酷的实用主义："这可怜的小动物还没完全死透，它的哭泣、无辜的表情和纤弱的小爪子，看起来像孩童一样惹人怜爱。听说猴子肉很鲜美，我就把它带回家，切碎油炸做早饭。"[④]

全盛时期的博物学不适合那些有道德洁癖的人。熟悉了雨林地形后，

---

① 华莱士，1853。
② 同上，第 iii 页。
③ 同上，第 11 页。
④ 贝德尔（Beddall），1969，第 38 页。

华莱士和贝茨的采集渐入佳境。很快他们就采到三千多件标本，可以寄回英国出售。华莱士还为胡克打包了几百件植物标本，但是胡克对这些标本并不满意，后来还对华莱士的《亚马孙的棕榈树及其用途》(*Palm Trees of Amazon and Their Uses*) 发表了一番负面评价①。

　　将第一批标本安全寄出后，华莱士和贝茨随一位当地磨坊主前往亚马孙河的一条支流托坎廷斯河 (Tocantins)。他们乘坐的船，远比洪堡和邦普兰近五十年前在奥里诺科河上乘的那艘要耐用舒适得多。这艘船长二十八英尺——比洪堡那艘短——但有八英尺宽，在途中可以很方便地来回行走，还有两处顶篷，为乘客和货物遮风挡雨。行程之初，除了两位旅行家还有四位船员，但是在他们第一次停船时，船长便弃船而去，后来又有两名船员离开。他们不得不从附近的种植园租来两名奴隶。

　　这次旅行后，华莱士和贝茨决定分头行动，前往不同的地方。他们的自传和笔记中，都没有说明这样做的原因。没有证据表明两个人有争吵，大部分学者都认为，两人分头行动更多是因为性格差异而非意见不合，一起沿河旅行时，朝夕相处的两个人对这种差异感受得尤为强烈。不管两人为了什么而分开，他们的友情似乎并未受到影响。无论是当华莱士在马来西亚而贝茨在巴西时，还是分别回到英国后，两个人都照常书信往来，直到 1892 年贝茨去世。

　　华莱士很快就放弃了昆虫，开始专心致志地研究鸟类，射杀并填制鸟类标本，再让经过的船只把它们带回英国②。他尤其喜爱蜂鸟，附近几乎每棵开花灌木里都能找到它们的身影。另一方面，吸血蝙蝠就没那么可爱了。华莱士听说蝙蝠一年可以杀死几百头牛，也听说他所在地界上的奴隶为此一年要杀死上千只蝙蝠。独自旅行过后，华莱士回到帕拉。他的弟弟赫伯特 (Herbert) 来此投奔。赫伯特在英国放弃了教书的打算，也想在新

153

① 佚名，1972（包括原书的复印件）。
② 华莱士，1889b［1853］。初版于 1853 年，在华莱士从巴西和委内瑞拉返回后不久出版。

大陆试着成为一个博物学家。

　　兄弟俩弄来一支独木舟向亚马孙河上游探险，沿途采集。华莱士的记录和洪堡的截然不同。他的文字更具文学性，栩栩如生地刻画了一些动物和地点，但是没有像洪堡的《个人记事》那样，旁征博引气象学、地质学和风土人情等内容，令人目不暇接。虽然这些记述令读者耳目一新，但从中也能明显感受到，华莱士并不喜欢偏远地区，和身边的人相处得也不太融洽。写《亚马孙河和尼格罗河之旅》（*Travels on the Amazon and Rio Negro*）时，他还有些拘谨："接下来是当地风俗中的探亲访友时间，大家互相走动，聊着一周攒下来的八卦。巴拉（Barra）这里的道德水平可能是所有文明社会中最低的：街头巷尾每天都在议论一些风言风语，此地最受尊敬的家庭，还不如圣贾尔斯（St. Giles）最差劲的居民。"[①]

　　兄弟俩花了一个月的时间，借助风力和人力航行至圣塔伦（Santarem），那里距离他们的出发地，即使抛开中途几次上岸采集标本的行程，只算直线距离也有超过400英里，所以实际距离要长得多。在圣塔伦寄出标本后，华莱士继续沿河上行，不时超过贝茨又被贝茨超过，两人不是在某个地点流连，便在马不停蹄地赶往下一个地点途中。在沿河上行三百六十英里后，他们来到了巴拉〔现在的玛瑙斯（Manaus）〕。华莱士发现这个小镇乏善可陈，于是前往尼格罗河。在这次计划外的旅途中，他收获了二十五只伞鸟标本，其中还有一只是用枪射伤后活捉的。他给它灌下浆果，让这只鸟多活了几个礼拜。在它最终死去之前，华莱士开始观察它的行为——这是第一次，他开始不仅仅为了采集而采集。

　　回到巴拉后，雨季汹涌而至。贝茨也到了，小镇中汇集了六个欧洲移民，他们互相调侃、讨论、争辩，互相比较旅行日志和计划。华莱士再次踏上旅途，这一次他的文笔更加生动和激昂："两棵大树之间，那悬在半

154

---

① 华莱士，1889b［1853］，第113页。

空中的黄色花朵是什么？它离两棵树都很远，仿佛金子做成的花瓣在黑暗中发着光。现在我们从它旁边经过，看到它那一码半长的茎像是一根柔软的线，从一棵树的树干上一丛厚厚的叶子里探出来。"①

雨季催开了兰花，也把亚马孙流域变成了一座布满水道、湖泊和幽暗小径的迷宫。那景象令人着迷，在其中很容易迷路，但华莱士勇敢无畏，怀着与日俱增的信心，对他来说没有什么地方是无法抵达的，他进入最危险、最人迹罕至的雨林深处。赫伯特受够了热带，急着返回英国，一存够旅费旋即离开。华莱士继续单独行动，在当地召集向导和桨手同行。

这段行程初期最重要的任务就是寻找动冠伞鸟（属名 *Rupicola*，一种色彩瑰丽的伞鸟）。华莱士先在尼格罗河岸边的一个印第安村庄扎营，接下来发现，这种鸟类在附近的山区更多见。他召集了一队印第安人，一起出发去寻找标本。他的文字中还是混杂着喜悦和厌恶："路旁满是参天巨树、坑坑洼洼的树干、奇怪的棕榈，以及优美的树蕨，很多人会以为在这样的环境中徒步会很令人赏心悦目。但是也有很多烦心事，坚硬的植物根系在路上横逸斜出，沼泽和淤泥中夹杂着石英卵石和烂树叶。"② 这和洪堡面对困难时的冷静淡漠截然不同。华莱士希望读者也能身临其境地感受到自己在穿越雨林时遇到的重重困难。

又过了一天，他们终于遇到了动冠伞鸟："最后，终于，一个老印第安人拉住我的胳膊，指着一处茂密的灌木丛，轻轻耳语着'Gallo'。我定睛凝神，终于瞥见了那只华丽的鸟儿，它像一团夺目的火焰闪耀着……（我）稳稳地扣动了扳机，将它射下来……几分钟后……它被带到我面前，我完全沉醉在那软绒绒羽毛的耀眼光芒中。"③ 最后，他们成功射下了十二只动冠伞鸟，还有很多其他鸟类，包括侏儒鸟、巨嘴鸟和蚁鸫。

155

---

① 华莱士，1889b［1853］，第 122 页。
② 同上，第 149 页。
③ 同上，第 152 页。

　　华莱士继续向河的上游进发，没费什么力气便穿过巴西边境进入委内瑞拉。此时，那里原属西班牙的殖民地已经独立。他不必像洪堡一样被挡在国境之外。当到达圣卡洛斯（San Carlos）时，他的路线终于和五十年前洪堡的路线交汇，能够一睹偶像曾经见到的风景，从中收获了巨大的成就感。

　　华莱士在哈维塔（Javita）停留了三个月，是附近两百多个印第安人中唯一一个欧洲人，在这里生活得如鱼得水。这标志着他终于成为一个成熟的博物学家。他还发现，如果说服印第安人为他做事，采集起标本来便如虎添翼。1851 年 9 月，华莱士的补给即将告罄，需要尽快运走一批标本，所以他决定回到巴拉再做进一步打算。这时他才知道，弟弟赫伯特在帕拉患上了黄热病，一时重病不起，没能上船安全返回英国。他收到这封信时已过了几个月，无从得知弟弟已在一场夺去沿岸许多生命的传染病中去世。贝茨曾回到帕拉，在那里悉心照顾赫伯特，直到自己也染病。贝茨挺了过来，但赫伯特没有。

156

　　华莱士再次出发，打算探索亚马孙的其他部落。他感染了一阵子热病，还得了痢疾，在禁食和奎宁的作用下很快好转。几周后，一场更严重的热病袭来，他卧病几个星期之久，在死亡线上挣扎，好不容易才能再次进食。这次死里逃生的经历，让他决定结束尼格罗河上的收集之旅，回到帕拉，踏上回家的路。他很快动身，带着成群的活标本，其中有猴子、金刚鹦鹉和鹦鹉，1852 年 6 月到达帕拉港口。热病仍不时发作，但他要一口气赶回家——帕拉另一场黄热病大流行的迹象和给弟弟扫墓的悲痛，让他下定了决心。

　　7 月 12 日，他带着死的或活的各类标本登上了海伦号帆船，希望一路顺风地赶回家。然而事情却不如他所愿。三周航程中，因为间歇性的发烧，华莱士大部分时间都在自己的隔间里阅读、休息，无疑也在想象着自己和标本会在英国受到怎样的热烈欢迎。然而一个清早，船长带来了一个坏消息，说的时候还有些轻描淡写："我很抱歉，船起火了，过来看看吧。"① 可以确定，火是从他的货物中烧起来的，罪魁祸首是用来包装的印第安橡胶和香料。弥漫在舱口的浓烟挡住了船员，让他们没法进去救火。随着火势越烧越旺，船长认为灭火希望渺茫，吩咐船员放下救生艇。华莱士只来得及抢救出一个"小小的锡箱"，里面有一些衣物、几本笔记和几张棕榈素描，但大部分的笔记和画作，以及他带着的所有标本，都随着熊熊燃烧的船葬身海底。

火势继续蔓延，乘客和船员漂浮在海上的救生艇里，惊恐地看着华莱士想运回英国的猴子和鹦鹉爬上绳索或挣扎着起飞，但还是被烈火吞没。船烧了一整夜。清晨，救生艇开始驶向七百英里外的百慕大群岛。起初他们以为一周时间就可以到达，但是接下来风势开始转向、减弱，最后消失，仅存的微风也不是来自合适的方向。补给慢慢耗光，淡水一直都很匮乏。在露天的小艇里挣扎了十天后，船员们终于被路过的船只救起，此时他们离百慕大还有两百英里。

不幸中的万幸是，中介已向华莱士预付了两百磅货款，加上之前出售标本的收入，让他不至于破产。他对科学的热情损失得更为严重。很多笔记和至关重要的旅行日志都在大火中焚毁，他得思考，自己能不能恢复一些内容用于发表，而最近与死神擦身而过的经历是否是鸣响的警钟，在告诫他再次旅行是不明智的。令他喜出望外的是，他发现自己寄回家的信件已经在昆虫学会（Entomological Society）和皇家地理学会（Royal Geographical Society）宣读，他在伦敦科学界早已不再仅仅是小有名气。

虽然笔记和标本损失惨重，华莱士还是完成了他关于棕榈树的著作，而且正如我们之前所说，得到了威廉·胡克的差评，认为这本书不过是茶余饭后的消遣读物，算不上正经的植物学著作。他还根据寄回家的信件和

157

---

① 华莱士，1889a，第 271 页。

惊人的记忆力完成了《亚马孙河和尼格罗河之旅》。这本书虽然生动有趣，包含一些引人入胜的篇章，但的确远远逊色于达尔文和洪堡的游记，也没有他后来在笔记完备的情况下写下的著作那样审慎和严密。

与此同时，返回帕拉的贝茨认真考虑过要不要放弃博物学。在河上工作辛苦异常但收入微薄，家人来信告知，工业正在兴起。大家热切盼望他回去，还能在家里的产业中给他谋个职位。思前想后，他决定留在巴西，继续旅行和收集，集中精力关注昆虫。最后他的收藏总数超过了一万四千种（想想不过两百年前，约翰·雷还认为，全球的物种加起来不过几千种）[1]。

贝茨在巴西工作达十一年之久，归来时正赶上《物种起源》发表这激动人心的时刻。他在刚来到南美的时候，就和华莱士讨论过有关物种演化的想法。从他们的通信中可以看出，贝茨非常钦佩达尔文，而达尔文对他亦青睐有加。贝茨也发表了自己的游记，后来达尔文称之为"英国历史上最好的博物游记……一本伟大的书"[2]。这的确是一本伟大的书，值得更广泛的阅读和认可。如果我们回想达尔文第一次进入巴西雨林时满怀喜悦地写下的文字，或许就能体会到，一位作者有机会近距离接触一个地方的风景和生灵，亲身感受万物为生存竞争而产生的结果，这样的经历意味着什么。在描述杀人藤（murderer liana）时，贝茨这样写道：

"它和其他攀缘树木和植物没什么太大区别，但是它缠绕的方式是很特别的，甚至让人感觉厌恶。它在靠近树的地方发芽，随后附着在树干上，它寄生在树干的一侧，木质茎像有弹性的模具一样伸展，

---

① 达尔文，1921。
② 贝茨，1863。这本书有很多版本，但最常见的可用版本是缩减版，描述生物及其分布的很多最有趣的部分都缺失了。亦见于 1863 年 4 月 18 日查尔斯·达尔文写给亨利·沃尔特·贝茨的信，达尔文，1999，第 322 页。

然后伸出手臂一样的小枝……它彻底长大后，会一圈又一圈地把它的受害者紧紧箍死……等到它赖以生存的寄主死去萎缩，这冷酷奇异的寄生藤蔓仍将其环抱在自己的枝干里。"[1]

这段文字和轻松愉快的"藤蔓缠绕着藤蔓"相去甚远，但还是马上吸引了达尔文的注意力。在书评中，他写道："在我看来这太棒了——风格完美——文笔一流（我很享受在雨林中漫步）……杀人藤非常厉害——比非常厉害还厉害。"[2]

总之，达尔文对贝茨极为欣赏，将他的书推荐给很多重要的朋友，给自己的出版商写信鼓励他们发表《亚马孙河上的博物学家》（*The Naturalist on the River Amazons*），在和其他昆虫学家的辩论中力挺贝茨，还帮助他找工作。其中一部分原因在于，贝茨不是达尔文的竞争对手或论敌，又为进化论提供了有力的证据。还有一个原因在于，贝茨勤恳的工作态度和出色的文笔赢得了他的认可。贝茨 1861 年结婚，1892 年去世。他的大部分私人收藏都留给了伦敦自然博物馆。

回到伦敦后，华莱士面临着进退两难的局面。如果他想要成为一名成功的博物学家，就必须继续旅行。对于熟悉热带的人，有三个合适的旅行目的地：南美、非洲中部和远东。疫病、船难和弟弟的死，让华莱士再也不想回到南美这个伤心地，巴西也已拱手让给贝茨和其他纷至沓往的旅行家。非洲很诱人，华莱士一度计划进入非洲大陆的山区探险，但最后他决定前往一处鲜为人知的群岛继续收集之旅，那就是荷属东印度群岛。

他还有南美之行攒下来的一些钱（在某种程度上，他比贝茨善于理财，后者在南美辛辛苦苦工作十一年，只攒下区区八百英镑），但还是不

① 贝茨，1863，第 27 页。

② 1862 年 1 月 13 日查尔斯·达尔文写给亨利·沃尔特·贝茨的信，见达尔文书信项目，www. darwinproject. ac. uk/entry-3382/，letter no. 3382（访问于 2010 年 12 月 5 日）。

够用作前往任何地方的旅费。为了前往东印度群岛，他用几个月的时间四处联络，寻求帮助，并准备旅行期间的后勤保障。联络人中有布罗德里克·麦奇生爵士（Sir Roderick Impey Murchison，1792—1871），他是皇家地理学会的主席，是"最平易近人的科学家之一"。他向华莱士承诺，皇家地理学会会支持他的探险①。几经波折，麦奇生终于为华莱士和一名助手申请到半岛东方蒸汽船（P&O steamship）上的两个舱位，前往新加坡。

新加坡是前往远东之前一处绝佳的适应水土的中转站。华莱士在1854年4月到达。他用了三个月的时间了解当地，采集物资，准备正式的旅行。他提到一本对他影响深远的书，无论去哪里都带在身边，那就是《鸟类视界》（*Conspectus Generum Avium*）。这本书是拿破仑之侄查尔斯·吕西安·波拿巴（Charles Lucien Bonaparte，1803—1857）撰写的第一部"世界鸟类大全"。作者不仅修订过亚历山大·威尔逊的《美洲鸟类》（*Birds of America*），还是奥杜邦的好友。在自传中，华莱士满意地提到，这本书的书页上有很大的空白可以做笔记，能够记下原文中没有的关键特征，"在整整八年的远东收集之旅中，我几乎总能一眼认出那些书中描述过的鸟类"②。

华莱士在马来西亚的旅行经历，大部分都可以从他的下一部游记《马来群岛》（*The Malay Archipelago*）中了解到③。从几幅颇为夸张的卷首插图，有些血腥的"红毛猩猩被迪雅克人（Dyaks）袭击"④ "红极乐鸟"和更残忍的"阿鲁人（Aru）射杀大极乐鸟"（见图13～图15）⑤ 可以看出，他的写作面向的是普罗大众。他把此书献给达尔文，"不仅是出于敬

---

① 华莱士，1905，第327页。
② 同上。
③ 华莱士，1869。
④ 华莱士在这里的用词很有趣。虽然看上去是猩猩占了上风，他还硬是要说红毛猩猩"被袭击"而不是"袭击"。
⑤ 华莱士，1869，第iv页。

图 13　迪雅克人捕杀红毛猩猩，出自阿尔弗雷德·拉塞尔·华莱士的《马来群岛》，1869。不过至少在这幅图中，红毛猩猩占了上风。（作者藏品）

that the weather was unprecedentedly bad, considering that it ought to have been the dry monsoon. For near a month we had wet weather; the sun either not appearing at all, or only for an hour or two about noon. Morning and evening, as well as nearly all night, it rained or drizzled, and boisterous winds, with dark clouds, formed the daily programme. With the exception that it was never cold, it was just such weather as a very bad English November or February.

THE RED BIRD OF PARADISE. (*Paradisea rubra.*)

图 14 "红极乐鸟"，出自阿尔弗雷德·拉塞尔·华莱士的《马来群岛》。（作者藏品）

图15　阿鲁人射杀大极乐鸟，出自阿尔弗雷德·拉塞尔·华莱士的《马来群岛》。华莱士无论在哪里采集标本，都会雇用当地人帮忙。（作者藏品）

重和友谊，还为了表达对他的才华和工作的深深钦佩之情"。这本书的写作比他的早期游记有了很大进步，因为这一次他的笔记完整无缺，作为一个探险家和旅行作家的写作能力也已炉火纯青。

在华莱士笔下，与他打过交道的形形色色的人物中有一位詹姆斯·布鲁克爵士（Sir James Brooke）。他是沙捞越（Sarawak）的第一位白人首领（White Rajah），当时正在婆罗洲大范围建立统治王朝①。布鲁克常受到统治手段残忍的指控，但华莱士称这位首领"在让周围的人身心愉悦方面能力超群"②。

华莱士与沙捞越这位首领共度了两个圣诞节。他已经经历了一系列艰苦的旅行，不是乘小船在缺少资料记载的岸边航行，就是深一脚浅一脚地在丛林中探险，大概确实需要身心愉悦一下。这些丛林地区直到华莱士离开很久后，还是土著狩猎的地盘。

布鲁克邀请华莱士访问沙捞越，这正中华莱士下怀。他以首领的房舍为大本营，沿用亚马孙时期的旅行方式，沿河穿越雨林，随时停下来采集标本。在沙捞越停留四个月后，他决定向东推进试试，前往一个位于丛林边缘、正在开发的大型煤矿。他提到，"十二年来在东西半球的热带地区探险，我从未像在实文然（Simûnjon）煤矿一样享受到如此多便利……此地有许多阳光充足的开敞空地，道路通畅，引来成群的黄蜂和蝴蝶；只要开价每只一分钱，就有很多迪雅克人和中国人送来各种漂亮的蝗虫和竹节虫，还有很多精致的甲虫"③。最后，他仅在婆罗洲一地就收集到（或者派人收集到）两千种昆虫。

在婆罗洲，华莱士发现的最激动人心的脊椎动物是黑掌树蛙

---

① 1841年，布鲁克成功迫使文莱苏丹把婆罗洲西北海岸的控制权拱手相让。布鲁克和他的后裔在这个地区实施独裁统治，直到1946年最后一位首领把领地割让给英国王室。1963年，这一地区加入马来亚联合邦。

② 华莱士，1869，第85页。

③ 同上，第36页。

(*Racophorus nigropalmatus*)。这种生物有着宽大的蹼，可以在树木间滑翔①。华莱士忍不住写下："对达尔文主义者来说，这太有趣了，说明趾部具有很高的变异性，可以变得适于游泳和攀附，还可以像飞蜥一样用来在空中滑行。"② 他这番话有些事后诸葛亮，因为当他第一次见到黑掌树蛙时，还没有取得自然选择理论方面的突破，但是关于适应和形态的大量新证据，一定已经在他心头积压了很久。除了发现新的或罕见的物种，华莱士旅行还有一个重要的目的，那便是寻找、研究和收集"红毛猩猩"或者"黑猩猩（*Pongo*）"。在这方面他收获颇丰，几周内就在煤矿周围射杀了四只成年红毛猩猩，还从其中一只母猩猩那里收养了一只幼崽。

　　华莱士养育红毛猩猩幼崽的故事，读来令人心碎③。红毛猩猩幼年大部分时间里都会挂在母亲的皮毛上，失去母亲的幼崽绝望地依偎在一切它够得到的物体上。华莱士试着用一捆水牛皮做了一个"人造母亲"，但是幼崽差点被水牛毛呛死，替代方案以失败告终。华莱士也找不到任何乳汁来喂养小猩猩，所以在它能吃固体食物之前都以米浆饲喂，并精心为它梳洗。小猩猩在华莱士的照料下活了三个月，最后患上热病，挣扎一周后死去了。

　　养育幼崽的失败经历，没有打消华莱士收集更多成年红毛猩猩标本的热情。在接下来几周中，他又射杀了十三只红毛猩猩，其中有一些因为卡在树上未能成功带回。如同尼格罗河之旅中关于收集鸟类的记述，他描述射杀红毛猩猩的段落在现代读者看来相当冷血，尤其是当我们知道这种聪明迷人的生物极有可能将在 21 世纪因栖息地减少和偷猎而灭绝时，心中便更加沉重。接下来华莱士开始大谈红毛猩猩的生存习性（显然，他在射杀它们之前，还花了很多时间来观察），令这种沉重雪上加霜。但是我们还是要

164

---

① 很感谢查尔斯·史密斯教授让我注意到华莱士的黑掌树蛙水彩画的复制品，见史密斯和巴萨罗尼（Baccaloni），2008。

② 华莱士，1869，第 39 页。

③ 同上，第 42—46 页。

考虑 19 世纪博物学的历史背景，在那时，实体标本比其他一切都重要。

1854 年的圣诞节，华莱士在婆罗洲布鲁克处做客，在那之后他又在沙捞越河口停留了一段时间整理标本，并撰写一篇名为《新物种诞生之规律》(*On the Law Which Has Regulated the Introduction of New Species*)的文章①。这是他第一次详细陈述进化思想。在遥远的英国，读到文章的达尔文感到了警觉。显然华莱士正在物种形成机制的道路上驰骋。他虽没有提到具体的形成机制，但引用了达尔文著作中的一个观点：可能是加拉帕戈斯群岛的环境和动植物，孕育了岛上的新物种。置身于一个巨大的岛屿上，华莱士很快发现了达尔文从多年的观察中提炼出的想法：地理上的隔离，可以深刻影响那些看似连续的种群。

从 1855 年 11 月到 1856 年 1 月，华莱士乘独木舟沿河网游历了婆罗洲内部，沿途观察当地的部落。他乘坐的有些船之简陋，甚至和洪堡的那艘不相上下——他称其中一艘为"约三十英尺长，仅仅二十八英寸宽"，迪雅克人用木杆撑着它在水中前进②。大部分土著居民很少，甚至从未见过欧洲人，所以华莱士常常成为众人的焦点。迪雅克人一般都很友善，不过孩子们常常因陌生人的到来而战战兢兢。有一次，华莱士还为取悦他们而表演了皮影戏。他第一次尝到了成熟的榴梿，据说让他"马上成为榴梿的拥趸"③。他先对榴梿做了一番博物学描述，接着就开始抒情："它的果肉比其他水果黏滑，但是香甜美味。它不酸不甜也不多汁，但是你会觉得没什么不对，这味道正好。它不会让人头晕，也不会带来其他不良反应，越吃越停不下来。事实上，它特别的美味完全值得从欧洲跑来体验一

---

① 华莱士，1855。
② 华莱士，1869，第 67 页。
③ 同上，第 74 页。榴梿因"地狱的气味，天堂的味道"而闻名。有的地方因为榴梿的气味而禁止人们将它带到室内或公共场合。华莱士形容它的气味是"奶油乳酪、洋葱酱、棕色雪利酒和其他怪味混在一起"(同上，第 75 页)，其他人常用高度腐败的肉来形容，但是榴梿的味道似乎广受欢迎。

番。"① 不过他也警告道，成熟的榴梿从树上掉下来，会砸伤经过的人，甚至要了他们的命。

华莱士返回新加坡，并在那里停留了几个月，把标本装上船，完成笔记，并在出发前往巴厘岛之前练习当地的语言。这段旅行对后来生物地理学的发展至关重要。华莱士先后前往巴厘岛和附近的龙目岛（Lombok）。这两座岛屿大小和地形都差不多，由一个狭而深的海峡隔开。他激动地发现，两座岛屿的动物和植物群落迥然不同。澳大利亚东边的岛屿上一些很常见的物种，如凤头鹦鹉（cockatoo），在龙目岛上有分布，在巴厘岛上却没有。从这些观察中，他开始产生关于生物地理区的想法。如今我们把巴厘岛和龙目岛间的这条海峡称为华莱士线，作为生物地理学上澳新洲界和东洋界的分界线。

华莱士后来在马来群岛的旅行风格如出一辙——可是在这样复杂多样的地区旅行又怎会一样呢？他为了收信和补给回到新加坡，然后乘坐双桅纵帆船、独木舟、木筏，或任何能找到的船只，在这座旅行者的伊甸园和各个岛屿之间往返。达尔文写信来，询问他在岛上见到的各种生物。他收集蝴蝶和甲虫、极乐鸟、野鸭、植物——所有一切会让英国学术界感兴趣的东西。他总是在思索着见到的一切：群岛中各个岛屿间的相似点和不同点。

1858 年初，华莱士到达特尔纳特（Ternate），一座巨大的火山岛，盛产榴梿和杧果，1579 年弗朗西斯·德雷克爵士（Sir Francis Drake）曾在环球航行中到达过这里。华莱士在最大的镇上租了一栋房子，作为接下来三年的大本营，从那里出发前往周围的岛屿。正是在特尔纳特，他从不断发作的热病中恢复，开始注意到马尔萨斯的一篇文章，讲到当食物来源不足以维持繁殖时，必将产生生存的竞争。达尔文在几年前就注意到了这个概念的重要性，但是没有继续推进，想先积累足够多的证据，再做进一步

167

———————
① 华莱士，1869，第 75 页。

假设。华莱士则完全不同。他一从疾病中康复，就坐下来写了一篇短小精悍的文章，题为《论变种无限偏离原始类型的倾向》（*On the Tendency of Varieties to Depart Indefinitely from the Original Type*）①。他把文章寄给了当时唯一能理解它的人，那就是达尔文。

地图3   华莱士在马来群岛的旅行，1854—1862。华莱士从巴厘岛和龙目岛沿着海峡向北，直到婆罗洲东部。（罗宾·奥因斯制图）

达尔文读到这篇文章时大惊失色。他为这个理论皓首穷经多年，不愿错失发表的"优先权"，但是他也不想为此做出有悖良心的事。胡克和赖尔想要劝慰好友（别忘了当时达尔文刚刚痛失爱子），但是他们也是非常严肃正直的科学家，不能容忍任何学术不端行为。最终，华莱士的论文和

① 华莱士，1858，达尔文和华莱士合著中华莱士写的部分。

达尔文"草稿"的大纲，连同他写给阿萨·格雷的信共同发表，同时成全了两个人。首先，华莱士的来信迫使达尔文不再犹豫，终于把自己的书发表。其次，华莱士一举跻身博物学和进化理论的殿堂。他可以在任何时候凯旋，受到最隆重的欢迎。

华莱士为寻找极乐鸟前往新几内亚，并考察大大小小的珊瑚礁。他去帝汶岛（Timor），再次记下这里的动植物群落和他经过的其他岛屿有什么异同。华莱士知道，他未来的财务自由不仅取决于研究做得如何，很大程度上还取决于他的藏品能不能卖出好价钱。伦敦的中介已经帮他找到了慷慨的买家，要想解决下半辈子的生计，每一笔交易都不能马虎。终于，在1862年3月，是时候回家了。

1862年4月，华莱士抵达他已经离开八年的英国。一切已经大不相同，但是有些事情却一如既往。虽然标本卖得很好，但是他的经济状况还是很紧张：妹妹和母亲都需要接济，投资妹夫摄影生意的钱又打了水漂。自然选择理论为他在科学界赢得了名声和地位，但是这些都不能带来收入，低微的出身，加上没有受过正规的教育，他的求职也一再受挫。达尔文支持华莱士，为他写推荐信，联系各大科学机构的成员，高度赞扬他的工作，但似乎没有倾尽全力。达尔文对华莱士关于南美的著作不甚满意（还记得达尔文最好的朋友约瑟夫·胡克吗？这位即将接管邱园的植物学家，正是批评华莱士的棕榈论著的威廉·胡克之子），希望他能够把东印度群岛的经历写成更加严谨的科学著作。

华莱士三十九岁了，比起十年前，最后一年的旅行已经非常吃力。他希望趁着年纪还不太大的时候安定下来。华莱士受达尔文邀请去当村做客，因身体不适没有即刻动身①。最终成行后，华莱士发现当村庄园正是

168

———————————

① 在多年的一系列通信中，达尔文和华莱士在"谁病得更重"这件事上像在较劲一般。对于那些认为达尔文不过是得了忧郁症的人来说，这有些好笑，但是这些内容也可以从侧面反映出维多利亚时期热带旅行的代价和医疗水平。

他理想的退休地，可是没有达尔文雄厚的财力，这样一座庄园远非他能负担得起的。两位博物学家在沙石小径上散步，在达尔文家的花园里流连，讨论最新版《物种起源》以及进化思想在科学界和大众中掀起的讨论热潮。当村生活另一个令人艳羡的方面，当属热热闹闹、其乐融融的达尔文一家人。华莱士开始渴望结婚、组建自己的家庭。出版一本新书这种事情可以往后推推。

一开始，成家的计划似乎进展顺利。他喜欢上一位棋友的女儿"L 小姐"①。一开始他遭到了回绝，但是对方回绝得太温柔，使他的追求又维持了一年，终于打动芳心。两人订婚。一切似乎都走上了正轨，婚礼日期定了下来，细节都安排得井井有条，"L 小姐"却突然悔婚，并拒绝再见华莱士。华莱士心都碎了，一连几个月意志消沉，好不容易才收拾心情继续写作。两年后他娶了安妮·米滕（Annie Mitten），一位植物学家朋友的女儿。夫妇俩生了三个孩子，但是达尔文的不幸也降临在他们身上：最疼爱的儿子早夭。这无疑也影响了华莱士晚年对唯灵论的信仰。

华莱士东方之旅的游记《马来群岛》终于在 1869 年出版，让达尔文松了一口气。这本书比《亚马孙河和尼格罗河之旅》要好很多，明确提到了大量例子来佐证自然选择。然而，此时的英国社会开始暴露出严重的社会问题。华莱士极为重视穷人和劳工的生存状况——他曾经非常接近这个阶层。他既没有洪堡圆融处世的能力，也没有他的社会地位，但两人都眼睁睁地看到这样的反差：远在天边的新大陆上，各种部落欣欣向荣，而近在眼前的家门口，却有很多人过着悲惨的生活。在《马来群岛》的结尾，华莱士声明："如果我们继续把主要的精力用于利用自己掌握的自然法则来扩张贸易、敛聚财富，与这狂热追求相伴而生的罪恶必将急剧膨胀，超

169

---

① 华莱士，1905。雷比（2001）认为这位女士是玛丽昂·莱斯莉（Marion Leslie），并指出华莱士为这桩失败的求爱做出的让步和妥协，远比在对后来的妻子安妮的求爱和婚姻中要多。

过我们的掌控之外。"①

　　华莱士在两个方面与达尔文走向殊途。其一，他明确地进入政治领域，其二，他关于人类起源的思想已经改变。在某些方面，他是个比达尔文还要极致的达尔文主义者。他希望一切变化都是为了某种功能，如果看不出一个特征和自然选择有什么关系，那么一定有其他原因。达尔文和火地人的故事非常有趣，但终究没有撼动他对自然选择的坚信。一方面，他认为人类生来不同，就算有一些共同特点，但还是有本质的差别。另一方面，华莱士认为美洲和马来西亚的部落也非常不同。他们的大脑和他本人的一样大，他们繁衍生息，但是他们对文明的概念却是如此有限，根本不需要这么大的大脑。华莱士还非常好奇，审美感受、数学能力和音乐天赋是如何被选择出来的。他曾经怀抱过一只红毛猩猩幼崽，那时的他一定禁不住思考，仅靠随机的自然选择，就能让我们从红毛猩猩进化为人吗？达尔文吓坏了，写道："我希望你没有给你我二人共同孕育的理论彻底判了死刑。我最近一直在反思自己对自然选择的过度狂热，在最新版的《物种起源》中，增加了一些讨论无用变异的篇幅。"②

　　在这里达尔文是对的，我们现在把很多特征称为"扩展适应"：它们延续下来不是因为自然选择了它们，而是因为自然没有淘汰它们。如果环境变化，一个原本选择中性的特征就可能会体现出优势或劣势，但并不是所有变化都能给出一个"原来如此"的确定解释。

　　华莱士可能没有给自己的理论判死刑，但是当讨论到人类的进化时，他却误入歧途。他从早年就对超自然现象非常感兴趣，逐渐相信某种超自然力会支配精神发展。更加离经叛道的是，他还开始参与维多利亚时期时

---

① 华莱士，1869，第 596 页。第一句话有整整一页长的脚注，在其中详细解释了"野蛮"的含义。

② 1869 年 3 月 27 日查尔斯·达尔文写给阿尔弗雷德·拉塞尔·华莱士的信，见华莱士，1915，第 197 页。

髦的通灵活动，敲桌术、笔仙、异光、灵质等把戏样样都来。他邀请达尔文和赫胥黎参加降神会（两人都拒绝了），轻信江湖骗子。在很多科学界人士看来，他让所有人蒙羞。

170　　除此之外，华莱士撰写了大量关于土地改革和社会主义的文章，还强烈反对接种牛痘（他是第一个对政府的牛痘接种项目的结果进行严肃统计分析的人。挑政府数据的毛病这一点，他是对的，但错在基本假设）。华莱士的论证很有意义，动机也很高尚，但不难理解为什么他的同行（更不用提那些批评者）开始对他的学术地位将信将疑。

　　对于博物学来说，值得庆幸的是，他还要出版两部重要的著作。其一是《动物的地理分布》（*The Geographical Distribution of Animals*），可以称得上是他的代表作[①]。华莱士在前言中说了一段媲美洪堡的话："我的目标一直都是通过研究其历史，揭示世界上各个角落的博物学研究的关系。关于任何一群鸟、昆虫以及它们的地理分布的准确知识，或许都能帮助我们描绘出岛屿或大陆在久远的过去的样貌。"[②]

　　他接下来正是这样做的。因为缺乏海洋生物的数据，他集中关注他所谓的"陆生动物"。他犯了很多错误：尽管在模型中加入了陆地的运动，描述了生物进化过程中，陆地抬升、下陷和大陆间连接、断裂的过程，但华莱士对大陆漂移一无所知。虽然如此，书中还是有很多有价值的内容，从中诞生了上百份博士论文。他在分析动物分布和丰度的时候，把冰河世纪及植被变化规律的影响纳入考虑。他讨论了新物种引入对与世隔绝的植物、动物群落的影响，很多观点都非常超前。博物学再也不满足于述而不作。华莱士这部著作就是这样一次实践，他通过整合各种观点，来强有力地解释这个世界。

　　华莱士在书中没怎么提到洪堡，可能是因为洪堡关注植物更多，他的

---

① 华莱士，1876。
② 同上，第 v 页。

书则以动物为主题。这很奇怪，不知华莱士是没有看到，还是刻意无视了洪堡举出的关于气候和海拔对物种分布的作用的证据，这些证据本可以支持他对动物群落的论证。华莱士在自传中几次提到洪堡，大多是因为《个人记事》。他引用了一封早年写给贝茨的信，说自己曾想阅读洪堡的《宇宙》，但没有说明到底读了没有①。洪堡在华莱士从东方回来之前就去世了。在进化论掀起讨论热潮之时，他的光芒渐渐暗淡，被人们遗忘。他身上可为华莱士所用的主要是与地质学有关的内容，如火山对周边环境的影响和全球海拔范围的估计。

《动物的地理分布》一书最重要也最持久的贡献，可能是华莱士提出的"动物地理区"概念——在观察到巴厘岛和龙目岛动植物群落的区别后，这个概念就开始成形。提出这个相对"局部"的想法，并真正地把它拓展到全球范围，可谓创举。七大动物地理区——大洋洲界、东洋界、亚洲界、新北界、新热带界、埃塞俄比亚界和古北界——根据物种的分布大致划分，界内再根据地方特性进一步分为区。华莱士承认这种划分较为粗略，但认为它有进一步探讨的价值。

这本书的一大奇怪之处在于，虽然华莱士在马来西亚花了很长时间，书中却只有很少的篇幅讨论岛屿。1880 年，华莱士又撰写了《岛屿生命》（*Island Life*）以补上这个遗漏，这本巨著可以算是两卷的《动物的地理分布》的"第三部分"②。在更早的著作中，华莱士描绘了一个动态的世界，大陆随着时间"起伏"，在某段时间浮出水面，又在其他时候沉入水下。这种抬升和淹没的交替，可以用来解释某些地方的地质活动，也可以解释动植物分布的不连续。1872 年到 1876 年间，挑战者号（HMS *Challenger*）的环球航行完成了第一份全面的海洋地理测量。1880 年，华莱士从挑战者号那里获得了一些信息，引用他们的测量结果来反驳传统的

171

---

① 华莱士，1905，第 255 页。
② 华莱士，1880。

大陆不动的观点。华莱士提到的很多气候观点，正是生态学的雏形，后者在 20 世纪初影响深远，开始逐渐取代博物学。

华莱士还出版了许多著作，其中有几本是关于进化理论的。虽然达尔文帮他谋得一份政府退休金，写作仍是他重要的收入来源。借一次讲座的机会，他千里迢迢来到美国加州，见到了约翰·缪尔（John Muir）和巨大的红杉树。他晚期的一本博物学著作严厉抨击了帕西瓦尔·洛厄尔（Percival Lowell）的言论。这位天文学家称自己看到了火星上的构造，认为那就是智慧生物存在的证据[①]。洛厄尔曾说火星上有一个为古老火星文明供水的运河网，让全世界都震惊、上当。洪堡如果知道，自己关于温度和海拔关系的理论会被后人用来击破这样愚蠢的说法，一定也会非常欣慰。华莱士死于 1913 年，被誉为维多利亚时代最后的伟人。他活得比维多利亚时代其他的伟人都久——洪堡、达尔文、贝茨，甚至约瑟夫·胡克，他的《岛屿生命》就是献给胡克的。

罗纳德·艾尔默·费希尔（Ronald Aglmer Fisher）、休厄尔·赖特（Sewall Wright）和约翰·伯登·桑德森·霍尔丹（Jone Burdon Sanderson Haldane）提出了现代综合进化论，加入了孟德尔遗传学，似乎已把华莱士远远甩在后面[②]。希望这个误解如今已经修正。总之，用华莱士自己的话来结束这章是再合适不过的：

"当我们身边还有如此多造化的奇迹和美丽没有发现，当不完美的人类有能力洞悉无穷奥秘，却放任自己的无知不管……我们怎能相信自己在实现生存的目的？的确，人类一如既往地时时犯错，时时误

---

① 华莱士，1907。
② 赫胥黎，1942。朱利安·赫胥黎（Julian Huxley）是达尔文的朋友和支持者托马斯·赫胥黎的孙子，一位不可知论者。到生命的尽头，朱利安逐渐走向了华莱士钟情的唯灵论，支持德日进（Pierre Teilhard de Chardin）的心灵进化论。

判，时时偏信，想法常随年岁增长而改变。但是错误是走向真相道路上最好的向导，因为它代价不菲，所以更加可靠……对我们来说，过去岁月中累积的经验难道不是像灯塔一样，指引我们规避错误，走向真相吗？不仅如此……真相一旦获得便永垂不朽……子孙后代从我们手中接棒，一代代为知识的大厦添砖加瓦，我们探索自然的成就就会只增不减。"①

---

① 华莱士，1905，第202页。

第十二章
其他帝国的战利品

从 15 世纪到 20 世纪的前三十多年，欧洲国家积极向海外扩张，几乎征服了整个世界，毁灭或奴役别国的居民，甚至将有的大陆改头换面，变得像欧洲一样。20 世纪初，这种征服达到了顶峰，大英帝国拥有全球超过四分之一的土地，全球不到 20 亿人中，超过 4.25 亿人在其统治之下[①]。其他欧洲国家的海外扩张都曾穷追猛赶，但都难望其项背。

在这样的时代，外交官从首都出发到任地履职，考察过后返回述职，其间动辄花费月余光阴，很多事务免不了自行决断。此外，特别是在大英帝国，私营企业常常先行进驻，政府随后才至。最初的印度帝国在东印度公司治下，分裂成如今的印度、孟加拉国和巴基斯坦，在印度民族起义后，才由英国皇室接管。同样的，现代加拿大的边界划定和大部分开发，并非伦敦方面深思熟虑规划的成果，而几乎是由私营的哈德逊湾公司独力

_____

① 詹姆斯，1997。

完成的。这种商业和政治利益的交汇对于博物学非常重要，那些想要生活
在殖民前沿地带的人从中得到高度的自治权，于是详细了解当地植物、动
物、气候和地质情况的条件和需求应运而生。由于各国的殖民竞争，人们
往往铤而走险来获取这些信息。殖民过程中的武力征服、文化干预和斑斑
血债的确令人痛恨，但是科学却也因此获得了巨大的飞跃。

174

　　在开始这个话题之前应当思考，当我们说"发现"一个地方，或对植
物、动物、地方进行命名时，究竟意味着什么？帝国时代之前的几千年
来，人类已经发现、命名，并居住在地球上除了南极洲之外的大部分地
方。这里说到的"发现"，是建立在我们自己的理解、文化和时代背景之
上的。近年来，对海洋帝国及其海外探索的批判已经成为一种潮流——因
此我看到，哥伦布从早年人人称道的英雄变成如今人人唾弃的恶棍。真相
从不是这样简单。我们都是自己故事里的英雄，又常常是别人故事里的恶
棍。忏悔历史过失的同时，也应当承认，这些探险家身处一个特殊的时
代，他们具有无与伦比的勇气，将人性的极善和极恶都展现得淋漓尽致。

　　在帝国时代的开端，很多探索发现的航行都趁风平浪静时明目张胆地
抢劫，在天公不作美时奋力求生。欧洲人第一次穿越北美，是由人称卡韦
萨·德巴卡（Cabeza de Vaca，约 1490—1557）的阿尔瓦·努涅斯（Álvar
Nuñes）完成的。德巴卡于 1528 年在佛罗里达西岸遭遇船难[①]，船上的幸
存者对当时的位置一无所知，也不清楚这里离他们的目的地墨西哥还有多
远。他们先徒步，再乘筏，到达现在的加尔维斯顿（Galveston），在那里
和当地的印第安人一起生活了一段时间。最终德巴卡和幸存的另外三人前
往西北方寻找西班牙殖民地，希望有船只把他们带回西班牙。他们穿越得
克萨斯州西部和墨西哥北部的大部分地区，抵达加利福尼亚湾（Sea of
Cortez），找到了去墨西哥城的路，最终在 1537 年回到家乡。

---

① 卡韦萨·德巴卡（Cabeza de Vaca），1983［1542］。

德巴卡的旅行在 1542 年出版，题为《历险记》（*La Relación*），书中记载了德巴卡亲眼见到和凭空想象出的许多风土人情的细节。这些内容中，有一些可以算在博物学范畴内，但完全不合科学规范，更没有什么野外记录。德巴卡为了生存，忙着与大自然作斗争，所以只能抛出诱人的线索和逸闻，吸引未来的探险家沿着他的足迹，来北方搜寻金子和商业机会。

175　18 世纪博物学和商业利益的联姻有个典型的例子，那便是哈德逊湾公司雇用的博物学家。公司原名"英格兰探险者进入哈德逊湾之统治者及团队"（The Governor and Company of Adventurers Trading into Hudson's Bay），1670 年查理二世特许成立。欧洲当时进入了小冰河期，对皮毛的需求前所未有地高涨[1]。在皇家特许令的保护下，公司成功垄断了整条哈德逊流域的皮毛生意。实际上，公司几乎在无形中统治着三四百万平方公里的土地，甚至比北美面积的十分之一还要辽阔。

选择哈德逊湾作为贸易中心并不是随机的。当时法裔加拿大人已经从滨海诸省向西进入密西西比河和密苏里河流域，寻找海狸、猞狸和貂。整个法属北美的经济都依赖皮毛生意，法国愿不惜一切代价阻止皮毛外流。进出北美东北部腹地的传统路线要经过圣劳伦斯河河口，法国在这里设下防线，而哈德逊湾公司则在外围迂回[2]。公司在初期的几次探险之旅中发现，哈德逊湾周边地区产出的皮毛比传统法属地区更优质充足。皮毛贸易间的拉锯，演变成了英法两方势力的一系列冲突和报复。

有对法作战英雄，大名鼎鼎的马尔伯勒公爵（duke of Marlborough）约翰·邱吉尔（John Churchill）担任哈德逊湾公司的前任总督，是哈德逊公司乃至整个博物学的幸事。在 1713 年又一次冲突后的和谈中，他为英

① 关于哈德逊湾公司在北方进行博物学、气候学和综合研究的历史和人物，休斯顿、鲍尔（Ball）和休斯顿（2003）提供了一份插图精美、研究细致的参考资料。
② 里奇（Rich），1954。

国力争到整个鲁珀特地区（Rupert's Land）（既然哈德逊湾已不是秘密），哈德逊湾公司获准接管此地所有法国商栈。哈德逊湾公司稳步推进工业和皮毛贸易，其版图跨过了北极，与伦敦总部相连。当英国最终在"七年战争"中战胜法国后，他们有效控制了密西西比河流域，向西一直延伸到加拿大境内的落基山脉。

猎人和商人受到鼓励，详细记录他们的收获，以及陷阱附近出没的所有动物、植物的相关信息。这些哈德逊湾公司的"记录员"不仅要为大型商栈效力，收集包括每日的气温和物候在内的天气数据，遇到罕见或不知名的动物，还要将它们做成标本收藏。

在这种对资料收集的鼓励下，一个高纬度北极地区的全面采样系统得 176 以建立。哈德逊湾公司采集的标本进入了林奈学会和皇家学会。公司的博物学家首次采集和识别了大量极地高纬地区的鸟类，成为 18、19 世纪中当地资料的重要来源。吉尔伯特·怀特的通信人托马斯·彭南特，就是用哈德逊湾公司的北极考察结果完成了著作中的大量内容①。商栈通过监测天气情况，获得了长期的气温数据，对气候变化研究来说意义非凡。正是通过哈德逊湾公司的捕猎数据，20 世纪最重要的种群生态学家之一查尔斯·埃尔顿（Charles Elton）得以计算出白靴兔和猞猁种群数量的波动周期②。

当哈德逊湾公司的员工恪尽职守地收集皮毛、天气信息，往伦敦寄回稀有的鸟类时，北美的英国殖民地宣布脱离母国独立。年轻的美国发现自己身处强邻的虎视眈眈中，它们正在争夺全球霸权，急于将新生的美国瓜分殆尽。

北美最初的十三个殖民地紧密地分布在东北岸，几代人之后，美国人才开始付出卓绝的努力探索大陆内部地区。恶劣的环境是原因之一，特别

① 彭南特，1784。
② 埃尔顿，1942。

是在东北部地区，而充满敌意的印第安人不断在边境滋扰则是另一个原因①。在失去魁北克地区后，法属北美依旧宣称其占据着北美大陆上的大片土地，包括密西西比河流域，但是由于他们没有足够的欧洲人口，所以没法守卫这些土地②。到了 1803 年，拿破仑意识到，路易斯安那的所有权将落入英国或美国手中。英国政府的兴趣主要在北部富裕的皮毛产区，所以在探索大陆腹地的竞赛中落了下风。

美国联邦一直在争取新奥尔良的港口，1803 年，拿破仑决定把整个路易斯安那卖给美国，换来实打实的利益总比眼睁睁看着它日后落入英国手里强。拿破仑的出价令杰斐逊惊讶不已。整个路易斯安那，很多地区没有经历过测绘，大部分甚至没有建立过法国殖民地，只要一千五百万美元。杰斐逊欣然接受，让美国的面积瞬间翻了一番。

买下路易斯安那州后，杰斐逊急不可耐地派出一支探险队，在政府赞助下横穿北美大陆，看看自己买下的究竟是怎样的地方。刘易斯和克拉克
177　的探险队在出发时，在很多方面对北美大陆的版图有误解③。早期的制图员很喜欢对称——他们在大陆中间画了一组山脊，所有的河流都从那里向西或向东流出。有些人还把这个想法发扬光大，提出一个金字塔形山的版本，河流从锥体的四面流下，汇入北美周围的四片海洋。如果大陆中间真的有这样的山脉，那么横穿之旅的大部分都可以沿水路进行，只需要在分水岭附近走一段陆路即可。

---

① 在宣布北美独立时，乔治三世受到了一项指控："他……竭力扶植边境的居民，无情的印第安野蛮人，他们的战争原则，就是不分年龄、性别和情况地摧毁一切敌人。"我了解到，这句话其实是在说可怜的乔治国王试图履行他和印第安人缔结的限制殖民地向西扩张合约，而波士顿的商人则因损失了俄亥俄河沿岸可用于耕作的肥沃沃土地而心怀怨恨。独立后的美国和英属北美对待印第安人的不同方式，是一个值得深入研究的方向。

② 史密斯（1904）非常准确地描述了密西西比河流域："西班牙人发现了她，法国人勘探了她，并构思了在那里建立一个宏伟王国的蓝图，盎格鲁-撒克逊人在那里安置下来，开发资源、代代繁衍，令最大胆的法国拓荒者做梦都想象不到（3）。"

③ 可参见洪堡（1812）。艾伦（1991）这本书写得很妙，包含多幅历史地图的复制品，以及对探险队在行程中接触到和产生的各种想法和误解的讨论。

　　根据当时人们的假设，18 世纪的地图将密苏里河的源头描绘为一组狭长的向东南延伸的山脉，最终汇入密西西比河。在山脉西部，一条大河从分水岭的另一边开始，向西流入太平洋。对于安坐于华盛顿的官员们来说，派人沿密苏里河向上游进发，翻越那狭长的山脉，然后沿西边的大河顺流而下直到大海，听起来是个相对简单的计划。一旦这支探险队成功，将在北美大陆建立起一条便捷的水网，对商业贸易大有好处。

　　杰斐逊对博物学的兴趣，对这支探险队的建立和招募至关重要，将刘易斯和克拉克探险队正式引入大众视野①。在我们已经介绍过的总统中，杰斐逊可能是最有学识的一位②。在他事业的早期，出版过《弗吉尼亚笔记》(*Notes on the State of Virginia*)，其中包括了大西洋沿岸中部的植物和动物的详细资料，这些内容大部分是引述，书中还有对布丰的无情驳斥，后者颇为武断地宣称，北美的动物比它们在欧洲的同类要低级③。从杰斐逊的语气中，我们可以感受到他对数据的看重："似乎布丰和多邦东(D' Aubenton) 这两位绅士从来没有测量、称重甚至亲眼见过任何北美的动物。他们说自己听有的旅行家说，美洲的动物比欧洲的要小。但是这些旅行家是谁呢？……他们是为研究博物学而旅行的吗？他们有称或量过自己提到的动物吗？难道说他们是目测的，甚至也是道听途说？"④ 尽管如此，当随后布丰收回自己的一些言论的时候，他还是表示赞赏。

　　除了《弗吉尼亚笔记》中的评论，杰斐逊还给布丰寄去了一只麋鹿和一副乳齿象的骨骼。他对古生物学的兴趣如此强烈，甚至把一只已经灭绝的猛犸象的骨骼摊在白宫的地板上拼⑤。1797 年，杰斐逊被选为美国哲学　178

---

① 托马斯，1996。
② 据记载，约翰·肯尼迪曾对一群诺贝尔奖获奖者说："我认为，这是白宫有史以来最富于天才和人类知识的一次——或许要除去托马斯·杰斐逊一个人用餐的时候。"（Gross, 2006，第 10 页）
③ 杰斐逊，1998 [1785]。
④ 同上，第 56 页。
⑤ 贝文斯，1993。

学会的主席，和欧洲的大博物学家们长期保持通信，其中就有洪堡。我们之前已经提到，洪堡在刘易斯和克拉克探险队出发后曾短暂来白宫拜访过他①。

在筹备这次探险期间，杰斐逊陷入两难。派出一支探险队勘探北美内陆广大未知地区的商业前景，这一消息是否应该通知法国、西班牙和英国？如果通知，可能会引起他们的兴趣，搞砸和法国的这桩土地购买交易。如果他宣布这次探险纯粹是出于学术或科考的目的，国会很可能会因他无权动用政府资金和政府部队进行纯粹的科学考察而驳回。杰斐逊解决这一问题的办法，是对各方分别承诺他们想要的结果：他秘密通知国会，探索西北地区可以带来经济和军事的利益，同时他为探险队成员以科学考察的名义向外国领事馆申请旅行护照。在这次成功的外交运作之下，杰斐逊争取到了探险队二十八男一女［印第安向导萨卡贾维亚（Sacajawea）］的旅行费用，他的私人秘书梅里韦瑟·刘易斯（Meriwether Lewis，1774—1809）和威廉·克拉克（William Clark，1770—1838）亲自带队。

杰斐逊在他的信中强烈建议，让密苏里的探险之旅服务于尽可能多的科学用途。1803 年 3 月，在写给长期通信人罗伯特·帕特森（Robert Patterson）的信中，他这样谈起刘易斯：

> "如果我们已经找到了一个精通植物学、博物学、矿物学和天文学，体魄强健，意志坚韧，具备野外生存经验，又熟知印第安人特点的人选，会比现在好很多。但我认识的人中，没有一个会接受如此危险的任务……刘易斯上尉为三大界几大学科加入了很多在美国本土的翔实观察，但是并没有用正式的科学命名法。一旦他有机会见到旅途中的新物种，他就能开始用这样的方法检验和描述了。"②

---

① 巴顿，1919。
② 杰克逊，1978，第 21 页。

从信中能明显看出，总统对刘易斯（可能还有克拉克）缺乏科学训练这一点多少有些担心，对探险筹划也绝非袖手旁观。他的指导事无巨细，虽恨不得亲自上阵，但却抽不开身，于是尽可能地准确地告知刘易斯需要做哪些事情，列出了一个长长的需求清单，其中考虑到了他能想象到的各种可能性。他还事先声明，有些任务内容是保密的，国会和外国势力都不能知道："这样可以保证他们各取所需，相信他们一定会满意的。"在博物学方面，他列出了自己想要的内容清单：

179

> 其他值得记录的是那里的土壤和地表状况，以及上面产出的作物和蔬菜，尤其是那些美国没有的。记录动物，尤其是那些美国没有的。其他一切珍贵稀有的也都记下来……气候，用温度计测量温度，记录下雨、多云和晴天的日子的比例，记录闪电、冰雹、雪和冰，记录霜降的起止时间，以及不同季节的盛行风，特定植物萌发和花、叶凋零的日期，某些鸟类、爬行动物或昆虫出现的时间①。

这段话的最后一句，很像是从吉尔伯特·怀特那里直接摘来的，事实上很有可能正是如此。我们知道杰斐逊有《塞尔伯恩的博物志和古迹》一书，他也是一个条理清晰的人，应该注意到了怀特笔记中井然有序的物候学记录②。除此之外，他还不忘提醒他们备份："至少把你们的笔记抄两遍，若有闲暇的话越多越好，在随行人等中委托你们最信赖的人将它们保管起来。"③

---

① 这里和下面的引文出自 1803 年 6 月 20 日杰斐逊给刘易斯的秘密信件。全文见杰克逊，1978，第 61—63 页。
② 杰斐逊，1998 [1785]。杰斐逊的图书馆里不仅有怀特的两个主要通信人托马斯·彭南特和戴恩斯·巴林顿的著作，也有马克·凯茨比、彼得·卡尔姆和其他人的著作。我不禁要问在过去的上百年中（西奥多·罗斯福或许是个例外），是否还有其他总统像杰斐逊一样熟知植物和动物？
③ 杰克逊，1978，第 63 页。

刘易斯的"闲暇"简直令人肃然起敬，不知多少次，他一边在落基山脉腹地中裹着两条薄毯瑟瑟发抖，被一场猝不及防的急流劈头浇透，或在长途跋涉后忍痛拔出扎在身上的仙人掌的刺，一边还惦记着总统的嘱托，琢磨如何保管两份备份笔记。想想亨斯洛曾经也是这样提醒达尔文的。传递消息何其困难，信件和包裹很容易丢失，一旦丢失，笔记就再也无法恢复——华莱士大部分的南美游记就是这样在一场大火中焚毁的。

这次发现之旅的任务，是逆密苏里河而上，查看其源头，翻越落基山脉，然后向西寻找通往太平洋海岸的路线。在杰斐逊的设想中，他们前半程大可依靠密苏里河，后半程可顺另一条不知名的河流而下。因为肩负着探索新国土"经济价值"的任务，探险队才如此重视水路交通，也想借由河运缩短穿越陌生国土的时间。

180   探险队在 1804 年 5 月从位于现伊利诺伊州哈特福德（Hartford）的一处营地出发。他们最初在密苏里河中乘坐一艘五十五英尺长的"平底驳船"（bateau）①。就像洪堡在委内瑞拉一样，探险队装备了最新的科学仪器，其中有一系列设备用于精确测量旅行路线。在杰斐逊的指导之下，刘易斯和克拉克记录了详细的旅行日志，沿途记下进度、遇到的印第安人、大致的地理风貌和动植物②。在出发前，刘易斯曾上了一门博物学速成课，刘易斯去世后，杰斐逊称他"通过观察本国的动植物毕业，没把时间浪费在掌握已有的知识上面③"。

在其他方面，杰斐逊急于知道西边山脉中是否像南美一样有美洲驼存在，他还很好奇是否有其他大型哺乳动物，来推翻布丰认为美洲动物比其他地方低级的观点。他指导刘易斯观察一切珍稀和灭绝动物的遗迹并记录，反映出他对古生物学持之以恒的兴趣。他在写给法国博物学家贝尔

---

① 博特金（Botkin），1995。
② 刘易斯和克拉克，2002，［1904］。
③ 巴顿，1919，第 3 页。

纳·拉塞佩德（Bernard Lacépède）的信中，说自己对这次探险寄予厚望，相信他们会"给我们提供一份这片大陆人口、博物学、农作物、土壤和气候的概况。这次发现之旅也并非不可能获得猛犸象和大地懒的进一步资料"①。

中世纪时，人们曾在地图上尚未探明的空白地带画龙，以表明此地危险，杰斐逊的最后这句话像是对这种旧时记忆的最后回响。更新世的巨型动物遗迹大量出土，在北美大陆荒无人烟的西部地区，仍有希望发现乳齿象、猛犸象和大地懒。虽然旅途中没有发现美洲驼和猛犸象，但是见到的动物之多仍令探险队叹为观止："克拉克中尉回来了，他杀掉了一只长得像山羊的奇怪动物（annamil），威拉德把它带到甲板上……这种动物在美国境内还从来没见过。中尉剥下它的毛皮，填塞起来，寄回华盛顿。还有骨头等等②。"

克拉克杀死的"动物"是一只叉角羚，是探险队返回后宣布发现的新物种之一。在探险中，队员们总是想方设法和家乡保持联系。在途中某处，一小队人马携带着备份笔记和超过一百种动植物标本顺流返回，供杰斐逊查验。

探险队继续逆流而上，平底驳船换成了独木舟，最后不得不步行。他们发现并没有一条大河直通太平洋。刘易斯着意结交途中遇到的印第安人，也惦记着杰斐逊要他尽量搜集关于当地居民的信息，细致入微地记录他们的风俗习惯和美国人有何异同。他对自己见到的事物并不总是赞赏有加。在队伍到达哥伦比亚河口时，他曾描述那里的居民精心制作的装饰物，说："但是所有这些装饰，都掩饰不了天然美的扭曲和过度浮华。我们从来没有见过比盛装打扮的奇努克（Chinook）和克拉特索普（Clatsop）

181

———————————

① 转引自杰克逊，1978，第21页。
② 转引自莫尔顿，2003，第53页。我保留了莫尔顿抄本中的拼写和语法。

美人更恶心的家伙了。"①

接下来他又用大量的篇幅讨论了某些部落里性病的流行和治疗，对印第安人间的滥交和他自己的手下与印第安女子发生性关系表示强烈的反感。这同样与杰斐逊开出的极尽细致的清单有关，其中包括"他们领地的范围和边界；他们和其他部落的关系；他们的预言、传统和历史遗迹；他们种植、捕鱼、打猎、打仗、手工艺和其他种种职业；他们的食物、着装和家居；他们的流行病和治疗手段；道德和身体方面与我们知道的部落有什么不同的情形"②。这个清单还有很长，可想而知可怜的刘易斯在竭尽全力让队员们吃饱穿暖，让行程不出偏差的同时，还要铁面无私地一笔笔记下这些内容，实在不容易。

与对人的冷酷态度截然相反，刘易斯和克拉克对见到的动物要宽容许多，例如海獭就得到了特别的夸奖："这种动物的皮毛无比美丽、浓密、柔软，翻开看，皮毛里面的颜色比表面浅：皮毛中混生着一些乌黑油亮的毛，要长一些，为它的美丽锦上添花。"③

应该记住，这次探险的目标之一就是发掘这个地区的经济潜力。海獭皮已经是太平洋沿岸贸易中炙手可热的商品，刘易斯和克拉克遵从国会的命令，寻找新的收入来源和贸易路线。在接下来的一个世纪中，猎人们会来到这里仔细搜索海獭的踪迹，如同他们将斯特拉海牛赶尽杀绝那般。

182　　　总的来说，这次探险的日志比洪堡和达尔文的文字要干瘪得多，大多是枯燥的数字。读者能明显感受到，刘易斯和克拉克清楚他们作为军官的职责，带领着一小队人马深入未知的危险地带，同时他们又直接受命于总统，返回后还有一长串内容要汇报。洪堡的《个人记事》中，有高度、温度的测量，以及植物和动物的相对大小（达尔文正相反，他好像一直都不

① 刘易斯和克拉克，1902，[1814]，第332页。
② 杰克逊，1962，1：59；杰斐逊，1998［1785］。
③ 同上，第375页。

太喜欢量化），但是洪堡在引用哲学、政治和他喜欢的各种话题时，也丝毫不吝惜文采。刘易斯和克拉克则有公务在身。

洪堡、达尔文，甚至还有华莱士，都出身于较为优越的背景，因此他们旅行是主动选择，而非履行职责。此外，欧洲的博物学家（与作为欧洲扩张势力的殖民地长官或移民不同）并没有打算留在他们造访的国度。他们仅仅是过客。相反，刘易斯、克拉克和探险队员是军人，是美国政府派出的精锐力量，他们探险的地方马上就要并入美国的版图。在刘易斯和克拉克穿越高地平原（High Plains）的五十年后，他们曾遇到的很多印第安部落，都因欧洲殖民者带来的霍乱和天花而绝户。

与世隔绝的感觉曾笼罩着这支小队。达尔文和华莱士不时能逛逛欧洲人建立的港口和城镇。即便是在最久的旅行中，华莱士还能和沙捞越的首领共度圣诞。刘易斯、克拉克和伙伴们一定曾感到极度孤独，身处世界上的一个陌生角落，周遭都是宛若天外来客的异乡人，一旦熟悉起来便可能剑拔弩张。没有友好的城镇，没有熟悉的食物，绕过这个弯，翻过那座山，也不会有家乡寄来的信件等着他们拆阅。他们在到达太平洋海岸后可能遇到过一些欧洲人，但早在途中他们就感到不对劲：距离海岸比最初设想的要远得多，而海岸本身比他们想象中还要漫长荒凉。

旅行启程一年后，随着他们进入密苏里河的源头，适宜旅行的季节也结束了。队伍进入高地平原，在现在北达科他州的沃什本（Washburn）附近，与曼丹人（Mandans）一起度过了一个冬天。1805 年 4 月，他们准备妥当，开始继续沿着密苏里河前进。遇到最湍急的水域，他们便把独木舟搬上岸徒步，在水路断绝之前划船，然后跋涉和骑马穿越落基山脉和比特鲁特山脉（Bitterroot Range）。他们发现眼前并不是一组狭长的山岭，而是迷宫一般的群山，其中没有一座像是他们曾期待的那唯一一座中央分水岭。这段旅程对他们来说极为艰难，其中有一段崎岖地带，在当今旅行者看来或许壮美无比，可是当时的他们没有地图，若险情发生也没有有求必

183

应的救援队，哪里有心情看风景。在 19 世纪早期，除了河流没有清晰的路线可以跟随，除了当地的印第安人没别的消息来源。队伍在潮湿、阴冷的地面上艰苦跋涉。他们在日志中记下："我们不得不从灌木丛中砍出一条路来，在嶙峋的山坡上，我们的马极有可能滑下去摔死，在陡峭的坡上上下下，几匹马不慎失足……我们叫这鬼地方阴森沼泽……这是个人迹罕至的地方。真是糟糕透顶。"①

队伍时而一起，时而分开行动去测量绘制河流的支流。刘易斯和克拉克继续带队向西，穿越一重又一重山脉。他们的计划无懈可击：顺着河流找到源头，在源头那里，只要经一小段陆路就可翻越分水岭，来到西边另一大河流系统的源头，带领他们去到大海。事实证明，他们最大的优势就是和印第安人的友好关系，这要归功于萨卡贾维亚和她的法裔加拿大丈夫，他们是翻译兼向导，带领队伍穿越这片他们已经很熟悉的地域。

翻越重重山脉，他们从一面漫长的山脊下山，来到莱姆哈伊河（Lemhi River），终于遇到了几个印第安人，愿意交易一些补给品。让他喜出望外的是，交易到的食品中有鲑鱼，刘易斯知道这种鱼有溯河产卵的习性，推断他们应该已经到达了西边的水域。的确，莱姆哈伊河流入萨蒙河（Salmon River），萨蒙河流入斯内克河（Snake River），斯内克河流入哥伦比亚河，这条西流的大河将把探险队带到大海。从海上返回是不可能的，因为西岸几乎没有商船，所以探险队在哥伦比亚河南岸建立堡垒过冬。

1805 年的冬天非常寒冷、潮湿，士气低迷。很多队员害了病，物资匮乏的程度超乎他们想象。但是刘易斯的日志到 1806 年 3 月 20 日还在写："虽然在克拉特索普堡的冬天和春天过得一点都不宽裕，但是我们过得挺舒服，没什么不满足的。虽然被迫滞留在这里，但是我们完成了所有工作。"② 队伍中另一个人这样补充："据我统计，从 1805 年 12 月 1 日到

184

---

① 转引自莫尔顿，2003，第 239 页。
② 同上，第 344 页。

1806 年 3 月 20 日间，我们共杀掉一百三十一头麋鹿和二十头梅花鹿。"[1] 每天都有一头以上的猎物，看起来似乎不错，但是这些猎物不仅是为了当下，也是为了储备回家路上的口粮，每一只麋鹿都很重要。

在 1806 年 3 月 23 日的瓢泼大雨中，队伍踏上了返程之路。他们乘独木舟逆哥伦比亚河而上，时而停下来狩猎，遇到印第安营地的时候也会做做交易。一个有趣的细节是，队伍中的几个人开始相信，山和大海之间的印第安人就是传说中的"威尔士印第安人"（Welsh Indians）——传说中在 12 世纪逃到美洲的威尔士王子马多克·阿布奥瓦因·圭内斯（Madoc ab Owain Gwynedd）的后人。16 世纪英国宣称对北美的所有权，便是依据这个概念：如果属于英国皇室的威尔士率先发现了美洲，那么哥伦布航行给西班牙带来的所有权便该拱手让出。这个故事几百年后还在流传，不禁令人啧啧称奇。

翻越分水岭后，队伍在 6 月初短暂分开，因为刘易斯想要充分利用返程探险。分开后，这一小拨人马不幸被小偷盯上，在一次蓄意袭击中，两名印第安人丧命——这是全程中唯一一次印第安伤亡事件。刘易斯的人马到达黄石河和密苏里河交汇处，重新并入大部队，一起划船顺密苏里河而下，其间没有遇到其他意外事件，终于在 1806 年 9 月抵达圣路易斯。

刘易斯带领探险队的回报，便是成为新领地的管理者。他在安稳的环境中做政客，似乎不及在野外带队成功。1809 年，他被人发现奄奄一息地倒在前往华盛顿的路上，身上还带着枪伤。那时他还在撰写探险的成果。这究竟是自杀还是他杀尚无定论。返回后，克拉克又活了三十多年。他在 1812 年参战，结了两次婚，生了八个孩子，既是密苏里地区的管理者，又是首任印第安事务的主管，直到 1838 年在圣路易斯去世时还在担任这项职务。

---

[1] 转引自莫尔顿，2003，第 239 页。

探险队成员对密苏里河和哥伦比亚河流域的制图工作做出了很大的贡
献，还给华盛顿寄回了超过一百种植物和二百五十种动物，很多都是美国
185　博物学家从未见过的①。尽管标本的数目和贝茨与华莱士在热带中搜集到
的几千种无法相提并论，但是从分类学和地域特点的角度看仍旧非常难
得。华莱士和贝茨搜集标本的范围要广得多，而且他们搜集的地点生物多
样性都极高，那里即便在现在还有很多未为人知的物种。他们还围绕一个
中心点来来回回地采样，满载而归也就不奇怪了。除此之外——怎么说
呢——华莱士和贝茨和他们的很多同侪，都对搜集稀罕的物种十分狂热。
刘易斯和克拉克前往的地方，生物多样性较低，收集的仅限于维管束植物
和脊椎动物，而且在他们到达落基山脉的时候，必须自己搬运所有装备和
物资。刘易斯和克拉克都不是训练有素的博物学家，他们不像满腔热情的
博物学家那样，可以一心扑在采集上，不达目的誓不罢休。但是无论如
何，他们取得了举世瞩目的成功，不仅发现了大量新物种，也为后来的探
险踩出了一条路。他们为政府资助的西部探索设立了先例，后来的很多探
险家正是追随着他们的脚步而至。

刘易斯和克拉克返回后，政府对探险的资助一度中断，刘易斯不得不
节衣缩食地撰写成果报告。然而联邦政府对密西西比河以西地区的关切仍
未消退，只是越来越需要进一步的信息，来了解那里的景观、资源，以及
印第安部落的人口、文化和归顺的意向②。

在博物学非官方的一面，查尔斯·皮尔（Charles Peale）值得一提。
他于1741年出生于马里兰州一个有教养的家庭，但因为家境贫困，不得
不去制鞍匠店当学徒③。皮尔手艺出众，开了自己的店铺，所以有足够的
闲暇和钱财花在绘制肖像画的爱好上。在朋友的支持下，他前往伦敦向最

① 托马斯，1996。
② 戈茨曼（Goetzmann），1967。
③ 塞勒斯（Sellers），1980。

优秀的画家学习。返回美国后，他卷入革命政治，虽然搭上了店铺的生意，却引起了杰斐逊和华盛顿方面的注意。战争结束后，他在新的美国建立了第一座展示自然科学的公共博物馆。这座博物馆的藏品是博物学、艺术，以及不知道如何形容才好的"好奇心"。皮尔没有受过正式的科学训练，但是他坚信公共教育，他的博物馆收藏了很多填制的鸟类和哺乳动物标本，还有美国出土的第一副乳齿象骨架，均以林奈系统排列。在皮尔的博物馆之后，史密森尼博物馆（Smithsonian Museum）建馆。史密森尼的儿子蒂希安（Titian）——也是位画家——结交了很多新一代的探险家，在美国西北部大显身手，用画笔记录一路所见的新风景。

186

　　19 世纪美国西部最出色的探险家兼博物学家是约翰·弗里蒙特（John C. Frémont，1813—1890）。弗里蒙特是一个穷困潦倒的法国移民和一个富有的南方地主之妻风流韵事的结晶。弗里蒙特的母亲父母双亡，丈夫的年龄是自己的三倍，她和自己的家庭教师，也就是弗里蒙特之父产生了不伦的关系。恋情暴露后，两人私奔，生下了几个孩子，约翰·弗里蒙特是其中的老大[1]。弗里蒙特从小就很有数学天赋，16 岁进入查尔斯顿大学，老师们立即被他的能力所折服。可惜他很快迷上"一个年轻的西部印第安姑娘，她乌黑的长发和温柔的黑眼睛让他的成绩一落千丈"[2]。

　　他的成绩的确大受影响，很快被查尔斯顿大学开除。"印第安姑娘"后来如何我们不得而知，约翰加入海军，在海上航行两年后回到查尔斯顿，学校给他颁发了数学学士和硕士的荣誉学位。有学位在手，他成功申请到海军的数学教授职务。

　　弗里蒙特很快厌倦了海军，加入了佐治亚西部的铁路勘测。在勘测中

---

① 比奇洛（Bigelow，1856）著有他的"授权传记"，在弗里蒙特竞选总统时出版。这本书类似圣徒传，很识趣地略去了弗里蒙特的父母没有合法婚姻的问题。有趣的是，他提到了弗里蒙特被查尔斯顿大学开除的经过和原委。这就是当时社会的道德期望。

② 同上，第 28 页。

获得的经验技能，让他来到密西西比河上游，成为法国地理学家约瑟夫·尼古拉斯·尼科莱（Joseph Nicolas Nicollet）的助手，协助密西西比和密苏里两河之间的一项测量工作。这次工作结束后，弗里蒙特帮助尼科莱制作地图，并受到自然科学方面的辅导。除了学习科学和制图学，弗里蒙特还喜欢上了密苏里州参议院托马斯·本顿（Thomas Benton）十五岁的女儿。杰茜·本顿（Jessie Benton）也对年轻的弗里蒙特有意，她位高权重的父亲以军事任务需要为名义，安排船只把弗里蒙特送到艾奥瓦州。但是父母的阻挠没有成功：弗里蒙特按时完成了艾奥瓦州的任务回到密苏里，本顿一家终于松口，允许两人结婚。

　　本顿是当时民主党的领导人，也极力倡导领土扩张，支持各种探险活动，希望将美国的边境延伸到太平洋海岸。本顿可能对女婿的人选有所顾虑，但是既然已经没有选择余地，便尽量利用自己在华盛顿的影响力为弗里蒙特谋取职位。1842 年，弗里蒙特受命探索绘制俄勒冈小径（Oregon Trail）的西段，或者说得更明白一点，是"密苏里边界和落基山脉南线通道（South Pass）之间，沿堪萨斯和大平原河流一线的国土"①。二十一名男子和弗里蒙特同行，其中有"为发展身心而参与探险"的他十二岁的妻弟，还有大名鼎鼎的（或说臭名昭著的）克利斯朵夫·"基特"·卡森（Christopher "kit" Carson）做主向导。

　　弗里蒙特对探险的记录是非常优秀的游记，比他后来从政后急不可耐发表的那些自吹自擂的自传好得多。弗里蒙特善于发现荒野的美丽，趁着每次停下来休息的时候搜集植物。这个习惯，他后来在教授分类学的时候传给了阿萨·格雷的老师约翰·托里（John Torrey, 1796—1873），北美早期的一部植物志的作者。他还记录地质学，包括各种化石和气候变化规律。这第一次探险的很多方面，比如在登上的落基山脉最高点插下一面临

---

① 弗里蒙特，1845，第 9 页。

时准备的鹰旗，无非是作秀用的噱头，但他测量的路线填补了一些洪堡北美地图上的空白，对动物和植物的观察也让他有资格加入博物学家的行列。

第二次远征同样以卡森为向导，弗里蒙特遵照指示，沿着俄勒冈小径来到哥伦比亚河河畔的温哥华堡（Fort Vancouver），把他测量的路线和同样正在测绘河口地区的威尔克斯（Wilkes）的探险路线连接起来①。这次旅行的一大不寻常之处是，弗里蒙特坚持携带好几把来复枪和一架山地榴弹炮——这可不是科学考察中的寻常装备。他这番古怪的全副武装让上级惊慌起来，他们担心西海岸的西班牙和英国地方当局将此视为一次军事行动，下令弗里蒙特返回待命。下令召回的信件被弗里蒙特的妻子杰茜截留。杰茜与父亲和丈夫一样支持扩张领土，她不仅没有发出这封信，还通知弗里蒙特抓紧离开圣路易斯，一刻也不要耽搁。弗里蒙特很快动身西行，把榴弹炮带在身边。

探险路线经过大盐湖（Great Salt Lake）的北端，弗里蒙特在那里进行测量，比之前所有的探险家都要详细，还对湖水和附近的温泉做了一些化学分析。从温哥华堡，弗里蒙特转而向东，向哥伦比亚河上游前进，然后在大盆地（Great Basin）的西缘南切。他们走过的大部分路程都很难行，包括黑石沙漠（Black Rock Desert）的一部分，若不是半路上发现了金字塔湖（Pyramid Lake），他们可能早已葬身于干旱的盆地了。行至如今的内华达州境内，弗里蒙特用非常诗意的文字描述道："前方，山间一道峡谷直落约两千英尺，低处盈着一汪绿水，宽二十英里。它像大海一样映入眼帘……水面被微风荡起波纹，深绿的颜色说明水很深。我们坐在那里久久

188

---

① 罗尔（Rolle），1991。

图16　弗里蒙特的金字塔，内华达，出自弗里蒙特的《1845年落基山脉探险报告》（*Report of Exploring Expedition to the Rocky Mountains*, 1845）。仔细看可以看到，弗里蒙特和他的人马正在旅行途中搬运物品。（作者藏品）

享受这美景，因为我们都已厌倦了山。"①

　　在金字塔湖，派尤特人给他们带来当地的美洲鲑做食物，但是弗里蒙特认为队伍补给不足，无法返回圣路易斯，所以他决定改道穿越内华达境内的塞拉山脉，前往加利福尼亚的萨特堡（Sutter's Fort）。事实证明，在严冬攀登塞拉山脉是个几乎不可能的任务。驮运补给的牲畜死了很多，队员们只能在山上觅食，甚至吃掉了他们养的狗。五周后他们爬到山顶，成为第一拨见到塔霍湖（Lake Tahoe）的欧美人。他们不知道，自己已经见过流入大盆地的大河之一特拉基河（Truckee River）的源头和终点。从山顶出发，他们来到了塞拉山脚下的萨特商栈，在那里休整补给，继续上路。

　　弗里蒙特后来的旅行从本质上来说，政治色彩要大于科学。1846年，

————————
① 弗里蒙特，1845，第216页。弗里蒙特和队员们到达了湖的东北岸。第二天，他们沿着湖岸向南，成为第一批描述弗里蒙特金字塔的欧洲人。弗里蒙特金字塔是一处独特的岩石构造，金字塔湖因此得名。

煽动反对墨西哥当局的叛乱后，他被短暂任命为新加利福尼亚的地方长官，但因为拒绝把位置移交给一个高阶官员而上了军事法庭。他接下来的职业生涯就完全围绕着政治，把博物学抛在脑后。但是洪堡对于弗里蒙特作为制图员和博物学家的能力却大加赞赏，说"在很多方面，这次长途跋涉的探险之旅，队友埃德温·詹姆斯（Edwin James）出众的文字，特别是还有弗里蒙特队长全面细致的观察，刷新了我们对北美西部的地质风貌的认识"①。

在弗里蒙特之后，最成功的西部探险当属 1853 年到 1854 年的太平洋铁路勘测（Pacific Railroad Expeditions），它不仅在博物考察方面大获成功，还把北美大陆的腹地和美国其他地方连接起来。随着人口上升，加州越来越重要，使得在东西海岸间建立便捷的交通线成为当务之急。当时铁路技术已经十分先进，横跨北美的铁路一旦建成，将极大满足沿途的交通需求。杰斐逊·戴维斯（Jefferson Davis，七年后成为南方邦联的总统）领导的战争部开始投入大量努力，为铁路选址，并借此机会推进北美的博物学编目工作。

戴维斯对考察队的指示非常明确：

> 在探索和测量的过程中，一定要考察北纬 49 度到密苏里河源头间喀斯喀特山脉（Cascade range）和落基山脉中的通路，考察周围地区的供应能力，以及哥伦比亚河和密苏里河及其支流的运输能力，还有建设铁路的材料。对于地理和气象要格外留意，总的来说，中间的整个地区，洪水的季节波动和特征，降雨降雪的水量和连续性，特别是山区、干旱地带的地质……那里的植物、博物学、农业和矿物资源，印第安部落的地点、数量、历史、传统和习俗，以及可以帮助开

---

① 洪堡，1849，第 37 页。

发那个地区的诸如此类的信息①。

190　　　调查多管齐下，派人分头出发，尽量沿北纬 32 度、35 度、38 度和 47 度几条线前进，再安排返回的人员探查可能的路线。最北边的调查用到两队人马，一队从西海岸向东，一队为了充分利用冬天到来前有限的时间，从东到西相向前进。最南边的测量在墨西哥政府许可下进行，因为他们经过的一些地方在当时是墨西哥的地界。

戴维斯为南方的测量提出了一个新颖的想法：进口一些骆驼和单峰驼。他认为这些动物很适合沙漠的环境。戴维斯最终说服战争部尝试这个实验，但是对于铁路勘测已经来不及了。第一批骆驼在 1855 年进口，事实证明，这些骆驼非常坚韧，很能负重②。一队人马骑着骆驼经科罗拉多来到加利福尼亚，在伯尼夏（Benicia）驻扎了数年。然而这些骆驼吓坏了路遇的每一匹马，在马车道上造成了一场混乱，人群四散奔逃，马车撞作一团，令人想起两千年前克劳狄乌斯的骆驼曾如何吓退了不列颠骑兵的往事。调查队的军人们发现骆驼脾气暴躁，气味刺鼻，独立战争爆发后，这场实验就终止了。这些骆驼和单峰驼中，很多被放生到西南地区，直到 20 世纪早期，还有骆驼在那里游荡的记录。

铁路勘测的结果以十三卷巨著面世，文字、图表、地图和数据加起来超过七千页③。每支测量队伍中派驻的博物学家，都由史密森尼学会的助理秘书斯潘塞·富勒顿·贝尔德（Spencer Fullerton Baird）亲自挑选。这些博物学家给史密森尼提交了二百五十六种哺乳动物的标本和描述，其中五十二种是未分类过的新物种。每种物种都给出一个异名，并描述它们在不同地理位置的差异（如果有的话）和当时所能发现的分布情况。除了哺

---

① 戴维斯，1853，第 55 页。
② 珀赖因（Perrine），1926。
③ 摩尔，1986，亦见于佚名，1855—1861。

乳动物，其他几卷还展示了七百一十六种鸟类、爬行动物和两栖动物，以及超乎寻常的二百八十九种密西西比河西段的鱼类。

这份考察报告的具体内容采用了很古典的博物学写法——几乎很少提出理论，既没有解释物种分布，也没有总结规律。这种写法本质上是"在此，我们发现了这个，那么……"，偶尔会记录特定的行为。因此，这份报告可以作为之后的博物学学生研究的起点（最终走向生态学和生物地理学），而它们本身并不是终点。

在我们结束西部的故事之前，如果绝口不提另一位先驱博物学家兼探险家，会显得有些怠慢。和刘易斯和克拉克一样，他在传记作家笔下是个幸运儿，他就是约翰·韦斯利·鲍威尔（John Wesley Powell，1834—1902）[1]。鲍威尔是那种自带神秘色彩的男人，虽然华莱士·斯特格那（Wallace Stegner）说他"像水平仪一样务实"[2]。他自幼喜爱博物学和探险，曾独自划船漂流密西西比河和俄亥俄河几乎全程，从匹兹堡一直到达河口。1859 年，他被选为伊利诺伊州博物学会的秘书，大部分职业生涯都在这个组织中度过[3]。鲍威尔在大学里稍显散漫，只钟情于古典学科，兼修地质学和博物学。他的家庭不太富裕，靠讲博物学课程来赚钱养活自己[4]。独立战争爆发后，他志愿入伍，成为一名工程兵。在夏洛一役（Battle of Shiloh）中他受了重伤，被一枚米涅弹夺去了右臂。尽管受伤致残，他还是坚守前线，在维克斯堡（Vicksburg）指挥一个炮兵师，然后沿河下行，来到纳奇兹（Natchez）和新奥尔良。作战期间，他娶了堂妹埃

191

---

① 斯特格那版本的传记（1992）是很多有趣的传记之一。亦见于沃斯特，2001。
② 沃斯特，2001，第 i 页。
③ 伊利诺伊博物学会演变成了伊利诺伊博物学调查，是北美同类组织中最古老、最有影响力的组织之一。除了鲍威尔，成员中最重要的当属史蒂芬·福布斯（Stephen Forbes），领先的湖沼学家和生态学家，著有《作为微观宇宙的湖泊》（The Lake as a Microcosm）一文（福布斯，1887），是当之无愧的现代生态系统研究的基石。简要的背景介绍见艾尔（Ayer，1958）。
④ 霍布斯，1934。

玛·迪安（Emma Dean），后者为陪丈夫一起上前线，果断参军成为一名
战地护士。

独立战争结束后，鲍威尔马上从军队退伍，重操博物学讲师的旧业。
他在伊利诺伊州的韦斯利恩大学（Wesleyan University）获得地质学教授
和博物馆馆长的职务。在博物学教育的里程碑式时刻，鲍威尔带着十六个
学生于 1867 年和 1868 年的夏天前往落基山脉进行野外考察。这几次考察
体现出西部的飞速发展。二十年前，科罗拉多州大部分还是尚未开发的荒
野，到了 1867 年，大学的野外考察已经可以来到这里。比起 21 世纪的课
堂，鲍威尔课上的野外考察应该还十分粗糙，但是想象一下这样的场景
吧："妈妈，爸爸，鲍威尔少校要带全班去科罗拉多过暑假，我能去吗？"

也许就是在这些旅行中，鲍威尔决心进行穿越大峡谷之旅，也是这次
旅行让他成为探险和博物学历史上名留青史的英雄。1869 年 5 月，鲍威尔
带着九个人从格林河（Green River）和科罗拉多河汇流处出发，沿河下
192 行，走了整整三个月。很多人都以为科罗拉多峡谷地是无法穿越的，认为
一旦他们发现峡谷两边都是无法逃脱的悬崖峭壁，就会意识到这次旅行有
多冒失。鲍威尔已经计算过从格林河和科罗拉多河汇流处到大海的几千英
里中河流的必然落差，明白途中就算有急流，凭借技巧和好运还是可以一
搏。探险队沿途搜集地质标本，记录河岸的物理和生物特征。他们几次翻
船、耗尽补给，几乎酿成惨剧，但直到到达峡谷尽头的两天之前还没有人
员伤亡，充分证明鲍威尔作为探险家和队长的过人能力。然而此时，三名
队员脱队，爬上峡谷一侧的峭壁离开，再也没有人见过他们。鲍威尔不知
离开的人命运如何，但是为了以防万一他们改变了主意，还是在离开的地
方留下一条船，然后继续沿河下行，在 1869 年 8 月到达终点。

三人脱队的另一个后果，就是鲍威尔不得不把途中搜集到的所有地质
标本留在峡谷中，因为他们仅剩的船只中再没有足够的空间存放它们。他
因此决定再做一次航行，拿回标本，并对峡谷做一次更细致的地理调查。

第二次航行由联邦政府赞助，在 1871 年到 1872 年之间进行。这一次的过程仍旧危机四伏，但是他们再一次有惊无险地完成了任务。

　　鲍威尔把第二次航行的成果写在一系列正式报告和专业论文里，他根据探险的经历，对河流系统和区域地质结构提出一个新的命名体系。随后鲍威尔成为美国地质勘探局的主任，以及美国民族学局（Ethnological Bureau）的局长。通过这个职位，他培养了新一代的地质学家和人类学家，他们将彻底改变他曾以"开垦"为名义测绘过的景观。一百五十年前鲍威尔旅行经过的很多河流，现在都埋在水库下面，或者由错综复杂的泄洪道和水闸系统控制起来。这令人不禁遐想，他会对那个冠以自己名字的湖泊作何感想呢①？

---

① 关于西部河流开发，最好的参考书之一是赖斯纳（Reisner）的，1993。

第十三章
面包果和冰山

在海上，各帝国也在延续博物学的探险传统。我们已经在关于约瑟夫·班克斯的章节讲到了詹姆斯·库克的第一次航行，但是作为一个环球探险家和技艺高超的航海家，他还影响了其他几位博物学家。库克于1728年10月27日出生在一个雇农家庭，祖上和航海没什么关系，但自小就向往着大海①。1742年，十四岁的库克跑到海边，和一艘运煤船签下合同，愿意以十三年的服务来换取学习驾船航海的机会。1755年，英法两国的"七年战争"爆发，海军急需大量身强体壮的水手，库克应征入伍。他很快脱颖而出，被派驻到北美驻地支援魁北克战役②。

库克在北美驻地表现出色，多次完成制图任务，很快受到提拔，成为

---

① 辛格（Synge），1897。
② 关于库克有一点非同寻常，在水星号（HMS *Mercury*）上的他，原本可以与吉尔伯特·怀特的朋友詹姆斯·吉布森在同一支军队服役。吉布森在写给怀特的信中，详细记录了站在停泊在城外有利位置的军舰上观察城市遭到围攻的场景。

前往塔希提观测金星凌日的环球航行的指挥官。虽然库克的兴趣主要在数学和天文学方面，他对博物学的其他领域也体察入微，在旅行中给班克斯足够的时间和空间收集标本。后文会提到，班克斯在塔希提岛见到的面包果（*Artocarpus altilis*），对航海史具有十分特殊的意义。

1775 年，库克成功完成第二次环球航行，带领船员们到达了未曾有人踏足的南半球高纬度地区，他们的航迹证明，在南极的冰面以北并没有大片陆地存在（库克差一点到达了南极点，但是恶劣的天气和海面上的浮冰挡住了去路）。在他的第三次也是最后一次航行中，他再次被任命为决心号的船长，麾下还有另一条船发现号，一同前往太平洋做进一步探险。在塔斯马尼亚岛和新西兰完成地图绘制后，船队向北前进，寻找西北航线。这段旅途中，库克发现了夏威夷，以桑威奇勋爵的名字将其命名为桑威奇群岛（Sandwich Islands），这位勋爵曾非常慷慨地赞助过班克斯[1]。初次尝试登陆阿拉斯加海岸后，库克返回夏威夷，但很不幸，他在那里被土著袭击而逝世[2]。

由于飓风毁掉了岛上的作物，加上殖民地官员失败的规划，英属西印度群岛经历了数次饥荒[3]。班克斯时任皇家学会的会长，想起在塔希提岛曾见到面包果，意识到牙买加和加勒比海的其他岛屿在北半球所处的纬度，和塔希提在南半球的纬度相差无几，也就是说它们的气候或许相似，塔希提的植物或许也可以在西印度群岛生长。他利用自己在政府的关系派出皇家海军，希望将面包果的种子运到牙买加，作为甘蔗和咖啡种植园的奴隶的主要口粮。

威廉·布莱（William Bligh，1754—1817）是库克手下的决心号的船

---

[1] 纽博尔特（Newbolt），1929。
[2] 在一个令人有些毛骨悚然的附言中，胡珀（Hooper，2003a 第 76 页）提到，一个应该是用"杀死詹姆斯·库克的长矛"制成的手杖在 2003 年拍出了超过 15 万英镑（23.6 万美元）的高价。
[3] 鲍威尔，1977。

长，对热带海洋非常熟悉。海军部任命布莱为邦蒂号（HMS *Bounty*）的指挥官，根据班克斯的直接指示驶往塔希提岛，确保挑选到适于移栽的面包果树，妥善照顾，运到牙买加。布莱驾驶着邦蒂号，经历一番艰难的航行进入太平洋。迎面而来的逆风让他们无法绕过霍恩角，于是布莱掉头向东，驾船驶过好望角。这样航行便要多花几个月的工夫，让本想速战速决的船员疲惫不堪。到达塔希提岛后，为了等待适宜移栽面包果树的时机，他们又停留了几个月，包括大副弗莱彻·克里斯蒂安（Fletcher Christian）在内的很多船员百无聊赖，大部分时间都在岛上闲逛，和塔希提人嬉闹。

1789 年 4 月，当邦蒂号再次启程时，很多船员已经不愿离开塔希提岛。几天后，克里斯蒂安发动叛乱。布莱和忠于他的船员被丢在小船上，连海图和罗盘都没有。这是航海史上奇迹般的一页，布莱在四十七天里设法航行了超过三千五百英里，成功在帝汶岛着陆，这场史诗般的航行中只有一名船员丧生。

1791 年，布莱返回英国，因丢失邦蒂号被告上军事法庭，最后无罪释放。班克斯仍然想要把面包果带到牙买加，力劝海军部拨款进行第二次航行，再次任命布莱为指挥官。这一次派出两艘船，有两名植物学家兼园艺家跟随，他们不仅要照料面包果树，还要为邱园的皇家花园搜集所有有用或珍稀的植物[①]。班克斯还事先给了他们相当于现在的两千美元的英镑，以备万一发现什么有趣的标本，包括鸟类、昆虫等，可以买回来。他们还带了一些欧洲的植物，希望可以移栽到塔希提岛和塔斯马尼亚岛。这一次船队顺利到达塔希提，在等待的两个月中，船长和船员共收集了超过两千株面包果苗，装盆储存在甲板上的温室里。

船队在西印度群岛的圣文森特岛（St. Vincent）卸下一半货物，给邱

---

① 鲍威尔，1977。

园预定的当地植物也搬上了甲板。然后布莱启程前往牙买加，在那里把另一半面包果树存放在一个苗圃中。随船植物学家留下来照顾果树，由政府为他们发放薪水。在牙买加，布莱为邱园另外选了几百种植物，但是英法战争的爆发耽误了他的行程。终于，在 1793 年 8 月，离家两年有余的布莱荣归故里。从塔希提、其他太平洋岛屿和西印度群岛获得的植物让班克斯喜出望外，也大大扩充了邱园的收藏。

在 18 和 19 世纪的大部分时间里，英国的海上探险，无论是制图、普通的探险和商业，还是科学研究，都居世界领先地位。如果美国想与之分庭抗礼，就需要更好的海图，捕鲸和捕海豹也需要熟知各个海域的博物学知识。但是正如杰斐逊在刘易斯和克拉克的探险中发现的那样，国会并不支持自然探索。在英国，皇室资助各类学会已成为优良传统，而美国联邦政府却不以为然。除非说服他们科学研究对国家有显而易见的益处，否则他们并不感兴趣。

关于威尔克斯旅行的完整故事（或者称为 1838—1842 年的美国联邦探险），威廉·斯坦顿（William Stanton）已经讲得很好了，但是在这里还是要简单地提及①。二十年间，著名的地球空洞说支持者杰里迈亚·雷诺兹（Jeremiah Reynolds，1799—1858）等人极力为一场大型航海探险奔走②。在雷诺兹的努力下，美国海军派出六艘军舰，其中有两艘双桅纵帆船和一艘补给船，前去探索南冰洋，绘制太平洋岛屿的地图。 196

这次探险之旅的目的，是让美国的科学立足于世界，不再受制于英国的地图垄断。船队中除了海军，还有一群科学家，其中有 19 世纪首屈一指的、生于美国本土的地质学家詹姆斯·德怀特·达纳（James Dwight

———————
① 斯坦顿，1975。
② 这个概念由雷诺兹的助手小约翰·克利夫斯·西姆斯（John Cleves Symmes Jr.）普及开来（见克拉克，1873）。西姆斯认为地球由一组同心的壳构成，每层壳内都有可以栖居的空间，可以从北极或南极的空洞进入。这个观点被当时的科学家或无视，或取笑，但它还是顽强地坚持到了 20 世纪乃至 21 世纪，在纳粹、飞碟爱好者等边缘群体中流行。

Dana，1813—1895）。之前提到的查尔斯·皮尔的儿子蒂希安·皮尔（Titian Peale，1799—1885），已经在佛罗里达和落基山脉的野外考察中获得了丰富的探险经验，作为画家和博物学家加入了这支队伍。阿萨·格雷（1810—1888）也受到了邀请，但是拒绝了。十五年后，达尔文关于自然选择的心血之作正是托付于他①。

原先的指挥官辞职后，查尔斯·威尔克斯（Charles Wilkes，1798—1877）临危受命。威尔克斯和菲茨罗伊不同，只是位初出茅庐的海军中尉，唯一的一次长途航行经历是前往地中海。威尔克斯似乎也不习惯发号施令，他活泼的性格与指挥官应有的敏锐决策和纪律性有些格格不入。在探险期间，他因鞭刑出名，走马灯一样地撤换各个船上的官员，只为把真实的和想象中的阴谋扼杀在摇篮里。

1838年8月，探险终于启程。这支船队向南驶向佛得角群岛，然后转向西，前往里约热内卢，在11月下旬到达巴西。从里约，他们向南沿着和比格尔号多年前差不多的路线前进，经过布宜诺斯艾利斯和火地岛，在那里遇到火地人，他们对火地人的描述与达尔文和菲茨罗伊的相差无几。在绕到南美西岸的过程中，舰队遇到了几次强风，一艘双桅纵帆船海鸥号和全部船员一起沉入了海底。在秘鲁的卡亚俄（Callao），几艘船撞在一起，有的还撞上了停在岸边的船。总体来说，他们的航海技术似乎不太好。

驶过秘鲁海岸后，他们向西南方向穿过太平洋，前往土阿莫土群岛（Tuamotu）。他们最终的目标中有一项，是确定地球最南端陆地的范围。除了为南冰洋绘制更好的地图，探险队还有一个任务，那就是从太平洋地

① 人们不禁遐想，如果格雷接受了这个职位，和达纳一起成为探险队成员会怎样。正如我们将会看到的，格雷成为阿加西的科学丐帮（名字是暗指那不勒斯乞丐的自嘲）的反对者，而达纳则是丐帮中的重要成员。格雷是热情的达尔文主义者，达纳则笃信创世论。假如两人花好几年一起环球航海，或许他们能建立起比达纳和阿加西更紧密的友情，这样也许19世纪中叶的美国科学界就能避免一些不悦的争执，进化论也能赢得更迅速有力的支持。

区带一些更好的动植物标本回去。在库克的航行之前，南太平洋岛屿和澳
大利亚大陆对旅行者来说，都极具吸引力和挑战性。中世纪的博物学家想
当然地认为，对跖点那边的土地应该是奇形怪状的——南半球如同是上下
颠倒的北半球，一定存在着自然阶梯中缺少的很多奇异生物①。然而真正
见到南半球以后，博物学家大吃一惊，南半球的动植物群落比他们想象的
要丰富和古老得多。有些奇怪的生物怎么都不能放进北半球规规整整的分
类系统里，但是它们的奇怪特征也不能补全生命的线性组织中缺失的
环节。

　　起初，北半球的科学家们拒绝接受有袋动物和单孔目动物的记载，认
为这些不过是异想天开的水手们胡诌出来的。当鸭嘴兽刚刚被发现时，很
多博物学家都认为它们是标本剥制师伪造的，或者换个委婉的说法："很
难不去怀疑它的真实性，也很难不去猜测有人在它的结构里动了手脚。"②

　　袋鼠、小袋鼠、考拉和袋獾，似乎彻底推翻了自然的秩序和结构，也
并不和北半球的自然遥相呼应。只有进一步采集，才能发现某些体系。同
样受到撼动的，是关于太平洋岛屿人类聚落的观点。从食莲花者——自由
之爱和公共生活的天堂——到野蛮血腥的食人族，过去的记载五花八门。
总之，南半球对于19世纪的美国还非常陌生，那里正是威尔克斯和他的
船正在赶去的地方。

　　威尔克斯先驶进悉尼，然后向南寻冰。南极真正的"发现"过程还有
争议。库克曾经到达极南之境，当时还没有人比他走得更远，但无从知道
他看到的究竟是陆地还是冰。俄罗斯和英国水手在1820年已经记录到陆
地的存在，但拿不准其范围。由于记录过于潦草，他们争执不下，无法确
定到底是谁先发现了南极大陆，但是在1840年1月16日，第一艘美国船

---

① 兰斯当（Lansdown），2006。
② 戈德史密斯（Goldsmith），1822，第402页。

可以说确定无疑地看到了陆地①。

新大陆的海岸线大部分都包围着一层冰的屏障，探险队的船只防护单薄，因此损伤惨重。其中一艘船刚撞上一座冰山，便被削去了船舵而失灵，勉勉强强地漂回了悉尼。在近距离接触这层冰的屏障时，威尔克斯从一块远离大陆块的浮冰上取得了土壤和岩石的样本。他探测到，不时还能亲眼看到岸线超过八百英里的地面在浮冰后面断断续续、若隐若现，说明那绝不仅仅是一个岛屿。

回到悉尼修好船只后，探险队前往汤加群岛（Tonga）。途经南太平洋时，达纳收集到一些珊瑚碎片，还进行了几次测深，这些活动后来帮助他验证了达尔文的理论，那就是珊瑚环礁是沉入水中的古老火山的山顶。从汤加群岛，威尔克斯指挥船队前往斐济，这片群岛以丰富的暗礁和食人族出名。1840 年 7 月，他们到达斐济，船员们前去调查群岛，乘坐剩余的双桅纵帆船和小舟在暗礁和露出水面的珊瑚礁之间行动。科学家们在岛屿上设置了一个基地，搜集动植物标本，用于之后的分类。

虽然美国探险队一开始和当地土著相处得不错，但是不同船上的船员在考察工作和处理与斐济人关系方面，似乎有些混乱和误会。最后其中一队人和斐济人发生了冲突，被抢走了一艘小舟。威尔克斯得知后，派出一队武装水手抢回小舟，然后放火烧村。这一行动让局势继续恶化，一场厮打中，两个美国船员死于非命，其中还有威尔克斯的外甥。他们立即无情回击。威尔克斯派出一支重型武装部队上岸，把戒备森严的村庄夷为平地，杀死了至少八十七个斐济人。

对于探险队的残忍复仇，他们这样为自己辩护：是斐济人先动的手，

① 像很多其他事件一样，威尔克斯本人在这件事情中要承担最大的责任。当水手最初向他报告南边的大陆时，他似乎并没有放在心上，直到这一发现的重要性凸显出来（也直到法国宣布率先发现这一事实），他才跑回去修改自己的日志，记下了错失的发现。这种行为是航海的大忌，但却是威尔克斯典型的行事风格。

而且他们还是食人族（有一条非常可怕的记载，称一个土著来到船队附近，边走边兴高采烈地大嚼一个人头）①。詹姆斯·达纳在返回后的一封信中，详细描述了斐济人的食人习俗。但也有人指出，他这是在对主日学校的听众夸大其词地表演②。不管怎样，对斐济人的屠杀使得在当地的后续考察化为泡影。

离开斐济后，探险队前往桑威奇群岛（夏威夷），在那里登上冒纳罗亚火山（Mauna Loa），并在火山口的边缘建立了一个营地。在那里，他们停留了几个星期，调查周围的区域，估计火山口的深度并收集标本。在这个时候，很多水手都已厌倦了旅行（关于旅行到底要多长时间，威尔克斯一直在欺骗大家）。在威尔克斯下令驶向北美西岸之前，很多人弃船逃跑。剩余的人向东北方向驶去，在现在西雅图所在的位置着陆，然后沿着海岸继续前进，探索胡安·德富卡海峡（Strait of Juan de Fuca）和皮吉特湾（Puget Sound）。在1841年7月，他们来到哥伦比亚河，在那里，他们听从错误的建议驾船穿越河口的沙洲，失去了第二条双桅纵帆船。所幸没有水手溺亡，但是很多珍贵的标本随着船沉没，这次事件也暴露出船员的漫不经心和能力不足，他们越来越搞不清楚自己在做什么，以及为什么要做这些。

威尔克斯吩咐一队人上岸，测量哥伦比亚河的下游支流，希望他们能把测量结果如我们在前文中看到的那样，和弗里蒙特带队由密西西比河沿陆路一路测量到的结果连接起来。然而这次交接没能完成，弗里蒙特质疑威尔克斯的测量精度，导致两位队长不欢而散。同时，探险队剩余的船沿

①非西方的人类在多大程度上同类相食的问题，在近年来引发了大量的讨论，这很大程度上是因为美洲文化人类学中具有强大的后现代主义批评元素。讨论两方的观点从"是的，他们是食人族，他们的后代说他们是，否认这件事就是刻意无视我们不认同的文化"到"这完全是殖民者在脑中虚构出来的残酷幻想，19世纪的记载不是对殡葬仪式的异想天开和误读，就是彻头彻尾的谎言"，五花八门。关于这场讨论，见胡珀，2003b（《今日人类学》（Anthropology Today）同一期上他的观点，以及对他的观点的后续回应）。
②吉尔曼（Gilman），1899。

海岸南下，和陆上的队员在旧金山湾（San Francisco Bay）会合。现在显然是时候回家了。威尔克斯和船员离开西海岸，航行至菲律宾和新加坡，穿越印度洋，绕过好望角，在 1842 年 6 月回到美国。

探险队返回后，航行期间积累下来的仇恨和分歧终于爆发，导致成果发表推迟了数年。即便如此，他们仍然取得了可观的成就。达纳通过发表探险中取得的成果而建立起自己的事业，后来一直在耶鲁大学担任教授，继续提炼自己关于地质学和造山运动的想法，并尝试把这些新发现和《圣经》的创世说融合起来。穿越太平洋时，从各个岛屿上搜集到的大量标本成为史密森尼学会这一初创的研究和公共展览机构的大部分藏品。史密森尼学会是一个极具美国特色的机构。在赞助人的构想下运转良好，不断扩大，其位于巴拿马的热带研究所培养了一代又一代的年轻生态学家，其中很多人都成为热带生态保护的中坚力量。

除了存放威尔克斯探险队的成果，史密森尼学会还接收来自哈德逊湾公司的重要藏品，并成为当时很多前往西部制图、采样的探险队的仓库。通过建立纽约的美国自然博物馆（American Museum of Natural History），芝加哥的菲尔德自然博物馆（Field Museum）、剑桥的比较动物学博物馆（Museum of Comparative Zoology）和伯克利的脊椎动物博物馆（Museum of Vertebrate Zoology），史密森尼学会对美国博物收藏的贡献经久不衰[①]。

当美国派出威尔克斯探险队时，英国也一刻都没有停止对南极地区的探索。1839 年，皇家海军指导詹姆斯·罗斯（James Ross，1800—1862）带领幽冥号（HMS *Erebus*）和恐怖号（HMS *Terror*）两艘船前往南极绘制地图[②]。罗斯是一个经验丰富的水手，十二岁起就在海军服役，1818 年

---

① 雷德（Rader）和凯恩（Cain，2008）讨论了美国博物馆展示和布局重点的变化，20 世纪 50 和 60 年代，场景模型和剥制标本被更具"互动性"的展示取代。
② 鲍尔奇（Balch），1901。

曾随叔父前往北极寻找西北航道（Northwest Passage），在率领幽冥号和恐怖号之前，曾四次到北极探险。

约瑟夫·多尔顿·胡克（Joseph Dalton Hooker，1817—1911）随船同行，在前面的章节中我们已经提到过他，这对博物学来说意义深远。胡克是威廉·杰克逊·胡克的儿子，像他的父亲一样，职业生涯中最重要的几年都曾任邱园的园长。在约瑟夫的童年里，威廉·胡克是格拉斯哥大学的植物学钦定讲座教授，约瑟夫也在很小的时候就对植物学表现出浓厚的兴趣，想要追随父亲的脚步①。即便已经到了 19 世纪上旬，博物学在很多方面仍未被视为一个"职业"。博物学家要么经济自由（比如约瑟夫·班克斯爵士），要么一边做其他事情谋生一边从事植物学研究。在约瑟夫这里，这个"其他事情"便是医学，他在格拉斯哥大学受训成为一名外科医生。

就像赫胥黎曾指出的那样，19 世纪的医学和植物学——或许特别是和热带植物学——之间的差距，并没有我们想象的那么大②。大英帝国正在向新世界的各个方面扩张，旅行仍然极耗时日，殖民地的医生有时不得不自己用当地的植物制药。威廉·胡克在格拉斯哥大学的许多学生都是受到专业训练的医生，正在为派驻海外做准备而学习植物分类课程，对生物地理学大致有些理解是理所应当的。

约瑟夫·胡克在植物学方面最主要的兴趣就是生物地理学，因此需要马不停蹄地旅行。当一个朋友给了他一本达尔文《研究日志》的预出版稿（《比格尔号航海记》的第一版）后，对旅行的向往便一发不可收拾。胡克把《研究日志》塞在枕头底下夜以继日地阅读，就在幽冥号和恐怖号下水前夕，他还曾在伦敦街头偶遇达尔文本人。从这些故事中我们可以看到 19 世纪博物学一个激动人心的传承序列。早期对新大陆的描述令洪堡入迷并

---

① 恩德比（Enderby），2008。
② 赫胥黎，1918。

设法前往美洲。洪堡的《个人记事》促使达尔文接受亨斯洛的建议，登上比格尔号。达尔文的《研究日志》激发了胡克前往南极的热情，而胡克则在返回后成为达尔文进化论最坚定的支持者。

201　　　胡克在幽冥号上的地位和达尔文在比格尔号上的截然不同。达尔文是一个计划外的成员，除了在有需要的时候取悦船长，其他什么活都不需要干。当比格尔号靠岸时，他随时可以上岸，想停留多久都可以（如果他愿意，他随时可以离开船队一去不复返）。相反，胡克是幽冥号上的正式助理外科医生。因此，他对船员们负有明确的责任，服从海军纪律，不仅航行时要在场，在靠岸时也要尽可能留下来待命。

　　胡克不是船上唯一的博物学家。罗斯其实是受过训练的科学家、皇家学会的成员，积极参与一切动物学研究[①]。除了罗斯，队伍中的官方博物学家是罗伯特·麦考密克（Robert McCormick，1800—1890）。他也曾是比格尔号上的一员，但是船开到里约的时候，他觉得菲茨罗伊更看重达尔文，因而大发脾气，甩手离开[②]。可怜的麦考密克，从他五十年后的文字来看，当年的嫉恨仍历历在目。他在《自传》中提起比格尔号上的经历只用了两页的篇幅，还这样结尾："我发现这艘船又小又破，这个职位也完全不适合我。在博物学方面有所建树的希望完全破灭，种种阻碍之下，几乎没法上岸采集。我从海军部获得许可，从这个岗位上换下来，然后乘坐泰恩号（HMS *Tyne*）返回。"[③] 在他八百余页的书中，再没有只言片语提到"比格尔号"或者"达尔文"。多么可怜的罗伯特·麦考密克，几乎可

---

① 麦卡尔曼（MacCalman），2009。

② 达尔文对麦考密克很不客气，在 1831 年 10 月 30 日写给亨斯洛的信中说道："我的医生朋友是个蠢蛋，但是我们还能友好相处：现在他遭了大难，除了棺材要漆法国灰还是死白色，甭想听他讲些别的"〔达尔文书信项目数据库，www. darwinproject. ac. uk/entry-144/，letter no. 144（访问于 2010 年 12 月 17 日）〕。虽然有这样的评价，但是值得注意的是，当胡克和麦考密克在伦敦街头遇到达尔文的时候——至少是根据他多年后的回忆——胡克为两人之间的亲切和热情感动不已。

③ 麦考密克，1884，第 222 页。

以听到命运挥着翅膀从他身旁呼啸而过。那艘"又小又破"的船载着达尔文驶向了不朽的人类史册。相反，等到麦考密克的《航行》（*Voyages*）出版时，人们早已将他忘在脑后。

胡克尽一切努力在船员中的科学分队中获得一个立锥之地。罗斯似乎是一个非常宽厚的人，明白胡克的能力和热情，机智地任命他为"探险植物学家"，承诺尽量找机会让他上岸。尽管这对于一个志向高远的博物学家来说并不是最理想的职务，但却是胡克当时最好的选择，于是他勉为其难地接受了任命，在幽冥号上安顿下来。胡克应该为后来他在博物学方面获得的成就好好感谢罗斯，因为这次航行的官方目的与动植物几乎没什么关系。事实上幽冥和恐怖号的任务是测量南半球高纬地区的地磁偏角，以提高航海技术。

船队在 1840 年 5 月 12 日到达凯尔盖朗群岛（Kerguelen Islands）。这里也是第一段航行中对生物学研究价值最高的地方之一。主岛对于胡克来说仿佛第二故乡。库克曾在一次环球旅行中到达这里。胡克在自己的自传中说："当我还是个孩子时，就对航行和旅行非常向往。我最喜欢坐在祖父的膝头，如饥似渴地欣赏库克航行的图片。最令我遐想万分的，就是凯尔盖朗群岛圣诞港（Christmas Harbour）的那一幅，画面上拱形的岩石凸出海面，水手在捕杀企鹅。我想，如果有朝一日我能亲眼见到那拱形的石头，亲手敲开企鹅的脑子，一定会成为世界上最开心的男孩儿[①]。"胡克终于来到了凯尔盖朗群岛，但是他对岛上的植物更感兴趣，而不想敲开企鹅的脑子。麦考密克在岛上射杀了大量鸟类，并对较高的山坡上发现的树木化石抒了一番情，但断言岛上没什么活着的乔木和灌木。胡克静静地走开，继续忙碌，大大扩充了该岛的植物种类记录，比库克的记录提高了几乎一个量级。

① 赫胥黎，1918，第6页。

图 17　凯尔盖朗的拱形山，詹姆斯·库克的水手正在棒打企鹅，库克《航行》
　　　 中插图的 19 世纪早期复刻品。这幅插图激发了约瑟夫·胡克对旅行的向
　　　 往。（作者藏品）

　　总之，船队在凯尔盖朗主岛停留了三个月，然后前往塔斯马尼亚，在那里，罗斯收到威尔克斯的信和素描，其中描述了对南极大陆海岸线的估计①。罗斯毫不感动，甚至颇为愠怒，因为他计划探索的水域被美国佬们抢了先。1841 年初，幽冥号和恐怖号想出一条妙计，那就是在经过威尔克斯路线的东段时，突破冰层进入罗斯海（Ross Sea）的开放水域。1 月 11 日，他们看到南方有一片山脉，罗斯命名为阿德默勒尔蒂山（Admiralties）。再向南，他们见到两座火山，一座活跃，另一座休眠，分别命名为幽冥山和恐怖山，以纪念他们的两艘船。他们也没忘了取悦赞助人，将附近的一座岛屿命名为博福特，纪念皇家水道测量家（也是菲茨罗伊的朋友）弗朗西斯·博福特（Francis Beaufort，1774—1857）。

　　他们把航行向南推进到前所未有的纬度（并且发现，在威尔克斯标

————————————

① 斯坦顿，1975。

记为南极大陆的地方并没有陆地的踪迹），接着幽冥号和恐怖号回到塔斯马尼亚，然后是新西兰的北岛，等待南半球的冬天过去。在下一个季度，他们重新向南出发，把纬度推进到南纬78度10分，这一纪录在19世纪剩下的时间里都无人打破。第二次航行差点赔进两条船和船上所有人的性命。在遍布冰山的水域前进，两艘船看不到彼此。麦考密克这样描述接下来的一幕："登上甲板，映入眼帘的是怎样的景象！恐怖号庞大的船体重重地撞上了我们的右舷艏，带走了我们的艏斜桅和前顶桅。与此同时最糟糕的是，阴沉的夜雾中浮现出一座巨大的冰山的身影。"① 在碰撞中恐怖号受损较轻，但是幽冥号失去了艏斜桅和前帆，几乎丧失机动能力。罗斯临危不乱，设法驾船驶过两侧汇聚的冰山，进入前方的开阔水域。在接下来几周里，他们一边靠应急索具上路，一边尽力修复船体损伤。

203

　　船队随后驶向福克兰群岛，在那里麦考密克因船上的见习海军军官"轻率地"射杀两匹马吃肉而痛心疾首，他认为这件事是"一桩荒唐透顶的残忍之举"并且毫无必要，因为"我仅仅用自己的枪，就贡献了不少于四打斑胁草雁、四十对鹬、两打兔子，还有两打半南极鹅，以及其他可以吃的鸟、野鸭、珩鸟和灰鸭，吃也吃不完"②。在这里我们再次看到19世纪和21世纪的差别。放到现在，这些鸟类作为土生土长的本地物种可能会成为重点保护对象，在那时充其量是人们的美餐。马在现在会被视为引入的外来物种，但在当时它们是"野地里的高贵动物"③。

　　船队继续前往火地岛，在停下来收集动植物标本时，似乎不得不和火地人打交道。胡克迷上了那里的植物。从生物地理学的角度看，这次探险是难得的机会，在南半球画出一条长长的弧线。胡克看到不同岛屿和群岛

204

① 麦考密克，1884，第274页。
② 同上，第333页。
③ 同上。

间植物的异同，深深为之着迷。就在华莱士的动物地理学研究横空出世之前，胡克正在思考洪堡的海拔影响植物分布的观点，并将其水平延伸——为什么有些地区的植物间有这么多相同点，远甚于其他地区？风和天气对植物的"迁移"有什么作用？为什么有的植物群落在广阔的经度范围里似乎都具连续性，而其他群落则断断续续？

这次航行对罗斯（因其卓绝的努力被授予爵位）和胡克来说都是巨大的成功，后者马上着手发表一本南极岛屿植物的记录①。这项工作耗时四年完成，让胡克成为冉冉升起的科学新星。可惜幽冥号和恐怖号上的很多水手都没有活到这部著作的付梓之时。两艘船连同船上的水手，都在寻找西北航道的途中下落不明。在他们失踪几年之后，罗伯特·麦考密克努力促成了一次救援行动。他为自己的船起了个贴切的名字叫作"渺茫希望"，驾着它穿越北冰洋西部最险峻的海峡，寻找昔日的伙伴。他也许是个二流作家和蹩脚的博物学家，却是一个勇往直前的男子汉。但是尽管麦考密克和其他无数愿意参与救援的人费尽千辛万苦，还是没能找到任何幸存者。

胡克大放异彩。达尔文的第一封信在 1843 年 11 月寄到，鼓励胡克把他的成果作为一部清晰、独立的植物志出版，不要埋没在综合的报告中②。达尔文是在和查尔斯·赖尔爵士来往的信件中了解到胡克的工作进展的，或许他早就从胡克身上，看到了如自己曾经对动物学的那份专注③。对比格尔号之旅带回的植物标本，达尔文还没来得及做任何研究，胡克安全回来之后，若能将它们派上用场，他便再高兴不过了。胡克几乎立即回了一封两页长的信，感谢达尔文提供标本并叙述一些自己的观察结果④。科学

---

① 胡克，1847。
② 1843 年 11 月 13 日或 20 日查尔斯·达尔文写给约瑟夫·胡克的信，见达尔文 1986。
③ 1843 年 3 月 12 日查尔斯·达尔文写给约瑟夫·胡克的信，同上。
④ 1843 年 11 月 28 日查尔斯·达尔文写给约瑟夫·胡克的信，同上。

史上一次非同寻常的长期交流便由此肇始。开始的时候，两人都比较拘谨
正式，每封信都以"尊敬的先生"开始，以"你最真诚的朋友"或其变体
结尾。达尔文急于寻找一个他能信赖的人。1844 年 1 月 11 日的一封信非
常著名，它以关于物种分布的一系列常规问题开始，随后突然命中了核心
问题。虽然有些长，我还是把它附在这里，因为它充分体现出了达尔文的
总体方法论：

205

　　除了对南半球岛屿的总体兴趣，我从比格尔号之旅归来以后一直
在进行一项看似不可能的工作，所有人都会觉得这是个愚蠢的计划。
加拉帕戈斯群岛上的物种分布，还有美洲哺乳动物化石的特征，这些
不加选择地采集到的标本和信息能够揭示物种各个方面的奥秘，让我
深受震撼。我读过堆积如山的农业和园艺书籍，而且从未停止收集信
息——一线希望已经出现，我几乎已经相信（和我最开始的观点背道
而驰）物种并不是（这就像对一桩谋杀案认罪一样）一成不变的。上
帝保佑我不要像拉马克一样胡说八道……我认为我已经发现了（只是
个假设！）物种巧妙地适应各种环境的简单机制①。

　　想象一下达尔文寄出这封信和等待回音的过程中是怎样的心情——信
中清楚地表达出了他的思考方式，而胡克几乎是第一个心智足以与他过招
的人。胡克的回复一开始显得不置可否——他没有驳斥那桩"谋杀案"，
但显然很感兴趣。仔细阅读又能看出胡克的谨慎，这既是对于他对自己的
要求，也是对达尔文的忠告和鼓励：

　　同一地点，过去的植被与现在无疑差异很大。岛上是否有些植物

———————
① 达尔文书信项目数据库，www.darwinproject.ac.uk/entry-729/，letter no.729（访问于
2010 年 12 月 18 日）。

在人类出现之前就被创造出来（我们假设），这个问题我想我们也无法解决。地球上植物的创造必定有个开始，我们无法假设现在的植物只是最初那批创造物的遗留……我想在不同地点可能有不同的创造成果，物种也会逐渐变化。我很想听你说说看，这样的变化如何发生，因为当前在这一问题上没有一种解释能让我满意①。

然后话锋一转，回到了物种分布和丰富度的问题上。

这正是达尔文梦寐以求的——他得到了一位净友，可以与其讨论新想法，也能获得新的信息和概念，迅速化为己用。在 1847 年的一张便条上，胡克很好地总结道："这一切都有利于交流，对我来说比迁移更好理解。你知道，你的蠓虫就是我的骆驼，反过来也是如此。"② 在此之前两人已经交好。到了 1844 年 2 月 23 日，达尔文已经把书信开头的称谓改成了"亲爱的胡克"（并为"随性的称呼"而道歉），在后来两人的几百封信件中，这个称谓一直如此，直到达尔文去世③。

看到昔日的英雄如今以好友和同侪的身份来迎接，胡克一定感到非常喜悦，但是谋生仍旧是个问题。他已经不是孤家寡人了——此时胡克已与达尔文恩师亨斯洛的千金弗朗西斯·亨斯洛（Francis Henslow）订婚。他希望在大学里工作，于是在达尔文的推荐下申请了爱丁堡大学的教职，并可能执掌大学植物园。出乎他和达尔文的意料，他没能获得这个职位。有邱园园长父亲作为后盾，胡克不愁人脉，但是植物园不足以支持他，他需要回到野外。南极植物志出版之后，他开始进行另一场探险，这一次去的

① 达尔文书信项目数据库，www. darwinproject. ac. uk/entry-734/，letter no. 734（访问于 2010 年 12 月 18 日）。
② 同上，www. darwinproject. ac. uk/entry-1067/，letter no. 1067（访问于 2010 年 12 月 18 日）。
③ 同上，www. darwinproject. ac. uk/entry-736/，letter no. 736（访问于 2010 年 12 月 18 日）。

是喜马拉雅山脉。他在 1848 年 4 月来到印度，在大吉岭的营地安置下来①。

胡克从印度写给达尔文的信自成篇章。他的激动之情跃然纸上：在印度北部山区探险，前往锡金和尼泊尔收集标本，为家乡的朋友记录地质和动物学信息，还雇了一队人马助他采集植物。有一个好玩的细节是胡克曾提到"关于黑雁的古老传说"来调侃达尔文，因对方正在做关于黑雁的研究②。胡克还提醒达尔文要保留自己的信件作为备份，因为"我很少大胆假设，除非在写给可靠的亲友的信件里。我的想法总是瞬息万变——我们前脚在当村谈过的，后脚就可能被我丢进火里烧掉③。"

1865 年父亲去世后，胡克被任命为邱园的园长，他面临的任务是通过鼓励建立海外分园，来为本土的邱园获取鲜活标本，扩大影响力。他在印度工作的成果和后来采集活动的所获，涵盖了大部分印度植物，随后他继续在不同手稿中研究这些内容超过五十年之久。

从印度回来后，他在英国写作，花费数年潜心研究。他和弗朗西斯·亨斯洛结婚，生了七个孩子，但是只有五个长大成人。1874 年弗朗西斯去世，胡克在哀痛中度过了两年，然后娶了威廉·贾丁（William Jardine）的遗孀。19 世纪 30 年代，贾丁曾出版一系列插图精美的博物学书籍，广受欢迎，激发了大众对于英国植物的兴趣。因此，这位夫人对于博物学家的生活习惯早就习以为常了。

207

第二年，胡克作为阿萨·格雷的客人来访美国，两人都是达尔文主义

---

① 对于大部分英属印度，在夏天最炎热的时候，把政府和行政办公室从酷热的南部低地搬到凉爽的山坡上是一种传统。这些山地营地中，有一些变得非常有名，不仅因为经由它们可以很方便地进入高山地区，还因为其错综复杂的社会状况。在 19 世纪晚期和 20 世纪早期，很多官员囿于政府事务长期离家，他们的太太便参加绘画和业余博物学课程来打发时间。她们画下了这些山地营地周围很多动植物的美丽图画。

② 达尔文书信项目数据库，www. darwinproject. ac. uk/entry-1220/，letter no. 1220（访问于 2010 年 12 月 18 日）。

③ 同上。

图 18　蜂鸟，来自威廉·贾丁的《博物学》。（作者藏品）

的支持者（你可能还记得在 1858 年，达尔文写给阿萨·格雷的信在林奈学会宣读，确立了他在创立自然选择学说中的优先地位）。格雷也对植物地理学非常感兴趣，两人一起到美国西部旅行，访问那些短短一个世纪之前，弗里蒙特费尽千辛万苦才去到的地方。他们穿越大盆地，登上内华达山脉，用十天穿过加利福尼亚（弗里蒙特走过相同的路线花了整整五周）。在加利福尼亚，他们去了约塞米蒂（Yosemite）和旧金山，同约翰·缪尔见了面，随后胡克带着新的标本回到英国。和达尔文不同，胡克从未提出真正原创的理论体系。对他来说，从分类和了解物种分布的形式来将信息抽丝剥茧是更加重要的。他从没有真正地退休，而是一直研究深爱的植物直至最后一息，就在最后的维多利亚时代伟人阿尔弗雷德·拉塞尔·华莱士去世的两年之后。

第十四章
新英格兰的博物学家：梭罗、阿加西和格雷

1896 年 7 月，下面这段话出现在美国科学促进会（American Association for the Advance of Science）的杂志《科学》上：

在"儿童经典名著"已经出版了五十多卷后，是时候为这个系列增加一些科学读物了。吉恩和团队出版社（Ginn & Co.）非常明智地选择了吉尔伯特·怀特的《塞尔伯恩植物志》……再没有比它更好的书，可以放心交给一个十四岁男孩阅读。当代似乎很少有像怀特、梭罗和奥杜邦这样的自然观察者。生物学似乎已经发展得太广阔、太复杂，超过了业余爱好者的驾驭能力。可是如今……男孩子们已不再对自然感兴趣，博物学家诞生的沃土已贫瘠不堪①。

---

① 佚名，1896，第 113 页。

这段话中流露出的担忧，放在现代社会也惊人地恰当。作者继续说："扩张的城市、对体育运动的狂热，以及逡巡于实验室的生物学研究，都让学生远离自然……收集还在继续，但是邮票怎能代替鸟蛋、蝴蝶、贝壳和诸如此类的事物？在这样的情况下，没有什么比在所有学校和家庭里配备一本《塞尔伯恩植物志》更有用的了。"①

209 我女儿听我讲了太多过去人和自然融洽相处的故事，耳朵都起了茧子，她尤其反感我把她们这代与过去做比较，总是不耐烦地答道："天啊！够了，不要再讲'当我还小的时候'了！"这段话出现的时候，达尔文刚刚去世十四年，胡克还有十五年用来研究植物，但是科学早已远远抛开18、19世纪普遍的研究对象。我们不知道博物学究竟是在哪个时间点衰落的，但差不多就是在19世纪90年代。她为什么衰落，是否无可避免，结果是好是坏，是本书后三章的讨论内容。

为了寻找博物学衰落的原因，我们有必要讨论19世纪美国的大众和科学文化中的几位重要人物。讽刺的是，也许正因为这些作者把博物学从方方面面带入了大众视野，科学共同体抛弃博物学的进程也大大加快了。

亨利·戴维·梭罗（Henry David Thoreau，1817—1862）是美国自然作家中的代表人物。一代又一代的学子在他的文字中汲取养分。我们中相当多的人都曾被这句话深深鼓舞："我进入林间，因为我想慎重地生活，只面对生命的本质，看看我能否领悟她的教诲，能否不在奄奄一息之时，方才领悟自己从未真正活过。"②

在博物学方面，梭罗是个谜一样的人物。从文字中明显可以看出，他曾深入阅读博物学著作——他对吉尔伯特·怀特、洪堡和巴特拉姆父子的

---

① 佚名，1896，第113页。
② 梭罗，1993［1854］，第72页。

观点手到擒来①。《物种起源》一在美国出版，他就很快读完②。在哈佛大学期间，他修习了很多科学课程。可以想象，他本可以成为一名出色的美国野外生物学家。但是尽管有这些经历，他的关注点却有点问题——换句话说，他的问题在于缺乏关注点，兴趣广而不精，这会让一位"严肃的"博物学家停滞不前。在他的文章《马萨诸塞州博物志》（*Natural History of Massachusetts*）中，他无法抗拒地说："自然总是充满神话和神秘，需要一定资质和过人的天分才能驾驭。她如艺术般华丽绚烂。为了制作一把朝圣者的杯子，她慷慨地给出了全部：底座、杯身、把手、鼻罩和一些优美的形状……如同它将成为非凡的海神涅柔斯（Nereus）或特里同（Triton）的座驾。"③

这么说可能有些不客气，但读到这里我想到了这样的画面，达尔文或胡克一边说着"我得继续工作了"，一边轻轻地把这本书放到一边。甚至在梭罗同时代的人那里，我们也能感受到这种失望。拉尔夫·瓦尔多·爱默生（Ralph Waldo Emerson）在梭罗死后这样评说："他总是走来走去，210做五花八门的研究，每一天都与自然打些交道，但却绝口不提植物学或动物学。尽管他对研究自然中的现象充满热忱，但对科学技术和学术写作却兴味索然。"④ 爱默生指出，梭罗对马萨诸塞州自然历史的了解程度不亚于官方博物学家，但是他不愿像朋友们心目中的博物学家那样行事，这就是问题所在。

在《马萨诸塞州博物志》的结尾，梭罗明确表达了自己的观点："我们不要轻视事实的价值，有朝一日它将开出真理之花。令人惊讶的是，在

---

① 他在洪堡《个人记事》英文版出版之前就已经译出过书中的一部分；他还读过《自然和宇宙面面观》（*Aspects of Nature and Cosmos*）。
② 理查森（Richardson），1992，转引自肖尔尼克（Scholnick），1992。
③ 梭罗，1883［1863］，第 65 页。
④ 同上。生平介绍见爱默生，第 8 页。

整整一个世纪里，动物学中竟然没有诞生多少有价值的新发现……智慧源自耐心的观察，而非浮光掠影的浏览。只有持之以恒地观察才能有所发现……真理不可通过刻意人为和技术手段寻得。"① 这很大程度上就是梭罗的问题所在：他"持之以恒地观察"，一定有一肚子有趣的发现可以讲给我们，但他却选择不说——他放弃了"刻意人为和技术手段"。而是否要去瞧一瞧他的发现，便取决于我们自己了。

梭罗对于身边科学界的大事很熟悉，其中很多我们都已经讲到过，但是他对这些事都有自己的看法。在谈到威尔克斯的探险时，他说："南冰洋的远洋探险既兴师动众又劳民伤财，究竟意义何在呢？探险无法直接认识到这样的事实，那就是道德世界中也充满了大陆和海洋，我们每个人都是地峡或入海口，面对着广阔的未知空间。在五百名青壮年劳力的协助下，乘着政府的船只，突破寒冰、风暴和食人族的阻碍航行几千英里，这并不是难事。而探索内心的海洋，探索一个人独处时心中的大西洋和太平洋才更难。"② 尽管在航行记录中对火地岛人和斐济人大加道德批判，但如果威尔克斯听到有人让他去探索"内心的海洋"，一定会非常困惑。

我认为，梭罗和他的文字不仅体现出博物学以及博物学家，与生物学、生态学及科学家之间的分歧，同时也加速了他们的分道扬镳③。最理想的情况下，科学令其读者无须直接体验。一个出色的科学家将论据和论点呈现出来，说服读者，使他们相信，如果他们自己观察同样的现象，做同样的实验，也会看到或感受到同样的信息，得出相同的结论。尽管如此，科学的终极本质是怀疑。

梭罗似乎从未考虑过方法论问题。他对为了收集而收集不感兴趣。在

① 梭罗，1883［1863］，第71页。
② 梭罗，1910［1854］，第259页。
③ 埃杰顿（1983）也曾提到这件事，倾向于把梭罗放在生态学发展的外围地带，认为他关注更多的是"社会批评和哲学，而非科学"（273）。

《康科德河和梅里马克河上的一周》（*A Week on the Concord and Merrimack River*）中，他说："发现的过程一点都不难。只要坚持不懈、有条不紊地运用已知法则，便可让未知自行现身。观察的风格可以不拘一格，总会有所斩获，而方法才是最要紧的。只有围绕着一些确定的内容来积累观察才行。"[①]

211

在这本书中（出版于 1849 年，当时他正忙于《瓦尔登湖》），梭罗提出了一些理想情况下所有科学家都会赞同的建议。达尔文或许一直都在热情百倍地积累证据，来支持《物种起源》中"长长的论证"，但是他并不是盲目地收集证据，而是先提出一些初始的、试验性的假设，经过修正，再根据得出的结果进一步提出新想法："7 月，我打开第一本记录《物种起源》相关证据的笔记本，我曾对着它久久沉思，然后埋首工作了二十年。"[②] 但是后来在评价一篇早期的地质学论文时，他也说道："限于当时的知识水平，我曾赞同用海底抬升的观点来解释陆地上的海洋动物化石。这个错误给我上了一课，让我明白永远不要用排除法研究科学。"[③] 换句话说，达尔文认识到，通过收集和分析数据建立假说固然重要，但尽信假设或"法则"却万万要不得，可能会让我们把数据用在错误的地方，对潜在的新发现视若无睹。

梭罗去世三十五年后，地质学家钱伯林（T. C. Chamberlin）出版了一本所有研究生必读的经典著作，他在其中提醒读者不要过度依赖理论[④]。19 世纪结束之前，博物学家通常以标本这种实实在在的形式积累新发现。标本是实物，看得见摸得着，一件标本就是一个新发现。通过足够的新发现，一个像达尔文这样的科学家可以总结出规律和过程，来得出更深入或

---

① 梭罗，1873［1849］，第 384 页。
② 达尔文，1958，第 83 页。
③ 同上，第 84 页。
④ 钱伯林，1897。

普适的洞见。假说很容易变成法则，以定式蒙蔽博物学家的双眼，让他们无法看到眼前真实的世界。一个人很容易迷上某种理论，然后对与之相悖的证据视而不见。钱伯林鼓励读者使用"工作假设"（working hypotheses）的说法，并且坚持要加上"多重"，如此这般，验证过程就变得清晰连贯。

梭罗是一位优秀的观察者，他笔下不时有灵光乍现，但他文中的神秘主义颇能蛊惑人心，对博物学的形象具有破坏力。他的华丽辞藻使得严肃的科学家对博物学嗤之以鼻，认为它太含糊又太哲学化，不值得关注。

212　　在梭罗短暂职业生涯的最后几年，19 世纪最声势浩大的一场运动发生在新英格兰，科学整体，尤其是达尔文主义，遭到了前所未有的挑战。这场论战惨烈异常，从街头巷尾吵到全国各地。唇枪舌剑的学者们无疑影响了梭罗，可能正因为他们的争论，加上对这场运动的迎合，导致他对科学怀有矛盾的感情。对于那些只想简简单单地了解身边动植物的人来说，那些原本应该受人敬仰的饱学之士此刻却表现得如此刻薄，一定很令人灰心。

要了解 19 世纪美国关于进化论的争论，我们需要回到过去，了解论战中的代表人物：我们已经提起过的阿萨·格雷和路易斯·阿加西（Louis Agassiz, 1807—1873）[1]。梭罗对两人的工作都有所了解，时不时会在自己的写作中引用他们的内容。随着梭罗对植物学和动物学越来越感兴趣，他很可能也会耳濡目染到两人所代表的两个阵营之间的分歧，尤其当他在生命中最后几年接触到达尔文的进化学说后，他一定会想要仔细了解两方观点的异同。

阿加西是整个故事中最复杂的人之一。他在许多方面挑战分类学，生活和工作中既是个英雄又是个流氓：既是优秀的科学家，又受到宗教信仰的蒙蔽；他是一个出色的讲师和教师，但对最亲密的家人冷酷无情；他是

---

[1] 卢里（Lurie），1988。

一个有创见的思想家，却公然从学生那里剽窃。

　　阿加西生于瑞士，在冰雪覆盖的山区长大，所以他整个职业生涯都为冰和岩石的互相作用着迷也就不奇怪了。阿加西对科学最历久弥坚的贡献，就是提出"冰期"的概念。他也受过动物学方面的训练，在很多方面，动物学的教学和研究才是他最重视的成就①。1829 年，阿加西从慕尼黑大学得到博士学位，毕业论文讨论巴西的鱼类，并将这项工作献给了居维叶。此后他出版的一部关于鱼化石的著作还被誉为该领域突破性的巨著②。1830 年，阿加西获得医学博士学位，前往巴黎跟随居维叶学习，后者因那本献给自己的论文而颇感荣幸。在巴黎，阿加西遇到了洪堡，正如前面提到过的，洪堡支持他的研究，在居维叶死后资助他留在巴黎。

　　在巴黎的时光，似乎让阿加西尝到了一丝上流社会的甜头，这在他的晚年变成了生活的重心。与洪堡的联系也为他的事业铺平了道路。此时正值普鲁士控制瑞士时期，洪堡和普鲁士国王交好。透过这层关系，阿加西在 1832 年稳稳拿到了纳沙泰尔大学（Neuchâtel University）的教职，并很快成为一名公认的出色讲师和勇于创新的老师。他组建了博物学俱乐部，鼓励学生和城里的居民积极参加野外实践。同时，他娶了第一任妻子，一位德国邮政大臣兼地质学家的女儿塞西尔·布劳恩（Cécile Braun），她本人也是一位天赋出众的艺术家。阿加西早年一些著作的插图就是出自她手③。

　　阿加西继续研究鱼化石，他的工作很快引起英国的亚当·塞奇威克和查尔斯·赖尔的注意，还受到洪堡的赞誉。虽然塞奇威克对阿加西的鱼类研究相当赞赏，但对他的地质学研究却有些不以为然，在 1835 年 9 月写给赖尔的信中，他说："阿加西在都柏林加入我们，在我们这儿念了一篇长

① 艾尔斯沃思（Aylesworth），1965。
② 麦克杜格尔（Macdougal），2004。
③ 梅特（Mater），1911。

论文。但是你怎么看？他没有讲我们想知道的内容，也没有讲他游刃有余的鱼类学知识，而是挖空无知的肚肠对地质学发表了一篇愚蠢的假说。"①

在讨论鱼化石时，阿加西设计出一套新系统，根据石化过程中通常保留的结构进行分类。从一开始，阿加西科学概念的养成就受到根深蒂固的新教信仰的影响②。他似乎毫不怀疑，或很少怀疑创世论，而且把自己的分类系统——实际上大部分的思想——建立在物种不变的基础上。基于这样的假设，所有物种都明白无误地由造物主一手创造，在一段时间内繁荣昌盛，接着消失，和现在的物种形态毫无关系。渐渐地，他开始认为自己最初在瑞士阿尔卑斯山区发现和提出的冰期，有可能在全球范围内发生过，也正是冰期造就了化石和现代动植物形态之间的差异。在这个意义上，阿加西在整个学术生涯中是个始终如一的"灾变论者"——全球地质和生物的历史，分为泾渭分明的几个阶段：创造，扩散，戛然终结于全球冰期，接着是新一轮的创造，整个过程周而复始。

214　　对于科学和宗教的关系，阿加西和吉尔伯特·怀特有着迥异的态度。乍看起来，怀特作为一名正式任命的牧师，应该会更关心创世论研究，来呈现造物主的意志和本质。但是怀特和阿加西不同，他似乎只是单纯而愉悦地记录数据，构思着关于动物迁移和冬眠的各种想法，把科学实践与牧师的职责分得清楚。而阿加西却旗帜鲜明地（甚至剑拔弩张地）将宗教和科学混合起来，这种做法可以追溯到约翰·雷试图融合博物学和神学的时代。

阿加西和塞奇威克都不拘于《圣经》原文，他们并不认为《圣经》中的每个字都是不可动摇的真相——两个人都见过足够多的地质学证据，足以摒弃"上帝用六天创造世界"的说法，他们相信地球的历史比原教旨主义者认为的要久远得多。他们与达尔文最直接的分歧在于生物学而非地质

① 克拉克和休斯（Hughes），1890，第 447 页。
② 卢里，1988。

学。塞奇威克摒弃了灾变说，并支持赖尔更为渐进和发展的地质学理论，对达尔文进化论起到了很大的支持作用。

　　婚后，阿加西和妻子塞西尔前往贝城（Bex）的阿尔卑斯山区拜访知名的瑞士地质学家夏彭蒂耶（Jean de Charpentier）①。夏彭蒂耶花了很长的时间研究阿尔卑斯高山冰川搬运的冰碛石和漂砾，并得出结论，过去某个时间点曾发生过比现在更加剧烈的冰川运动。夏彭蒂耶的工程师朋友伊格纳兹·韦内茨（Ignatz Venetz）赞同并解释了这些想法——他曾经在海拔非常低的地方见过冰川切割岩石的痕迹。阿加西为这个想法着迷，1837年，在纳沙泰尔大学博物学俱乐部的年度会议上，他进行了一次关于全球冰川运动理论的提纲挈领的演讲。塞奇威克最初对这些报告回以谨慎而积极的反馈，只是同时指出，虽然达尔文在南美高海拔地区发现了很多冰川运动的痕迹，但是他在巴西的热带地区却没有类似的发现。

　　1835年，阿加西访问英国，得以接触大量鱼化石，通过它们奠定了在动物学领域的声望。然而在家乡，阿加西在纳沙泰尔大学却因为和昔日同事的不睦愈受诟病，其中也包括夏彭蒂耶。他们感受到，自己在阿加西发表的研究成果中做出的贡献没有得到足够的承认。这些指控中有一些是夸大其词，还有一些纯属子虚乌有，但却反映了阿加西为人处世的风格：他在任何地方都喜欢做领头羊。阿加西对自己的工作沾沾自喜，坚持在著作插图的绘制上砸钱，导致他和妻子也渐行渐远。塞西尔觉得在瑞士的生活越来越难以忍受。她承担了大部分养育三个孩子的责任，健康也每况愈下。慢性肺结核在逐渐将她吞噬。

　　1845年，阿加西安排了一次前往美国东部的旅行，在普鲁士国王的赞助下进行地质学的讲课和研究。通过和赖尔的关系，阿加西得到位于波士顿的洛厄尔学院（Lowell Institute）的邀请，在那里进行一系列讲座，除

215

---

① 麦克杜格尔，2004。

了"动物界体现的创世计划"，还讨论鱼类学和胚胎学相关问题。在欧洲，阿加西和老牌科学机构间一向存在分歧。到了美国，他就有机会亲自重塑科学的结构。

阿加西到达美国，受到热烈欢迎。他风度翩翩，谈吐幽默，才思敏捷，演讲风格活力四射，令美国观众倾倒。他的演讲门票一售即空，为满足大众求票的呼吁，只得在每场次日另外加场。阿加西也为美国兴奋不已。他的赞助人约翰·埃默里·洛厄尔（John Amory Lowell）是一位富有的工厂主，花了一笔可观的钱来支持科学事业。吸引阿加西来美国是他的宏图之一，所以他努力让自己的客人感到宾至如归。在洛厄尔的讲座结束后，其他资助人的慷慨资助雪片般飞来，其中还有一个博物学系列讲座的邀约①。

1847 年，阿加西得到了哈佛大学新设立的地质学教授职位，尽管这个职位原本是为纯应用方向的硬岩地质学而设，他还是头也不回地离开欧洲来到美国。这个新职位的内容为阿加西而改写，允许他进一步研究冰川、海洋生物、鱼类学和分类学，成为转向综合博物学研究的绝佳跳板。阿加西终于拥有了经济和政治方面的保障，感觉自己终于可以大显身手，为美国科学研究开宗立派，力争比肩欧洲甚至彻底超越。

我不清楚梭罗有没有参加过阿加西的公开演讲——他当时应该正在进行他的瓦尔登湖之旅——但是他肯定对这位哈佛大学冉冉升起的学术之星有所耳闻。在瓦尔登湖的第一年里，梭罗自告奋勇地为阿加西收集鱼类和爬行动物标本，寄给他至少两只鳄龟。至少在某些方面，阿加西对野外实践的重视非常符合梭罗的哲学，但是他越来越重视定量研究、测量和标本收集，渐渐与梭罗的自由精神产生矛盾。两人在 1857 年 3 月于爱默生家的晚宴上见面，但《新闻周刊》（*Journals*）的报道中对此一笔带过，没有提

---

① 阿加西，1847。

到任何相谈甚欢、一拍即合的情景①。

阿加西热爱观众，而观众也热爱他②。这种喜爱部分源于他有些不同寻常的教学方法：他享受讲课，也倡导直接观察，并且喜欢用插图帮助读者理解。他开始带很多人到野外，近至剑桥的近郊，远至五大湖区和科德角（Cape Cod）。后来，他在班尼凯斯岛（Penikese Island）开设的海洋生物学暑期课程因促成伍兹霍尔海洋研究所（Woods Hole Oceanographic Research Center）建立而备受赞誉。梭罗本来应该也会喜欢这些野外考察的地点，但是把旅行作为大型"生态之旅"的组成部分，可能与他独来独往的研究方法不符。梭罗或许曾为阿加西的采集出过一份力，但读过阿加西的著作后，他显然感受到了两人在哲学和意识形态方面巨大的鸿沟。

阿加西的个人生活也比梭罗复杂。梭罗从未娶妻生子。阿加西则无情地抛弃了重病的妻子和无辜的孩子，只身来到美国。塞西尔死于 1848 年，而阿加西几乎马上就开始向伊丽莎白·卡伯特·卡里（Elizabeth Cabot Cary）示好，这位淑女是一个有钱的波士顿人的女儿，也是新英格兰最显赫的卡伯特家族的亲戚。他们在 1850 年 4 月结婚，此时距塞西尔去世还不到两年。孩子们被从瑞士接了过来，阿加西继续在波士顿力争上游。

阿加西真正想要的，是在博物学领域名垂青史。他打算通过两个途径来达到这一目标，一个是建立哈佛大学比较动物学博物馆，另一个是建立美国国家科学院（National Academy of Sciences）。阿加西认为自己一定能

① 梭罗，1907，9：298—299。麦卡洛（McCullough，1992）反复讲述一个最初由昆虫学家塞缪尔·斯卡德（Samuel Scudder）讲述的故事，阿加西给他展示了一个浸泡在甲醛中的鱼类标本，让他描述。斯卡德试图快速描摹，阿加西让他继续观察。斯卡德先是花了好几个小时，然后是几天来研究这个鱼标本。每当他把结果告诉阿加西，对方都坚持要他再看看。最终，四个礼拜后，这条鱼腐烂了，阿加西终于满意地承认，斯卡德终于学会"观察"这条鱼了。

② 亚当斯（Adams，2010）[1906]对作为哈佛大学教授的阿加西作了一个有趣的评价："对他（亚当斯）来说，唯一满足他的想象力的是路易斯·阿加西关于冰期和古生物学的系列讲座，比所有其他大学教学加起来都更能激发他的好奇心。"（50）

胜任挑选学会人选这一工作。由于他广受大众喜爱，社会关系活络，被视为同龄人中领先的科学家，便自觉两个目标都胜券在握。

比较动物学博物馆无疑是北美最好的博物馆之一，和下一章将要讲到的脊椎动物博物馆不同，它很早就能够同时满足科研人员和普罗大众的趣味。两者都要感谢阿加西。阿加西永远惦记着要让自己的观众满意，确保博物馆作为一个教学和研究机构，受到马萨诸塞州和波士顿精英阶层的支持。阿加西的后半生都在为"他的"博物馆的资金来源奔走，并拓展它的

217 收藏，它们不仅是他和学生们重要的研究手段，也是博物学大众教育的媒介。藏品的组织方式和阿加西的哲学一脉相承，特意展示出创世论的理论和逻辑①。这种组织方式带有浓浓的怀旧气味——晚年的约翰·雷如果能看到这"上帝智慧"的大型展示，一定会有回到精神故乡之感，但是年轻

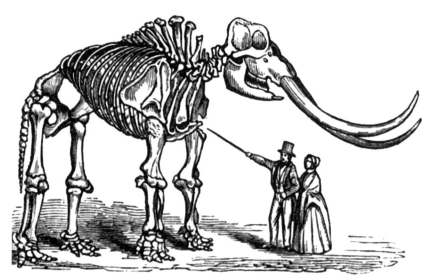

图19 维多利亚时期的一对男女在观看乳齿象骨架，来自阿加西的《博物学研究简介》（*An Introduction to the Study of Natural History*），1847。（作者藏品）

---

① 温莎（Winsor），1991。

的雷一定会诧异，这观点居然有这么强的生命力，一百五十年之后仍旧阴魂不散。

1858 年，达尔文写给哈佛大学的阿萨·格雷的信刚刚在林奈学会被宣读，首创自然选择理论。一年后，《物种起源》姗姗来迟，也正是在同一年，这座为赞美物种稳定不变而建立的博物馆落成，显得颇具讽刺意味。博物馆的规模逐渐扩大，从最初哈佛校园内的狭小木构建筑扩大到一栋原本为工程学院修建的新楼房。在原本的木构建筑中，藏品的消防安全是非常实际的担忧，终于搬进一栋砖结构的建筑让馆方出了一口气。和伦敦和纽约的自然博物馆比起来，这栋建筑规模不大。建筑的立面非常朴素，甚至有些工业化，但是内部为大众提供了靠近观看标本的空间，以及隐蔽于幕后的工作间和储藏室，可以存放巨量标本。直到最近的 2010 年，比较动物学博物馆仍然拒绝使用时兴的展示方法，不愿把真正的标本替换为以假乱真的数字模拟。这是一座旧日的博物馆。如果阿加西本人仍在，也会在其中流连忘返。

刚刚提到，阿加西为确保其对美国科学界不朽的影响力，还有第二个计划，那就是创立美国国家科学院。这个想法源于阿加西早年与英国皇家学会和位于巴黎的法国国家科学院等学术团体的接触，这些学会的职责包括向政府倡议科学研究相关的事务和仲裁科学辩论。阿加西认为，如果美国能建立一个类似的国家级机构，那么谁掌握了它，就等于掌握了联邦政府对科学研究的投入，并有权干预重点大学的人事任命。基本上，这个人将会在可见的将来引领美国科学的发展方向。

美国当时已经有了一些地方科学机构。费城自然科学学会（Academy of Natural Sciences in Philadelphia）是最古老的专门科学机构，建于 1812 年，不过晚于 1743 年建立的美国哲学学会。波士顿有建立于 1780 年的美国艺术与科学院（American Academy of Arts and Sciences），以及 1832 年建立的博物学学会。就连加利福尼亚州在加入联邦的几年之前也有了自己的科学学会，但是这些机构中，没有任何一家是国家级机构。史密森尼学会当时刚创立不久，还不知道会往哪个方向发展。阿加西计划建立一个比上述所有都更强有力的，能影响美国政府决策的机构。1848 年建立的美国科学促进会（AAAS）似乎能满足这个要求，但对于阿加西来说，加入的门槛太低了。如果什么人都能加入，那么其中的成员又有什么影响力呢？

　　一个新学会的核心，在阿加西和本杰明·富兰克林的曾外孙，工程师亚历山大·巴赫（Alexander Bache，1806—1867）的努力下，从一个叫作"科学丐帮"（Scientific Lazzaroni）的同行团体中建立起来[①]。巴赫时任美国联邦政府海岸勘测局局长，在华盛顿有很强的人脉，这个位置允许他为阿加西及其学生采集海洋标本和调查海岸地质的活动提供支持。"丐帮"由阿加西的一群朋友组成，最初以波士顿为基地，后来吸纳了耶鲁大学的詹姆斯·达纳以及波士顿和剑桥以外地区一批有影响力的科学家。从 1853 年开始，成员们开始不定期举行会议[②]。巴赫和阿加西将这个团体视为一个独立国家科学机构的雏形。随着内战爆发，联邦政府受形势所迫，需要在战争中发挥科学专家的力量。阿加西取得了马萨诸塞州参议员亨利·威尔逊（Henry Wilson）的支持，通过他向国会提出申请建立国家科学院的提案。

　　接下来阿加西展现出了他最差劲的一面。他来到华盛顿，成为史密森尼学会的一名董事，然后立即和巴赫及其他"丐帮"成员一起坐下来，起草了一个院士名单。他们敲定了五十个人，其中有一些并不对阿加西的脾气，但是太过于大名鼎鼎，无法排除在外（如阿萨·格雷），但是大部分人都确定可以供阿加西和巴赫驱使。这项法案把学会的组织和未来成员的选择权力完全交到了他们手中，未经宣读任何成员的名字，就口头表决通

219

---

① 卢里，1988；亦见于佚名（1956）和杜普里（Dupree，1959），尤其是关于科学丐帮的反对者的一条记载。
② 科克伦（Cochrane），1978。

过，由林肯签署立即生效。阿加西得到了他的博物馆和国家科学院，似乎已经没有人可以再挑战他在科学领域的权威和地位。

在 19 世纪 50 年代的大部分时间里，梭罗都在为自己独树一帜的博物学研究忙碌。从 50 年代初开始，他被选为波士顿博物学学会的一名通讯会员。九年后，他被派往哈佛大学的博物学巡视委员会。委员会负责审核学校里所有课程，让梭罗至少在书面上对学校的教职工有所了解。如此一来，在阿加西兴办博物馆的同时，梭罗也走访了剑桥。他曾为阿加西贡献了不少标本，对博物馆的兴趣肯定不止路过看看那么简单。

从最早的《马萨诸塞州博物志》（1842），到《瓦尔登湖》（1854），再到《森林的演替》（*The Succession of Forest Trees*）（1860），能感受到梭罗写作的内容和风格发生了明显的变化。最后一篇文章很大程度上继承了传统博物学的精神，不再像早期作品那样充满他特有的天马行空的想象，而是囊括了很多仔细的观察和思考。戴维·福斯特（David Foster）敏锐地将这篇文章与梭罗其他作品做比较，并将其与康科德附近地区迅速变化的景观进行对照[①]。不知梭罗是否是第一个使用"演替"一词来描述植物在景观中的变化的人，但是比起后来很多受过良好训练的生态学家，他对种子传播重要性的讨论显然更胜一筹[②]。在《演替》这篇文章里，当梭罗说他"相信一颗种子的本事"的时候，他其实是在说：他明确拒绝用隐喻和神秘主义来描述他在变化的景观中观察到的现象[③]。

220

在写《演替》这篇文章时，梭罗的健康状况已经每况愈下，两年之后便撒手人寰。他似乎没有参加比较动物学博物馆的开幕，甚至从未亲自进去过，但是他对学术政治并非充耳不闻，很可能也意识到了哈佛大学自然

---

① 福斯特，1999。
② 可以考虑一下弗雷德里克·克莱门茨（Frederick Clements）在 20 世纪 20 年代和 30 年代提到的近乎神秘的景观形成过程，以及他的学生约翰·菲利普斯（John Phillips）提出的彻底神秘的"超个体"，这一概念让阿瑟·坦斯利爵士最终提出了"生态系统"的想法。
③ 梭罗，1887［1860］，第 51 页。

科学学科教师中的紧张气氛。阿加西领导的劳伦斯科学学院和博物学学院
冲突不断，而梭罗供职的巡视委员会理应予以监管。博物学学院由植物学
家阿萨·格雷领导，我们之前已经讲过他和达尔文的关系，以及他没有参
加威尔克斯探险队一事。如果梭罗在担任巡视员的两年期间积极工作（第
一年期满后他再次申请了这个职务，说明的确如此），他应该能立即察觉
到美国科学界的裂痕。

　　很多年来阿萨·格雷都站在阿加西的对立面。和个性张扬、擅长自我
推销的对手不同，格雷更为内敛，更关注科学研究本身，就算不得不参与
学术政治，也更愿意站在幕后。格雷生于纽约上州，和很多我们提到过的
科学家一样，最初接受的是医学的训练。在学术生涯的早期，他受到写出
过《美国北部和中部地区植物志》（*Flora of the Northern and Middle
Sections of the United States*）的约翰·托里（John Torrey，1796—1873）
的影响，成为纽约州的州立植物学家[1]。托里也是医生出身，转入植物学
研究，鼓励年轻的格雷追随他的脚步。格雷很高兴未来能投入托里门下。
19 世纪 30 年代的大部分时间里，他不是和托里通信，就是协助他进行植
物学工作。格雷还发表了几篇文章，得到英国的约瑟夫·胡克的青睐，并
于 1836 年完成了自己的著作《植物学基础》（*Elements of Botany*）[2]。

　　哈佛大学早在 1805 年就设立了博物学，最初意在涵盖所有自然科学
的分支，但是到了 1836 年，学术研究开始变得越来越专门化，而大学植
物园则需要更为妥善的照料[3]。要让一个博物学的职位聚焦于一个科学分
支，需要花费点努力。格雷很难同时满足植物学和动物学方面的要求。资
金总是很紧张，让他安定下来专心做某个领域研究的希望非常渺茫。1838
年，格雷去英国和欧洲旅行。在邱园停留期间，他被引荐给达尔文。当时

---

① 托里，1824。

② 格雷，1836。

③ 杜普里，1959。

两个人都没意识到，后来他们会成为终生的挚友。

回到美国后，威尔克斯探险队的组织者找到格雷，希望他出任队伍里的植物学家。格雷左右思量，对探险计划中的混乱心有戚戚，最后拒绝了这个邀约。现在看来这是个明智的决定：1841 年，哈佛大学董事会终于决定找一个植物学家来补缺。如果格雷跑去太平洋游荡，这个席位无疑会拱手他人。1842 年，当哈佛抛来橄榄枝时，没有去探险的格雷已经准备好接受这个职位，从此便有了一张安静的书桌。

1846 年阿加西来到哈佛大学，一开始似乎是学校的一针强心剂：当格雷钻研植物学时，研究动物学的阿加西本应是一位亲切又积极的同事。当时有足够的研究任务可以让一个专业的植物学家忙得团团转。密西西比河西部地区的各种探险带回大量植物标本，整理编目的速度远远跟不上，而威尔克斯探险队带回的太平洋植物也需要额外的关注。1848 年，新婚宴尔的格雷来到华盛顿，商讨威尔克斯探险队收集到的植物该如何处置。他和政府达成一项协议，由政府资助他重返欧洲，用英国和欧洲的植物藏品来对威尔克斯的标本进行分类。

格雷的第二次欧洲之旅奠定了他的国际声誉。他来到邱园，与胡克父子一起工作，重新见到达尔文——此时两人都意识到对方在一夜之间发展出的新生物学领域中的重要性。在英国，他还遇到赫胥黎、欧文和其他维多利亚时代的博物学之星，作为分类学家的技能也得到了锻炼。维多利亚博物学家的社交圈子接纳了格雷夫妇。和阿加西不同的是，格雷交到很多终生好友，为他未来的工作提供着积极的支持和反馈。

对威尔克斯探险队取得的植物进行记录归档是桩漫长的苦差，其中部分原因是要和威尔克斯无休止地争论每份报告的形式和内容（最后一卷直到 1873 年才完成）。格雷接下这个任务后，一定常常后悔不迭。1851 年，格雷夫妇回到哈佛，发现阿加西的阴谋已经得逞。在他们离开期间，阿加西把大量的关注和资金都引向动物学和地质学，植物学则遭到了冷遇。

格雷的宗教信仰也需要简单介绍。像达纳和阿加西一样，他曾经作为一个新教徒被抚养长大，但是和达尔文不同，他一生中都是一位虔诚的教徒。格雷在《给年轻人和公立学校的植物学》(*Botany for Young People and Common Schools*) 的开篇引用了《马太福音》第 6 章 28 节——"你想那野地里的百合花"——它的第一段这样说："当基督亲自带领我们仔细观察身边的植物——留心它们怎样生长——它们是那样多姿多彩，不可胜数，它们是那样优美……我们一定能从它们身上获得有趣又有益的教导。"[①]

把基督描述为一位植物学家的说法，多多少少是为了增强文字的感染力，且格雷也接受对目的论和终极设计的质疑。和阿加西不同，他充其量将《圣经》中大量关于创世的记载当作隐喻。1880 年，在给耶鲁神学院开设的一系列课程中，格雷肯定是经过很长时间的深思熟虑，发表了一份的声明："我们应该接受这一观点，那就是《摩西五书》不是为了指导科学知识而递到我们手中的。我们的责任是把科学信仰建立在观察和推理的基础上，不要和对其他原则的考量混为一谈。"[②]

正如基尼（Keeney）指出的，这些看法符合 19 世纪中期自然神学的整体要旨[③]。格雷肯定乐于接受这样的观点，那就是自然选择出的演化正是造物主创造世界的机制。

瑞士新同事阿加西尖锐地反对进化论，和这种温和的神学观点水火不容，同时还对科研资金和赞助人极尽炫耀之能事，随心所欲地支配，种种做法令格雷等人十分挫败。格雷虽然儒雅安静，却和阿加西一样具有雄心壮志。哈佛已经拥有了一座伟大的动物博物馆，对植物学却没有相称的投入，等于站在生物学领域前沿理论框架的对立面上，这令格雷忍无可忍。

---

① 格雷，1863，第 1 页。
② 格雷，1880，第 8 页。
③ 基尼（Keeney），1992。

格雷和阿加西的矛盾在 19 世纪 50 年代逐渐发酵，两人争相在科学体系中占据一席之地。看起来格雷比阿加西更占上风，因为他懂得建立和维系良好的人际关系的重要性，不会干出剽窃他人想法的行径，而阿加西则会为了争名逐利而不择手段。

阿加西对进化论支持者愈演愈烈的人身攻击，以及"科学丐帮"在国家科学院中日益膨胀的权力，让两人的矛盾在 19 世纪 60 年代爆发。阿加西把达尔文主义视为危险的无神论观点，唆使各种攻击行为。格雷回击的方式，是公开辩论和在《大西洋月刊》（*Atlantic Monthly*）上发表了一篇重要的文章，这篇文章随后在英国广泛流传，让他成为捍卫达尔文进化论的先锋人物[1]。

格雷在题为《自然选择》（*Natural Selection*）的这篇文章中，指名道姓地称阿加西为进化论观点的带头反对人物，是过时的科学观点食古不化的象征。最终阿加西为一些过于恶意的反对观点道歉，使纷争得以平息，但于事无补，公众还是倒向了格雷和达尔文主义者。阿加西永远不能允许自己的神学观点向科学妥协，他曾因建立比较动物学博物馆而大放异彩，却从 19 世纪 60 年代开始走下坡路。

阿加西在创立比较动物学博物馆时，设想的是让它成为一座"科学车间"，不仅呈现自然世界的新观点和阐释，还要用以训练下一代科学家成为其他大学和国家科学院等机构的新生力量。然而事与愿违，他嫉贤妒能，不仅对学生的研究指手画脚，还把他们的成果挪为己用，导致没有后辈真心追随于他。为了重振声望，他和妻子说服铁路大亨纳撒尼尔·塞耶（Nathaniel Thayer）赞助一项采集淡水鱼类的巴西考察，以确定热带地区可能发生过的冰川运动的程度。

考察的成果是一本受到科学界的质疑的半通俗著作[2]。阿加西宣布在

---

① 格雷，1861。
② 阿加西和哈特（Hartt），1870。

亚马孙盆地发现近期冰川运动的多项显著证据，令大部分地质学同行们大吃一惊。没有人见过他宣称见到的证据。很多人都在质问，他如何能在短短几个月中，看到贝兹和洪堡等探险家在多年的旅行中都没有发现的事物。

1864 年，格雷在国家科学院发动了一次堪比宫廷政变的行动，不顾阿加西的强烈反对，力保史密森尼学会的助理秘书斯潘塞·贝尔德进入国家科学院。之后，格雷很快就退出了国家科学院，但仍然看好其发展，在 19 世纪 70 年代科学院将不再胜任的阿加西除名后，还对机构改革提出很多建议①。未来的天平显然已经倒向格雷，他虽然从没有完全赞成国家科学院的成立，此时也愿意宽宏大量一些。

1871 年，阿加西得到一个机会，使用海岸勘测船哈斯勒号（*Hassler*）研究近海地区。海岸勘测局受他的老朋友巴赫领导，内部剩余的"丐帮"成员仍把阿加西视为科学界的领袖，对他十分友好。这趟旅行有部分路线和达尔文当年的行程重叠，其间会前往加拉帕戈斯群岛，还可利用哈斯勒号蒸汽动力的优势挖掘深水底泥，阿加西欣然接受。

224　　　然而事情却不像他想象得那么顺利。哈斯勒号不断出故障，而且尽管阿加西在南美南端观察到了冰川运动的痕迹，也挖掘出很多新标本，但是他却没有提出任何新想法，长途航行又令他早就不健壮的身体更加虚弱。阿加西沿陆路回到剑桥，生命只剩下短短一年。比较动物学博物馆的担子渐渐被移交到阿加西的儿子亚历山大（Alexander）肩上，他拓展了父亲的海洋生物学研究，以缜密的鱼类学和海洋学研究自立门户，并通过矿业赚到了可观的财富，其中一部分被用于比较动物学博物馆的长期运营。

1873 年阿加西去世，他的批评者们终于可以自由抒发对他行为的不满。他作为科学普及者的贡献和长期的恶名功过相抵，他对学生和同事的

---

① 科克伦，1978。

霸凌似乎也冲淡了离世的悲伤气氛。恩斯特·黑克尔（Ernst Haeckel，1834—1919）评价阿加西为"博物学领域最富创见也最活跃的骗子"①。对于一个已经淡出科学界视野的角色，这样的墓志铭或许太过残忍且并非必要。而格雷的事业则继续蓬勃发展，为一群心怀敬慕的学生和后辈授课，留下格雷植物标本馆（Gray Herbarium）这一不逊色于阿加西的博物馆的遗产。

梭罗如何看待这一切，我们当然无从得知。到 1860 年，越来越精英化、学术化的科学界几乎已不可能再向业余爱好者张开怀抱，无论他有多么见多识广——此时距离业余爱好者达尔文从比格尔号之旅归来，受到热烈欢迎，不过是短短几年，其间已是沧海桑田。

科学的本质在改变，越来越重视变量控制实验、结果的可重复性和定义清晰的假设。这些方法在物理和应用科学中非常适用，对这些领域来说，变量可控的环境几乎是与生俱来的。但是同样的方法却不适用于基于实地研究的博物学，那里的样本总是很小，环境又太复杂，很难复制，而对结果又时常有不同的解读方法。梭罗为文学爱好者们带来一场盛宴，他用飘忽的散文和含蓄的暗示把自然主题引入文中，藏在一层又一层隐喻之下。他还为博物学家设立了一种新形象：不合群的怪人、回归大地者、更喜欢交流情绪和感受而非冥思苦想和夸夸其谈的人。如果达尔文看到"这种生命观之壮美"，可能还是要夺路而逃，因为毕竟，他是达尔文。他还　225是愿意坚持进行严谨、充分的信息收集。科学家开始失去对散文的耐心，而是越来越依赖可测量的、可简化为数字的事物。数学越来越被视为科学的真正语言。

在生命的最后时刻，格雷仍然可以处理好基督教徒兼植物学家的双重角色。赫胥黎给这种情形赋予合理性，称其为不可知论者。他们的后辈越

---

① 黑克尔，转引自温莎，1991，第 54 页。

来越多地把这类问题甩给人文学科，继续专注于他们认为重要的问题。到了 19 世纪末，正如我们在本章开篇引用的那段话中读到的，博物学家这一身份已经彻底过时，不断增长的人口给科学家和其他学者带来了全新的问题。有史以来第一次，人类可以以全球尺度观察有限的自然，但这又带来了新的问题——当梭罗静静看着树叶落在瓦尔登湖上时，一定也曾百思不得其解的，关于自然保护的问题。

第十五章

从缪尔和亚历山大，到利奥波德和卡森

1869 年，德国胚胎学家恩斯特·黑克尔写下"关于自然经济的知识体系——对动物与无机环境及有机环境整体关系的研究……总而言之，生态学研究的是这些复杂的相互关系的总和，它们就是达尔文所指的生存竞争的条件……生态学这门常被误称为更狭义的'生物学'的学科，迄今已构成了通常称为'博物学'的学科的主要成分。"①

黑克尔是否是使用"生态学"（或 *oecologia*，来自希腊语οικος，或"房子"）一词的第一人，这无关紧要。是黑克尔让这个词家喻户晓，把它放入当时的历史背景，和博物学史上一些关键的人物紧紧相连（明确提到达尔文，通过发明"自然的经济"一词含蓄地提到林奈）。现在看来，黑克尔的定义中最重要的词可能是"迄今"，意味着一场近在眼前的巨变。达尔文已经开启了科学研究的新视野：如果上帝没有把万物一口气造成现

---

① 凯勒（Keller）和戈里（Golley），第 9 页。

在的样子，并放在现在的位置，那就一定有其他原因导致了它们的变化。物种之间的关系不该继续被解释为上帝居高临下的总体设计。

博物学内部的专门化在19世纪40年代越来越明显，博物学家开始用他们所研究的物种类型来认知自己的身份①。生命科学学科中，如卡尔·森珀（Karl Semper）于1877年在洛厄尔学会（阿萨·格雷和路易斯·阿加西曾大显身手的地方）开设的讲座中强烈建议的那样，生态学或"动物学"在研究重点和方法上都发生了变化。在接下来的两页中，我大篇幅地引用了森珀的话，不仅因为他的观点独树一帜，还因为他对这一问题的阐述史无前例地清晰。在这些讲座已发表的版本中，森珀说："耶格（Jaeger）曾经说过——但我不记得是在哪里——达尔文主义者们已经在哲学思考方面做了足够多的工作，现在摆在我们面前的任务，是对已经提出的假设做精确的检验。"②

再次思考这里的术语是很有趣的。达尔文、胡克和他们的同盟一定会认同自己做的是"精确的检验"，但是森珀继续把他的意思解释得更加清楚："动物学家非常窘迫——比其他学科的科学家都要窘迫——因为到现在为止，他们都只是简简单单地去解释自然呈现出来的现象，而不是提出自己的问题，或者用批判性的实验迫使自然回答他们的问题③。"森珀表明，从此以后，科学研究的重心将越来越向实验和操作转移——生命科学若想被视为科学，必须效仿自然科学。这为生命科学施加了有趣的负担——究竟应该怎样在实验室条件下，为产生于野外的行为或生理研究建立相应的环境——但这对于他似乎不成问题。

下面摘录的这段话体现出更加有趣的世界观的转变："虽然栖息在一个地区内的不同动物，肯定不像一个个体的不同器官那样相互依存，但是

---

① 法伯，1997。
② 森珀，1881，第 v 页。
③ 同上，第3页。

两者的确有可比性。动物的正常数量比例、生活方式、分布,会因为某种动物的灭绝而变化甚至遭受灭顶之灾,如同一个个体的其中一个器官受伤,全身都会承受痛苦一样。"①

这种类比非常有趣,不仅因为其尺度的变化,还因为科学研究的整体隐喻已经改变。达尔文、华莱士、胡克等人研究的是物种。达尔文对物种的起源感兴趣,但是他的研究单元是个体,用多个个体进行比较。相反的是,森珀在进行类似的生理学研究时,研究单元接近于 20 世纪的科学家常用到的种群和生态系统。在后面的文字中,他在讨论热带结构的时候,提出了很像生物数量金字塔(Eltonian pyramid)的内容。这一概念真正出现需要再花七十年,但是根据森珀对能量从食草动物传递到食肉动物的效率的粗糙计算,新的野外生物学形式已经出现。

19 世纪下旬,美国移民和荒野的关系也发生了深远的改变。印第安人几乎已经从密西西比流域的剩余地区消失殆尽。曾经在大草原上游荡了几百万年,塑造了印第安人和毛皮猎人的整个生活方式的野牛,数量也急剧减少,从自然景观的一部分变成了稀有的博物馆标本。很多人无疑都在考虑保护的问题,但是他们需要有人来率先发出声音。这样的声音马上就要出现。

约翰·缪尔(1838—1914)生于距离苏格兰爱丁堡东南方三十英里的一个小镇邓巴,正是约翰·雷和威路比在一百七十年前大啖鲣鸟的地方。他的父亲是个虔诚的信徒,坚持要自己的孩子背诵大段《圣经》——缪尔后来说,他记得全部的《新约》和四分之三的《旧约》。唐纳德·沃斯特(Donald Worster)认为,早年接触到这种"左翼新教徒"中的宗教激进主义者的经历,深刻影响了缪尔后来对于自然的态度以及对人在自然中扮演的角色的看法②。当约翰十一岁时,他的父亲认为苏格兰教会已经自由主

228

---

① 森珀,1881,第 29 页。
② 沃斯特,1993,第 6 页。

义泛滥，于是把全家搬到了威斯康星州的农场。

缪尔在晚年写下童年的经历，其中有一些田园诗般的篇章——农场、马驹、公牛、奶牛和驮马是他的童年老师①。但是尽管如此，在拓荒前沿地带，生活并不轻松。离开苏格兰后，缪尔就没有继续接受学校教育，直到进入威斯康星大学（University of Wisconsin）。家里的每个人都要劳作，闲暇时间很少："我们总是要拼命工作，但是如果我们特别努力，有时能在漫长夏日的夜晚忙中偷闲去钓鱼，或者在周日湖面平静的时候，终于不用带鱼竿和猎枪，花一两个小时静静地划船。所以我们逐渐了解了栖息在那里的动物——梭鱼、翻车鱼、黑鲈、鲈鱼、闪鲦、太阳鱼、鸭子、潜鸟、乌龟、麝鼠等等。"②

虽然父母不允许他阅读《圣经》之外的任何读物，约翰还是如饥似渴地阅读，他写到自己为了偷得一刻自己的时光，凌晨一点起床看小说，或者忙活自己的发明创造。缪尔是个天生的工程师。他自学数学，发明了各种时钟、温度计和机械，在自传中如数家珍地讲到这些作品。因为缺少金属材料，他就亲手用木头雕刻了这些小玩意儿的很多部件，小到架子上的摆件，大到伫立在谷仓旁边的构筑物。缪尔十分得意地提起，他五十年前亲手制作的一架时钟至今还"走得很准"③。

想象一下小约翰在野外劳作了一天，还能在凌晨一点钟溜下楼借着昏暗的烛光阅读，多么值得敬佩。每当现在我的学生告诉我他们没有时间阅读，我总是想知道，如果他们（或者我）在很久以前生活在威斯康星森林边缘的一座农场里，又会怎么做。缪尔阅读一切他能找到的书籍——莎士比亚、弥尔顿、普鲁塔赫（Plutarch）等。无怪乎他会像几千英里外大西洋彼岸的阿尔弗雷德·华莱士一样，迷上了芒戈·帕克的非洲旅行故事和

---

① 缪尔，1913。
② 同上，第116页。
③ 缪尔，1913，第130页。

洪堡关于亚马孙河和尼格罗河的文字。

在写这本书的过程中最让我感到安慰的一点，就是我们称为博物学家的这批人之间的联系。他们似乎都彼此认识，这在如今这个太过拥挤的世界上已经不可能了。他们阅读同样的手稿，问出很多相同的问题，面临同样的困境，而且一次又一次地收获同样的喜悦。他们的故事仿佛是同一个故事的不同篇章和情节，跨越广阔的时空联结起来。缪尔或许不认同米歇尔·斯科特的宗教观点，但是一定会欣赏他的发明，反之亦然。他们两个人一定都会喜欢和亚历山大一起漫步，抑或和威路比或腓特烈二世一起讨论鹰的飞行。

在 1860 年到 1864 年之间，缪尔就读于威斯康星大学。他没有选修那些常规课程，而是旁听所有感兴趣的课，用教书和干农活来支付学费。他在条件允许的情况下学习了化学、地质学和植物学，并继续搞发明创造，其中有一张特制的床，到了早晨该起床的时候会把他一股脑儿竖起来，还有一张桌子，会在设定好的学习时间按照合适的顺序弹出教科书。他从未正式毕业，而是像他自己说的那样："我跑去做一次壮美的地质学和植物学远行，为期将近五十年，至今尚未结束。这次远行一直令我快乐而自由，不管贫穷还是富裕，从不考虑文凭或是虚名，无穷无尽、激动人心的天堂般的美驱使着我走下去。"[1]

他"远行"的部分原因是躲避内战最后一年的征兵。缪尔跨越边境进入加拿大，在一间磨坊工作，探索安大略省的森林，然后返回美国[2]。1867 年，他遭遇一次可怕的意外：机器打中了他的头部，一度令他有失明之忧。经历了一段漫长的修养之后，他的视力大部分恢复，但也因此告别机械，前往印第安纳州、伊利诺伊州做植物之旅，最后回到威斯康星。在事故之前，缪尔一直在研究南美地图，也仔细阅读了洪堡的《个人记事》，

230

---

① 缪尔，1913，第 286 页。
② 霍姆斯，1999。

想要亲自去看看南美丛林。

1867 年秋天，他徒步前往佛罗里达。这次旅行他在《墨西哥湾千里徒步》（*A Thousand Mile Walk to the Gulf*）中提过[1]。这个时候的缪尔可能是个恰如其分的嬉皮士，拥有这种人身上的所有优点和缺点。巴德（Badé）在他写给《墨西哥湾千里徒步》的引言中告诉我们，缪尔在他的旅行日志扉页上留下了这样的落款："约翰·缪尔，地球，宇宙。"[2] 虽然这种傻气令我体内的中年大叔之魂瑟瑟发抖，但一个决定性的时刻已经到来。缪尔丢下之前所有的工作上路了，不像达尔文和洪堡那样手头宽裕、准备充分，但是带上了自己的全部家当、在大学学到和自学到的知识和一颗开放的心灵，相信自己能闯出一番天地。

关于缪尔生平的一些民间记载总是把他表现为一个避世的隐者，不喜欢和其他人扎堆。其实反过来才更恰当：缪尔喜欢他人的陪伴，喜欢交谈和倾听，走到哪里都能交到朋友并延续友谊[3]。这是一件好事，因为当他到达佛罗里达的墨西哥湾时不幸染上疟疾，在新朋友那里休养了好一阵子才复原。他重新考虑了南美之行的计划，转而坐船前往旧金山。1868 年，缪尔到达加州，打过各种短工，然后于 1869 年夏天在内华达山脉找到一份牧羊的工作[4]。这是缪尔爱上这座"光之山脉"的开端，这份爱绵亘缪尔一生，也感染了成千上万的人。

19 世纪六七十年代的内华达山脉，再也不是几年前差点要了弗里蒙特命的那座崎岖的堡垒了。山前丘陵布满了农场、铁路和全国各地来的马车，木材供不应求，松林和红杉林的边界不断被蚕食。缪尔在内华达山脉找到了精神和思想的故乡。他读过爱默生和梭罗，为他们的超验主义思想

---

[1] 缪尔，1916。

[2] 缪尔，1916，第 ix 页。

[3] 沃斯特（2008）提到缪尔："终其一生，缪尔对聊天的爱仅次于徒步。不管走到哪里，他都能和人们聊起来，他们总会说个没完没了，而大部分的话都是缪尔说的。"（3）

[4] 缪尔，1911。

（transcendentalism）着迷，也深深沉浸在植物学和地质学研究中。当他到达约塞米蒂山脉时，传统观点认为山脉中的巨大峡谷是强烈史前地震的结果。缪尔读过阿加西的著作，知道冰川运动会彻底改变地貌。他在约塞米蒂山脉到处都发现了冰川遗迹，很快就确信，山谷和巨大的花岗岩穹丘是先后在冰川和河流侵蚀作用下形成的。

231

缪尔和东海岸以及新创立的加州大学的科学家们频繁通信。他的信在波士顿博物学学会宣读，他关于冰川造就山谷的理论也获得了广泛的认同。很久之后，一位澳大利亚地质学家评价道："约翰·缪尔关于冰川运动的笔记的确写得非常好……他在生前没有得到世人的理解，但是现在终于得到了承认。他是一位不朽的伟人。"[①]

和梭罗不一样，缪尔一直在和科学界交流自己的工作，并且使用一套他们能理解和欣赏的语言。他在通俗写作、个人情感思想的抽象表达和"严肃的"科学观察间找到了平衡。

缪尔还是一位热忱的植物学家，在哈佛大学和阿萨·格雷交流，给他寄去大量标本，请他识别和定名。缪尔寄给格雷的信绝非枯燥的科学写作："请你注意莱尔山（Mt. Lyell）山顶，在缩头缩脑的灌木中，有两株黄色和紫色的植物鹤立鸡群，充分诠释了达尔文那渎神的词'竞争'……它们是我见过的最厉害的植物登山家，爬上冰川，进入蔚蓝的冰雪，开出紫色和金色的花朵。它们那样繁茂，如同沐浴着热带那奶油般的金色阳光。"[②] 这些信件体现出人格和知识的力量，它们能让学者和大众同时获得共鸣。树木和山脉在他眼里远远不止是研究对象。他总是在寻找仅靠科学无法找到的，对自然更宏大崇高的理解。

---

① 巴德，1924，第163页。出自澳大利亚地质调查局（Geological Survey of Australia）的安德鲁斯（E. C. Andrews）写给塞拉俱乐部秘书的信。

② 1873年2月22日约翰·缪尔写给阿萨·格雷的信，http：//digitalcollections. pacific. edu/u？/muirletters，18906（访问于2011年1月8日）。

1871 年夏天，爱默生随一群东部旅客来到约塞米蒂山脉，考察新西部的风光。缪尔喜出望外，安排了一次见面，两人一见如故，结伴在山谷中漫步，不知疲倦地聊着自然和哲学，长达几个小时。但是当他带爱默生去看巨大的红杉树时，爱默生不愿随他摸黑露宿，要在树干旁边点火照明，令缪尔大失所望。在后来写给爱默生的信中，缪尔提到东部旅客离开后，只有大树做伴，使他备感孤独。两人后来一直通信。我禁不住想，年事已高的爱默生是否在缪尔身上看到了梭罗的影子？可缪尔从来就不是梭罗。

阿萨·格雷和约瑟夫·胡克在 1877 年来到加州，缪尔带他们到沙斯塔山（Mount Shasta）考察植物。缪尔和胡克已经通过信，他在访问英国的时候去过邱园，但是他和胡克的关系比和格雷的要正式得多。很显然，他们的共同兴趣是植物而非哲学，胡克在自己的《生活和信笺》（*Life and Letters*）中也丝毫没有提到缪尔①。

另一位来访者是西奥多·罗斯福（Theodore Roosevelt）。缪尔渐渐不再一心扑在欣赏和研究自然上，而是成为一个活动家。森林因滥采滥伐而岌岌可危，珍贵脆弱的高山草甸被牧民畜养的羊群啃噬而日益衰退，都使他感到触目惊心（巧合的是缪尔在山区获得的第一份工作正是牧羊）。1892 年，他和其他创始人联合发起塞拉俱乐部（Sierra Club），投身于内华达山脉尚存荒野的保护事业。一开始，这项努力得到了广泛的支持，其中就有联邦林务局（Federal Forest Service）的局长吉福德·平肖（Gifford Pinchot），但是两人在 1898 年分道扬镳。平肖认为保护的目的是为了保存资源以备后用，但缪尔捍卫的是荒野的景观之美。

在现代，总统出行往往声势浩大，周围挤满联邦情报局的保镖、谈判专家、随从和记者，很难想象美国总统会跑去和一位平头老百姓度过一个长周末，但 1903 年 5 月，这样的事真的发生了。缪尔本打算离开加州，去

---

① 赫胥黎，1918。

欧洲和远东做一次长途旅行，但他同意在马里波萨（Mariposa）的红杉树
林会见罗斯福。为了向旅伴解释推迟出发的原因，他写道："华盛顿来了
一位大人物，想要和我去山上看看。我们围着篝火闲聊时，或许能为森林
做些好事。"①

缪尔和罗斯福消失在山间四天之久。篝火边发生了什么样的对话我们
不得而知，但两人惺惺相惜，罗斯福成为缪尔的战友，支持他的高山保护
计划。等到罗斯福卸任时，国家公园的数目已经翻倍，国家森林的总面积
也增加了近 1.5 亿英亩。

约翰·缪尔的名字和加利福尼亚州永远连在了一起，他描写那里的山
脉的文字成为传世之作。出版著作减轻了他的经济压力，但一桩好姻缘才
让他彻底摆脱生计之忧。1878 年，缪尔和路易莎·斯特伦策（Louisa
Strentzel）结婚。妻子路易莎在旧金山湾东北部的马丁内斯（Martinez）
有一座小型果园，并且为人极为宽厚。缪尔却从未真正安定下来过日子，
时不时溜进山里，有时还把女儿也一同带去。

除了游走于加州，缪尔还几次前往阿拉斯加。其中一次旅行由铁路大
亨爱德华·哈里曼（Edward Harriman）赞助②。哈里曼通过垄断大批横贯
大陆的铁路运输生意赚得盆满钵满，认为赞助这次旅行是彰显自己科学支
持者身份的好机会，还能借机带全家度假。这支人才济济的探险队由二十
多名成员组成，其中有史密森尼学会鸟类部部长罗伯特·里奇韦（Robert
Ridgway）、密苏里植物园园长威廉·特里利斯（William Trelease）、加州
科学学会主席威廉·特里特（William Ritter）和美国生物调查项目的负责
人克林顿·哈特·梅里亚姆（C. Hart Merriam）。艺术家则由以鸟类绘画
闻名的路易斯·阿加西·富尔特斯（Louis Agassiz Fuertes）领衔，还有在
拓荒时代晚期为美国印第安人留下了大量感人至深影像记录的摄影家爱德

① 巴德，1924，第 358 页。
② 戈茨曼和斯隆（Sloan），1982。

华·柯蒂斯（Edward S. Curtis）。

这次探险的条件之优越与缪尔早期简朴的漫游大相径庭。队伍十分奢侈地包下一艘汽船，满载着乘客和物资——而缪尔在旅行中只带一条面包和一包茶叶。探险队来到不列颠哥伦比亚和阿拉斯加的海岸，不时停下来欣赏冰川的美景，并收集植物，还从当地废弃的村落里收集图腾柱和其他手工艺品。这一点让缪尔有些反感。这次探险后，有大量的书籍和文章问世，其中不仅有专业的地质学或植物学研究，也有更大众化的读物。

缪尔一直坚信，应该让更多人发现荒野之美——这也是他发起保护运动的一大重要原因。当他年纪渐长，对旅行的向往却只增不减。1903 年到1904 年间，他开始进行一次"壮游"（Grand Tour），从欧洲启程，沿西伯利亚大铁路穿越俄国，访问中国的东北和上海，然后原路返回，到达埃及。从那里，他坐船前往印度、锡兰（斯里兰卡）和澳大利亚，在那里花了一番时间研究当地土生土长的桉树（那个时候桉树已经是加州很常见的外来物种）。然后他前往新西兰，停留了六个星期，参观新西兰南岛上的罗托鲁阿（Rotorua）温泉和库克山（Mount Cook）的低坡[①]。缪尔热爱南阿尔卑斯山（Southern Alps），但是他被南岛和北岛森林退化的速度惊呆了——人类活动在这里带来的恶果，和他热爱的加州那里如出一辙。

234　　1911 年到1912 年，缪尔终于有机会来到南美完成他的"墨西哥湾千里徒步"[②]。这是一次激动人心的旅程，其中包括几段航行和长途跋涉。缪尔先前往亚马孙盆地，然后是阿根廷、智利和乌拉圭。当地侨民请他做"简短的发言"，最终变成了一场两小时的讲演。然后他乘船前往非洲南部和东部，在特内里费岛稍做停留，仰望洪堡一个世纪以前曾经攀登的那座雄伟山峰，在 1912 年底回到加州，继续投身内华达山脉的保护事业。

然而不幸的是，缪尔在最后一场战斗中惜败。约塞米蒂得到了保护

---

① 霍尔（Hall），1987。
② 布兰奇（Branch），2001。

（虽然激增的人口已经破坏了大部分他曾无比珍视的宁静），但是赫奇赫奇峡谷（Hetch Hetchy Valley）却被急于开发图奥勒米河（Tuolumne River）的商人们盯上了。1906 年旧金山毁于大火和地震之后，重建开发的呼声越来越高。缪尔和塞拉俱乐部毅然发起一次峡谷保护运动，但在 1913 年，伍德罗·威尔逊（Woodrow Wilson）仍批准建设奥肖内西水坝（O'Shaughnessy Dam）。次年缪尔去世，这件事令他心都碎了。

我曾在赫奇赫奇峡谷，沿着大坝汇集起的死水间徒步，它们淹没了缪尔曾经的河流。山谷仍旧雄伟壮观，然而，如果怀抱中是一条汹涌的大河，它的壮美还要远远胜过如今这般。峡谷中异常安静，除非是在深冬，我从未在约塞米蒂见到同样的情景。至少当时（三十多年以前），成千上万游客的营火和汽车尾气的烟雾缭绕在约塞米蒂，而赫奇赫奇峡谷似乎已经被遗忘了。那里没有房车，没有吵闹的立体声音乐，没有导游和旅游纪念品，只有山和水。就在那次背包徒步中，我仿佛感受到了与缪尔相同的心情。虽然我痛惜大坝淹没的一切，却有些感激它给予我这样浩瀚的寂静。

虽然科学的范畴已经越来越不同于以往，19 世纪剩下的时间里仍有人在从事博物学研究。除了哈里曼，还有一些赞助人有意愿资助自然标本的收集和展览，政府仍需要评估新获得的领地的价值。在美国，克林顿·哈特·梅里亚姆领导的生物调查仍在 19 世纪中叶铁路勘测的基础上继续拓展。梅里亚姆于 1855 年生于纽约市，曾在耶鲁大学和哥伦比亚大学学习 235解剖学和医学。19 世纪 80 年代末，联邦政府和农业部创立生物调查项目，作为美国地质调查的补充组织，梅里亚姆在 1885 年到 1911 年期间担任负责人。

梅里亚姆是个多面手——在某种程度上，他更能代表 19 世纪初期而不是晚期的博物学家。他发表从鸟类到哺乳动物的广泛内容，还热爱人类学，研究美国西部印第安人的文化和宗教活动[①]。他在自传中列出了超过五百条发表于 1873 年到 1934 年间的文章、笔记、书籍和评论，其中大部分是关于鸟类学或哺乳动物学的，对古生物学、爬虫学和历史也有涉猎[②]。梅里亚姆最令人瞩目的成就当属生物地理学方面的贡献，他根据气候和高度把北美划分为一系列"生命带"（life zone），与 19 世纪早期洪堡开始进行的研究类似[③]。

　　格里厄姆家有深厚的博物学渊源。克林顿·哈特的妹妹弗洛伦丝·梅里亚姆·贝利（Florence Merriam Bailey，1863—1948）是一位优秀的鸟类学家[④]。弗洛伦丝生于纽约上州，自小便喜爱户外。这位没有上过高中的"特殊学生"被史密斯学院破格录取，但是四年后没有拿到学位。在史密斯学院期间，弗洛伦丝积极参与鸟类学研究和鸟类保护，为新《奥杜邦杂志》（Audubon Magazine）撰写文章。这些文章最后被收录进她的第一本书[⑤]。弗洛伦丝二十多岁时染上肺结核。家人按照当时的惯例把她送到西海岸，希望加利福尼亚州和亚利桑那州干燥的空气能将她治愈。于是弗洛伦丝有机会到斯坦福大学听课，并观察加州和西南地区的鸟类，这些也是她后来的写作主题。其中《村庄和野外的鸟类：初学者鸟类手册》（Birds of Village and Field：A Bird Book for Beginners），是第一部关于北美鸟类的"通俗"入门读物，由路易斯·阿加西·富尔特斯（他与缪尔和克林顿·哈特一起参加了哈里曼考察队）、欧内斯特·西顿·汤普森（Ernest Seton Thompson，这位畅销书作家又叫欧内斯特·汤普森·西顿）和约翰·里奇韦（John Ridgway）绘制插图[⑥]。

――――――――――

① 梅里亚姆，2008［1910］。
② 格林内尔，1943。
③ 梅里亚姆和施泰格（Steineger），1890；亦见于梅里亚姆，1898。
④ 厄泽（Oehser），1952。
⑤ 贝利，1889。
⑥ 贝利，1898。

弗洛伦丝继续专注于严谨的鸟类学研究，又出版了几部重量级著作。她的《美国西部鸟类手册》（*Handbook of Birds of the Western United States*）同样由路易斯·阿加西·富尔特斯绘制插图，比前面的野外手册更具学术性，按照分类学而非颜色排序①。她的受众从大众转向职业鸟类学家，但是字里行间仍闪耀着幽默和热情的火花。这本书中还简要介绍了收集标本的方法、她兄长的生命带概念和我们接下来会提到的约瑟夫·格林内尔的帕萨迪纳鸟类名录。美国鸟类联盟（American Ornithological Union）嘉奖弗洛伦丝，于1929年吸纳她为成员，并于1931年授予她布鲁斯特奖章（Brewster Medal）——她是史上第一位获此殊荣的女性。

博物学在学术界仍有影响力，安妮·蒙塔古·亚历山大（Annie Montague Alexander）、路易斯·凯洛格（Louise Kellogg）和格林内尔就是有力的证明，他们对美国西部的博物学产生了深远的影响。最后一章里我们会详细讲述他们的贡献。亚历山大（1867—1950）生于夏威夷，是一名传教士的孙女②。安妮的父亲塞缪尔（Samuel）降生在考爱岛（Kauai）上的一座茅草屋中，然后全家搬到了毛伊岛（Maui）。安妮的祖父成为那里一所教会学校的校长③。在岛上，塞缪尔遇到了另一位传教士的儿子亨利·鲍德温（Henry Baldwin），两人先成为铁杆好友，然后是生意搭档，最后两家结下姻亲。两人合开的公司亚历山大鲍德温公司（Alexander & Baldwin Inc.）后来控制了夏威夷大部分船舶和甘蔗产业，安妮在火奴鲁鲁（Honolulu）衣食无忧地长大。

心目中的男神或女神活生生地出现在眼前，常常会令人幻想破灭。但是在传记作家的笔下，年轻的安妮给我们留下了一种非常鲜明的印象，那就是"有趣"。据我祖母所言，那时的孩子们"只见其人，不闻其声"，年

236

---

① 贝利，1902。
② 施坦因（Stein），2001。
③ 威廉姆斯，1994。

轻的淑女必须表现得优雅端庄，可安妮却是个例外。她会从窗户爬进房间，省得走楼梯。她随父亲在野外徜徉，利用一切机会探索毛伊岛，那里在当时比周边其他地方人烟更稀少。当舅舅建议她把辨认植物的技能付诸实用，给她开价每棵牛油果树七十五分钱后，她不久就推回了一架满载着上百棵果树的手推车。

安妮十五岁时，父亲认为夏威夷的天气不利于自己的健康，举家搬到加州的奥克兰（Oakland），新家所在的小区里住着小说家杰克·伦敦、加州首屈一指的建筑师茱莉亚·摩根（Julia Morgan），和帮助加州大学在伯克利附近建立和扩大新校区的简和皮德·萨瑟（Peder Sather）夫妇。他们和加州大学的另一条关系是查尔斯·凯洛格（Charles Kellogg），他的堂兄马丁是学校的拉丁语和希腊语教授，在 1890 年和 1899 年之间担任校长。

237　　　随后，安妮先在奥克兰的公立学校学习了四年，然后被送到马萨诸塞省的拉塞尔女子学院（Lasell Seminary）学习。1889 年，塞缪尔·亚历山大带着全家去欧洲度假。旅行结束后，安妮没有随家人返回美国，而是留在索邦大学（Sorbonne）学习艺术。但是一场原因不明的眼疾让她不得不放下画笔，回到奥克兰思考人生接下来的方向。

接下来的几年中，安妮一直在四处旅行，曾和父亲周游英国和欧陆，也和哥哥前往亚洲和南边的新西兰。她一直担心会失明，进行了一系列手术，似乎以牺牲近视力的代价保留了远视力。1899 年，安妮和好友玛莎·贝克威思（Martha Beckwith）一起去俄勒冈州南部探险，一直向北到达了火山口湖（Crater Lake）。两人收集植物、观察鸟类，一路上都在讨论博物学。在那片当时还罕有人迹的荒野，安妮肆意挥洒着天性。贝克威思热爱古生物学，鼓励安妮来伯克利旁听相关的课程。

幸运的是，克林顿·哈特和弗洛伦丝·梅里亚姆的堂弟约翰·坎贝尔·梅里亚姆（John C. Merriam）正在教授古脊椎动物学课程。安妮立即迷上了这门学问，很快就可以自己收集化石，在梅里亚姆的赞助下前往俄勒冈南部储量丰富的化石床探险。她一有机会就泡在野外。在当时的社会风俗下，年轻女士独自旅行，或者在男性队伍中做唯一一个女队员是不可能的，就算财大气粗也不行。所以安妮开始招募其他女性和她一起探险。安妮在寻找化石方面独具慧眼，在加州北部的沙斯塔郡（Shasta County）发现了大量鱼龙标本。

1904 年，安妮和父亲前往英属东非地区（现在的肯尼亚）旅行。他们沿海路来到蒙巴萨（Mombasa），然后坐火车深入内陆，来到内罗毕。他们同挑夫和猎人一起跋涉八百多英里，父女俩一起狩猎大型哺乳动物，安妮通过拍摄植物和野生动物来提高自己的摄影技术。他们在返回的路上去看赞比西河（Zambezi）上的维多利亚瀑布（Victoria Falls），就在此时悲剧发生了。塞缪尔左腿和左边身体被一块落石击中而重伤，第二天就不幸去世。安妮把父亲安葬在非洲，一个人到达开普敦，从那里坐船前往英国，然后回到美国的家中。

安妮和克林顿·哈特的一次会面具有承上启下的意义。梅里亚姆热切希望去美国西部和阿拉斯加地区收集更多标本，来充实生物调查项目。设立在旧金山的加州科学学会非常固执，不愿出借标本给其他研究机构——而亲自检验标本是分类研究中必不可少的步骤。在梅里亚姆的鼓励下，安妮开始筹备建立一座西海岸脊椎动物博物馆。

在寻找合作者的过程中，她遇到了约瑟夫·格林内尔（1877—1939），后者正在加州大学伯克利分校的老对手斯坦福大学攻读博士学位[1]。格林内尔生在俄克拉荷马州，但是很小的时候就随父母搬到加州。他已经全身心地投入他的毕生事业中——尽可能多地收集和保护加州的脊椎动物标本。

---

[1] 霍尔（1939）和格林内尔（1940）。尤金·雷蒙德·霍尔（E. Raymond Hall）是格林内尔的第一批研究生之一，后来成为北美领先的哺乳动物学家。后文作者是格林内尔的遗孀希尔达·格林内尔（Hilda W. Grinnell）。

格林内尔曾几次前往阿拉斯加，在 1898 年到 1899 年的那次考察中，他为寻找标本穿着雪靴跋涉了上千英里，对该收集什么标本、去哪里找它们，已有很多想法①。格林内尔个人风格鲜明，他记录大量细致的笔记，对野外技术如痴如醉。他已经搜集起数量可观的鸟类和小型哺乳动物标本，但是却缺乏必要的资源，没法到更大的天地中一显身手。安妮和格林内尔一拍即合，见面结束后，格林内尔又另外写了一封长信，对阿拉斯加的野外考察提出很多详细的建议。安妮邀请他在自己远行归来后，到奥克兰见面详谈。

虽然安妮因家中急事中途退出，1907 年的野外考察还是圆满完成。离队之前，安妮和队友探索了阿拉斯加首府朱诺（Juneau）西南边的阿德默勒尔蒂岛（Admiralty Island），以及查塔姆海峡（Chatham Strait）沿岸其他一些地点。野外条件简陋——雪季还没有结束——本营有六顶帐篷，三间用于休息，一间是制备标本的实验室，一间是厨房，还有一间存放物资②。队员们从本营出发，收集各种鸟类和动物标本，还有大量鸟蛋。

回到旧金山湾地区后，安妮开始和格林内尔正式开始讨论建立一座自然博物馆的计划。起初的最大问题是选址。安妮和格林内尔都不想考虑加州科学学会的所在地（那里的建筑在 1906 年的地震和大火中毁于一旦）。格林内尔希望把新博物馆建在斯坦福大学，给安妮写信列举帕洛阿尔托（Palo Alto）地区的种种优势，然而安妮另有打算。她和斯坦福大学毫无联系，担心如果博物馆建在那里，自己会像个局外人。她一点都不想只做个清闲的女赞助人，置身事外看着其他人享受研究的乐趣，她要成为博物馆中一位真正的科学家。

239

---

① 在格林内尔的第一次阿拉斯加之旅中，他在家书中写道："我的生活从来没有像现在这样圆满幸福。想想吧！在一个新国家，每天收集新的鸟类。这就是最理想的幸福时光。钓鱼、划船，都是我的最爱，处处都是冒险。"（转引自格林内尔，1940，第 5 页）
② 安妮生平的细节，大部分出自施坦因（2001）精彩的传记，引用的文献和信件现存于脊椎动物博物馆。

　　安妮可以为博物馆提供七年资金，还可以捐献出她个人的超过三千件脊椎动物标本。加上加州大学动物学系的已有藏品，博物馆会有一个绝佳的开端。不仅如此，由于遭遇灾害，加州科学学会在动物学标本收集方面已经落后了一大截。经过 1907 年和 1908 年的反复协商，加州大学终于接受了安妮的计划。博物馆最初叫作加州脊椎动物博物馆（California Museum of Vertebrate Zoology，MVZ），在伯克利分校建成，由约瑟夫·格林内尔担任第一任馆长，安妮·亚历山大的影响力也不容小觑。

　　在开始布置新博物馆之前，安妮显然打算做一些功课。她访问了史密森尼博物馆，并向克林顿·哈特·梅里亚姆咨询（信中她说自己没时间和史密森尼博物馆的其他人讨论），并把格林内尔送到东海岸访问重要的自然博物馆，学习它们的想法和技术。起初有人提出了公共展览的想法，甚至已经做出一些逼真的山体模型，但是安妮的兴趣集中在研究上，认为与其弄这些摆设，不如把钱花在野外考察上。在 20 世纪的大部分时间里，加州脊椎动物博物馆都是个秘密，只有真正钻研脊椎动物学的学生知道它，而大众则浑然不察其存在。

　　路易斯·凯洛格（1879—1967）生于奥克兰，是安妮一家从夏威夷搬到加州后的邻居①。路易斯比安妮小十三岁，两人在成长的过程中似乎没有什么交集。路易斯进入加州大学伯克利分校，于 1901 年毕业，获得古典学学位。她的父亲是一位狂热的户外爱好者，路易斯跟着他在旧金山湾周边的湿地附近学会了打猎和钓鱼。

　　当 1908 年安妮重返阿拉斯加时，她需要一位女性同伴。在 21 世纪的人看来，允许女性去荒野中猎熊，却不许她们独自参加一支完全由男性组成的队伍，是十分不合情理的。然而，这就是安妮和凯洛格的世界，她们的相遇是一次意外之喜。这次考察不仅在标本收集方面再次取得了成功，240

① 安妮生平的细节，大部分出自施坦因（2001）精彩的传记，引用的文献和信件现存于脊椎动物博物馆。

还为安妮找到了毕生的合作伙伴。凯洛格是位神枪手，热爱户外，而且正如队伍中另外一位成员在写给格林内尔的信中所说："凯洛格小姐真是位女强人，她勇敢无畏，毫不退缩。"[①] 从这些不屈不挠的专业野外生物学家口中，再也说不出比这更慷慨的赞美了。

1911 年，凯洛格和安妮买下了加州休松湾（Suisun Bay）的一处农场，先是养牛，然后转为生产蔬菜。四十多年中，她们继续收集化石和哺乳动物标本，在 1939 年格林内尔去世后，还为大学的植物标本馆收集植物标本。安妮去世后，凯洛格继续在野外工作，年届八十还到加利福尼亚半岛（Baja California）做了最后一次野外考察。

这三位伟人的关系——格林内尔、凯洛格和安妮——互为补充，超过我们的想象。凯洛格的出现使得安妮可以自由地去野外工作。她们都是狂热的标本采集者，对化石和加州的动物群落了如指掌（安妮还在 1911 年开始捐助加州大学伯克利分校的古生物学系，后来支持了古生物学博物馆的建立，在她去世后，这座博物馆也搬入了加州脊椎动物博物馆的建筑）。凯洛格和安妮都不愿发表自己的成果，其中很多都留给了格林内尔。安妮尤其喜欢静静地站在幕后，尽量不受关注。她在馆方的坚持下终于允许为自己画一幅画像，条件是只有她死后才能把这幅画挂出来。但是她对于博物馆的日常运营却是亲力亲为，并活跃在收集标本的一线。安妮和凯洛格为博物馆收集了超过三万件标本。格林内尔收集了约两万件鸟类和哺乳动物标本，并在 1908 年到去世之前，写下惊人的三千零五页野外考察笔记[②]。

加州脊椎动物博物馆的一大特点，就是仔细记录馆藏的每件标本。格林内尔发展出一套繁复的系统，对考察中获得的一切都进行记录和编目。他和安妮都认为，野外的时间太过宝贵，每次探险都要最大化地获取信

---

① 1908 年 5 月 29 日赫勒（E. Heller）写给格林内尔的信，转引自施坦因，2001，第 102 页。
② 霍尔，1939。

息，一点都不能浪费。这样做的原因之一，是担心他们看到的很多物种很快就会变得濒危。有趣的是，安妮署名的为数不多的出版物中，就有一条是旅鸽灭绝之后的评论①。凯洛格一共发表过六篇文章，其中一篇是引用量第二高的由女性作者撰写的论文②。

241

加州脊椎动物博物馆迅速扩大，在 1914 年获得了克林顿·哈特的高度赞扬③。除了存放加州和其他西部州的综合标本，博物馆还成为重要的教学机构，训练了一代又一代野外生物学家的有机生物学技能。格林内尔的学生继续为生态学的大厦添砖加瓦，但是在他们的工作中还留有强烈的博物学遗风。到了 20 世纪 70 年代，"动物学 107：脊椎动物博物学"仍是格林内尔开设的课程中的重要环节，而我们这些有幸跟格林内尔的徒孙内德·约翰逊学习的后辈，得以窥见"约瑟夫和安妮建立起的大厦"早年的某些浪漫色彩。不过格林内尔的轶事还在流传：这位鸟类学家在研究加州鸟类的时候，乘着最早的汽车紧追一只鸟儿翻过山顶，当鸟儿飞入内华达境内后却猛踩刹车，因为它已经不算加州的鸟了。

格林内尔是三个人中第一个去世的，六十二岁的一次中风夺去了他的生命。随之而去的是和一整个时代的联系。他出生的地方在当时还是印第安人的领地［他的父母在全家搬去加州之前，就跟他讲过红云酋长（Red Cloud）的故事］。当他去世的时候，拓荒已经完成，博物学的伟大时代正在逝去。接替他的是学生奥尔登·米勒，米勒又带出了一批生态学家和分类学家，其中有施塔克·利奥波德（Starker Leopold，其父奥尔多·利奥波德将在后文谈到）；内德·约翰逊擅长北美最艰深的霸鹟属（Empidonax）鸟类研究；罗伯特·鲍曼（Robert Bowman）在加拉帕戈斯群岛研究山雀的时间比达尔文要久得多；还有弗兰克·皮特尔卡（Frank

---

① 安妮·亚历山大，1927。
② 凯洛格，1910。
③ 梅里亚姆，1914。

Pitelka），从嘲鸫、北极岸禽到哺乳动物无不精通。接下来去世的是安妮·亚历山大，只留下凯洛格来见证他们三人一同建立的事业。到了20世纪60年代中期她去世的时候，野外生物学已经发生了翻天覆地的改变。

拓荒告一段落后，深植于美国血脉之中的对野性和荒野的渴望和情感开始涌现。欧内斯特·汤普森·西顿（1860—1946）等作家捕捉到这种渴望和情感，写出了《猎物的生活》（*Lives of the Hunted*）和《我所知道的野生动物》（*Wild Animals I Have Known*），使一代又一代困于城市中的儿童读得如痴如醉[1]。这些书籍中配有精美的插图，出现的动物角色不仅是故事主人公，也是道德说教的载体。在《猎物的生活》的前言中，西顿明确提到，他书中有的动物主人公是几种动物的混合体，有的则不然，但是他坚称自己笔下的一切都是"真实的"。很多博物学家都对他的这种真实性宣言愤慨不已，他们反对西顿等作者肆意歪曲动物行为的做法。他们害怕——十分有道理——在这样一个自然写作开始迎合大众想象的时代，过度虚构会加剧博物学的困境，使其科学性遭到质疑。

对这类文学作品最直言不讳的批评来自博物学家约翰·伯勒斯（John Burroughs），他用"自然伪造者"来批判这些作者把过度人格化和凭空幻想当作真正的博物学的做法[2]。伯勒斯点名邀请西奥多·罗斯福加入自己的声讨。罗斯福一直认为自己是个业余博物学家兼猎人，用一篇题为"自然伪造者"的檄文来回应伯勒斯的邀请，抨击那些有智力又有个性的野生动物形象[3]。文章的结果是一系列你来我往的唇枪舌剑，对那些书的销量似乎毫无影响，但无疑伤害到了博物学在学术界的整体形象。

奥尔多·利奥波德（1887—1948）和欧内斯特·汤普森·西顿正相

---

① 西顿（1898）和汤普森（1901）。汤普森·西顿最初以西顿-汤普森的名义出版《猎物的生活》，然后以汤普森·西顿（姓名相反，没有连字符）的名义出版《我所知道的野生动物》。他出生时的原名是欧内斯特·汤普森。

② 伯勒斯，1908。

③ 罗斯福，1920。

反，他是那种在流行和学术写作间游刃有余的科学家。利奥波德生于艾奥瓦州弗林特山（Flint Hills）的一个德国移民家庭，在进入公立学校之前都还在说德语①。他的父母是一对堂兄妹，一家人追随着拓荒带来的财富潮西迁。利奥波德和史塔克（奥尔多母亲的娘家）两家在艾奥瓦州的伯灵顿（Burlington）定居下来，奥尔多一有时间就去附近的树林和田野中撒欢，但他也是个非常聪明的孩子，以拔尖的成绩从高中毕业。他童年的阅读书目中有梭罗、杰克·伦敦和欧内斯特·汤普森·西顿，这些作家无疑深深影响了他对户外的热爱。但他对博物学的爱非常认真严肃，对见到的物种都会想方设法地收集丰富的资料。

　　约翰·缪尔在自然资源保护者和保护主义者对阵中的劲敌吉福德·平肖，于1900年建立耶鲁大学的林学院，希望在管理木材资源方面，新一代人能够比老一辈做得更好。利奥波德决心进入耶鲁大学，那一年十七岁的他来到新泽西州，在劳伦斯维尔中学（Lawrenceville School）修习大学预科课程。

　　像现在一样，当时的耶鲁大学林学院是一个研究生项目，所以利奥波德必须先进入谢菲尔德科学学院，才能进入林学院。谢菲尔德科学学院的课程包括测量学、水力学和植物分类学。大四之前，利奥波德在宾夕法尼亚州的森林营地度过暑假，学习造林、勘查和采伐技术。利奥波德于1908年本科毕业后马上进入林学院学习。在林学院，利奥波德是个狂热的制图爱好者和理科生，但是也读弥尔顿的《失乐园》②。在后来的学术生涯中，他关于森林保护最重要的文章开头引用的不是任何科学家而是荷马，结尾则是诗人埃德温·阿林顿·罗宾逊（Edwin Arlington Robinson）。

　　利奥波德在1909年加入林务局，被派往亚利桑那州和新墨西哥州工作。1910年，国家森林系统总面积已超过两亿公顷，这片广大的土地需要

243

---

① 迈因，1988。
② 同上。

平肖这新一代林业专家来测量和管理。作为一名助理林务官，利奥波德的一部分职责是勘探这些地区有多少可供采伐的木材。他不仅是这份职务的新手，也第一次随林业工人队伍深入野外。他的第一次探险读起来状况百出，但正是在这次旅行中，他遇到了环境保护运动中的经典一幕①。当他们沿着悬崖勘探时，利奥波德和一位同伴惊出一条带着幼崽的母狼："我们立即装弹上膛，但更多的是兴奋，并没有多少准星：大角度俯射如何瞄准一直是个难题……我们及时赶到母狼身边，看到最后一丝锐利的绿色火焰在她眼中熄灭。"②

这幅画面和这番话都如此令人震撼和不安，反复出现在此后无数的图书、网站、文章和讨论中。母狼的故事反映出利奥波德性格中的正反两面——"大角度俯射如何瞄准"一句是专业的点评，而"锐利的绿色火焰"则是富有诗意的画面。在西南地区，利奥波德如自己所说，"年轻气盛，痴迷射击"。他学到了种类繁多的物种的大量第一手知识，也在职业训练中学到如何领导一支队伍——这种经验在后来他当上教授和研究生导师时，便显出无穷的价值。在学术生涯中，他的文字中既有使他免于"自然伪造者"指控的专业知识，有时也混杂着一丝近乎欧内斯特·汤普森·西顿的浪漫色彩。

利奥波德在西南地区度过了接下来的十五年，在林务局稳步升职，发表了林业和野生动物管理方面的各类文章。他和一位来自显赫新墨西哥州家庭的姑娘埃丝特拉·贝格尔（Estella Bergere）结了婚。埃丝特拉是利奥波德的贤内助，任由他常常跑去野外或被派驻外地，任劳任怨地抚养着五个孩子。

利奥波德的科研方法，很大程度上顺应着从完全定性的博物学向越来越定量的生态学的转变。这种转变，在 1919 年利奥波德写给一本不知名

① 迈因，1988。
② 利奥波德，1968，第 130 页。

诗集的讽刺诗《漫游者的决心》（*Resolutions of a Ranger*）中可见一斑。
在《漫游者的决心》中我们可以找到这样的句子：

7. 我要数遍每一棵树，像汇报作物产量一样汇报它们的尺寸。
林务局要我收集一千磅，那么哪怕我的头发灰白沾满树脂，还是得这
么汇报。[1]

抛开里面的讽刺意味不谈，利奥波德正在发展草原管理科学，他后来
出版的著作中很多都涉及这个新领域。他敏锐地观察大地和地上的一切，
但是新的研究重点却是对物种数量进行计数，并模拟为什么一个地方的某
些物种的数量较多，其他物种的数量却较少。

1906 年，西奥多·罗斯福宣布划亚利桑那州北部的凯巴布高原
（Kaibab Plateau）为禁猎区。对有蹄类动物的狩猎受到严令禁止，一项严
厉的捕食者清除计划开始实施。对接下来发生的事情及其原因，至今仍有
争议。在亚利桑那州和新墨西哥州，利奥波德一直在积极参与围剿捕食者
的行动，鼓励畜养牲畜的人和联邦政府合作，希望在很多地区减少甚至彻
底清除猛兽[2]。接着他发现，凯巴布的鹿群先是数目剧增，在森林中东啃
西啃，接着却数量锐减。利奥波德总结道，这些动物捕食者其实正是自然
控制的体现，清除掉它们会导致鹿群数量激增，植被也随之被破坏[3]。但
他似乎没有考虑到美洲印第安人和白人牧场主在其中发挥的作用。

在利奥波德后来的学术和通俗写作中，开始转而反对把清除捕食者作
为合适的管理方法，但是直到 20 世纪 40 年代，他还认为可以允许在某些

---

[1] 格思里（Guthrie），1919，第 54 页。

[2] 扬，2002。

[3] 凯巴布高原的鹿成为狩猎管理的经典问题，在接下来的 40 多年中经过反复讨论。新西兰
野生动物生物学家格雷姆·考格利（Graeme Caughley, 1970）重新检验了相关的证据，提
出在该案例中，支撑捕食者围剿和鹿的数量"爆发"的证据都很少。

情况下悬赏猎狼［有趣的是，迈因（Meine）在他撰写的利奥波德传记中指出，最先对联邦政府的捕食者管理政策提出严肃质疑的是一组由约瑟夫·格林内尔领衔的科学家］①。1929 年，利奥波德开始在威斯康星大学举行一系列关于狩猎管理的讲座。他和威斯康星大学一直有学术往来，三年后成为其农业经济学系的教授。

在从林务官向大学教授的转型中，利奥波德不仅完成了各种咨询工作，还在撰写《狩猎管理》（*Game Management*）②。在这本书的前言中，利奥波德明确地提出了自己的主张："工业时代的我们以控制自然的能力而自负。从植物到动物，从行星到原子，从风到河流——地上和空中没有什么力量，是我们不能很快驾驭并为自己的'美好生活'所利用的。但是美好生活是怎样的？我们挥霍这些能力，却只是为了口腹之欲吗？人不能仅仅靠一口面包或者福特汽车生活。"③

该书一经问世，便让利奥波德成为应用生态学的领先人物。写作这本书的一个重要的契机，便是和英国生态学家查尔斯·埃尔顿的一次幸运的会面。埃尔顿一直在关注哈德逊湾公司博物学家搜集的数据，来研究北部地区猎物数量的长期变化。埃尔顿和利奥波德都希望自己的研究具有应用价值，也都有志于在现代科学思想中加入博物学的方法。

在他极具先见之明（和可读性）的文章《动物生态学》（*Animal Ecology*）中，埃尔顿提出一个有趣的定义："生态学是一个古老学科的新名称。它其实就是科学博物学。"④ 但是他也这样评价现代生物学中的博物学问题：

---

① 迈因，1988。
② 利奥波德，1933。
③ 同上，第 xxxi 页。
④ 埃尔顿，1927，第 1 页。

达尔文本人是名无与伦比的野外博物学家，他的发现让全世界的动物学家都钻进了书斋，闷头研究五十多年之后，终于重新开始小心翼翼地向外面的世界探出头来。但是外面的空气凛冽异常，现在的常态是，一个动物学家研究形态或生理方面的问题，但去野外研究自然状态下的动物却让他紧张不安[①]。

埃尔顿培养出了一批出色的学生，他们去野外研究动物，并不怕"外面的空气凛冽异常"，也不畏其他一切艰难险阻。

对于这样一个深深了解生态学家的使命，又念念不忘发展科学博物学的人，利奥波德不免感到分外亲近。在威斯康星大学，他自己也开始培养一批优秀的年轻研究生（更不用提他自己的孩子们了，他们在野外的造诣各个都令人刮目相看）。对于博物学和其他科学分支之间的分歧，他也有自己的看法：

246

很可惜，现在的动物学教学体系中几乎再也没有活着的动物了……野外实践从学校课程中消失的原因要追溯到过去。实验生物学出现的时候，业余博物学家们羽翼未丰，而职业博物学则只是为物种定名，搜集动物食性的相关资料，而不对这些内容进行解释。简单说来，实验技术在这一关键时期问世并不断提高，是对停滞不前的野外技术的挑战[②]。

对于利奥波德来说，长期亲密接触野外环境，不仅是狩猎的必要训练，也是个人成长和发展的必须途径。阐明这种思想是他一生的任务，但是从他写在《沙乡年鉴》（*Sand County Almanac*）开篇的第一句话中，就

① 埃尔顿，1927，第 3 页。
② 利奥波德，1953，第 61 页。

可以感受到他的决心："有些人可以远离野性的事物生活，有些人则不能。这些文章便是那些不能远离野性事物之人的喜悦和挣扎。"① 在西南地区森林中度过的岁月一直萦绕在他心头。仿佛梭罗一般，他从荒野中体会到，对内心世界的保护具有无穷价值。

20 世纪涌现出一大批以自然为主题的作者，其中有些是科学家，有些则选取科学的内容来表达其他思想。蕾切尔·卡森（Rachel Carson，1907—1964）生于宾夕法尼亚州的斯普林代尔（Springdale），和她后来热爱的大海距离很远。斯普林代尔位于阿勒格尼河（Allegheny River）岸边，卡森就是听着河水的涛声长大的。和我们之前讲到过的太多博物学家一样，她打小就与自然结下不解之缘，母亲是她的博物学老师，她也喜欢独自在周围的乡野中久久地漫步②。她的传记作家琳达·利尔（Linda Lear）记录了一个故事，称卡森在一次散步中捡到一块贝壳化石，从此爱上了大海，这个故事真伪存疑。卡森决心成为作家，在七岁时就向一份儿童杂志投稿，发表了第一篇故事。卡森家族地产不少，在城郊拥有大片农田，但是现金却不宽裕，使得卡森无法离家上学，而斯普林代尔同龄的其他喜欢学习的孩子到了上高中的年纪便纷纷离家。她留在家中，一边由母亲教导一边自学，读书写作的水平甚至远远超过了那些离家上学的孩子。

1925 年，卡森终于离家前往宾夕法尼亚女子学院〔Pennsylvania Collage for Women，现在的查塔姆学院（Chatham College）〕。虽然离家求学是独立的开始，但她从未完全脱离家庭，母亲多数周末都会来看她，直到去世都主导着蕾切尔的生活，而母女两人的去世仅隔了短短六年③。卡森在学校表现优异，第一年就拿到了新生荣誉，大二开始修第一门生物学课程，已然成为老师和同学眼中的未来之星。到了大三，卡森决定转入

247

① 利奥波德，1968，第 vii 页。
② 利尔，1997。
③ 莱特尔（Lytle），2007。

生物学专业——这是个明智的决定，因为生物学教授玛丽·斯金克（Mary Skinker）认为，应该带学生去野外实践，而不是只在教室里对他们照本宣科。

然而，斯金克在 1928 学年年底就离开了女子学院，去约翰·霍普金斯大学完成博士学位的学习。卡森追随着导师申请约翰·霍普金斯大学（John Hopkins）的研究生项目，虽获得录取，但无力支付所需的费用。斯金克一直和她保持联络，她从伍兹霍尔海洋研究所（由路易斯·阿加西在班尼凯斯岛创办的暑期项目发展而来）寄回热情洋溢的信件，进一步激励了卡森对海洋的兴趣。1929 年，卡森终于亲自加入伍兹霍尔海洋研究所，第一次尝到海水的味道。第二年，她进入约翰·霍普金斯大学的研究生项目，于 1932 年毕业，论文的题目是鱼类发育。虽然卡森希望继续攻读博士学位，但 1935 年父亲的去世让这一愿望化为泡影。她只好在政府找了一份工作，成为渔业局的职业写手。

在渔业局，卡森有了闲暇和兴趣，为各种流行杂志撰写大量有关海洋生物和环境的文章。1941 年，她出版了自己的第一本书（对我来说也是最引人入胜的）《海风之下》（*Under the Sea Wind*）[①]。这本书冒着被控为自然伪造者的风险，以一处不知名海滩（但显然位于缅因州或新英格兰地区）沿岸不同生物的口吻叙述，仿佛能听到西奥多·罗斯福和约翰·伯勒斯在远处抗议。还好两人都死了，虽然这本书卖得并不好，却成为经典，可以捕捉到卡森写作的两个特点：富有诗意的优美文风和严谨的细节处理。卡森总是提前做好充分的研究才提笔写作，就像我的导师比尔·德鲁里（Bill Drury）常挂在嘴上的那样。从某种程度上来讲，卡森笔下的主人公剪嘴鸥、燕鸥和鲭鱼（她用严谨的属名来称呼书中的角色）是对欧内斯特·汤普森·西顿笔下动物角色的怀旧，但是她非常谨慎，从来不让假想

[①]　卡森，1941。

的人格凌驾在动物的真实行为之上。

卡森在美国鱼类和野生动物署（在渔业局的基础上建立）不断晋升，到了 1949 年，她成为总编辑，负责监督署内所有出版物。同时她还在撰写自己的第二本书，这本更加学术的《我们周围的海洋》（*The Sea around Us*）在 1951 年出版，成为畅销读物①。这本书的大获成功让卡森得以从鱼类和野生动物署辞职，全职从事写作。她的第三本也是最后一本严肃的"海洋"著作《海洋的边缘》（*The Edge of the Sea*）出版于 1955 年②。卡森已经关注污染问题好一阵子，开始写一本暂名《危害地球的人类》（*Man against the Earth*）的书，讨论全球范围内越来越广泛使用的滴滴涕（DDT）等长效杀虫剂的问题③。

卡森的写作一如既往地严谨。在政府和实验室的经历，使她能够驾驭毒性和剂量的复杂问题，但出色的写作水平和对博物学的深刻理解，让这本书——更名为《寂静的春天》（*Silent Spring*）——永载史册④。这本书用济慈、埃尔文·布鲁克斯·怀特（E. B. White）和艾伯特·史怀哲（Albert Schweitzer）的文字，引出了令人难忘的开头："从前，在美国中部有一个城镇，这里的一切生物看来与周围环境生活得很和谐……狐狸在小山上叫着，小鹿静悄悄地穿过了笼罩着秋天晨雾的原野"，令人回想起迪伦·托马斯（Dylan Thomas）的诗句⑤。这田园诗般的画面是她童年生活最珍贵的景象，却被四处播撒的毒物迅速毁坏。《寂静的春天》的第一章是一个有力的"未来寓言"，即便读者只读到此，也能受到震撼而行动起来。

这本书面世后，受到化学工业的愤怒抗议和环保人士的强烈支持。白

① 卡森，1951。
② 卡森，1955。
③ 利尔，1997。
④ 卡森，1962。
⑤ 同上，第 1 页。

宫多次请卡森去为杀虫剂的毒性作证。化学工业一股脑地将矛头对准卡森，卡森本人也成为环境保护的代言人。遗憾的是她没能活着看到 20 世纪 60 年代晚期和 70 年代的环境改革。1964 年，蕾切尔·卡森死于癌症，但是她对发生在大地上的毒害和工业化温和而有力的态度和行动，是留给全人类的宝贵遗产。

第十六章
博物学的缓慢死亡（和复兴）

  罗伯特·科勒（Robert Kohler）已将 20 世纪美国生物学从野外走入实验室这一鲜明的转变讨论得很深入了[①]。他的理论是，传统的博物学从 20 世纪 30 年代开始转为更现代的生态学，从此变得越来越重视定量方法和假设检验，并开始尝试进行各种天然实验（natural experiment）。科勒的这番举例很有说服力，他把野外生物学中的很多研究方法称作广义生物学中的"跨学科实践"，对此我很赞同。不过正如我在之前的章节中讲过的，这种跨学科的争论和合作，几乎在"生态学"这个词成为科学语汇的那一刻便发生了。

  统计学和定量野外调查方法的发展，使生态学家在以实验研究为主的科学同行眼中重获些许认可，但是新技术也带来了新的问题。科学家的猜想通常——至少在最开始——建立在有限的信息上，通过合理的统计分

---

① 科勒，2002。

析，他们便可以把这些猜想确立为假说。统计学还能帮助科学家探索事物的规律，在非定量的研究中，这些规律常常会逃过人们的眼睛。但是和其他研究方法一样，统计学的麻烦之处在于如何进行合理的假设，是否该由统计学决定研究的流程，以及统计学能否为研究结果的成功与否设立标准①。

统计分析一般通过测定平均分隔距离（means separation），即测定一个特定参数的平均数值，并检验其与假设之间是否有显著差异，来进行假设检验。但人们常常忽略一个问题，那就是统计显著性不一定完全反映生物学意义。统计学中对集中趋势（central tendency）的过度重视，也可能会让研究人员对极端情况视而不见。博物学家们总是特别留意异乎寻常的事物，从中或许可以获得很多有趣的新发现。但一个平均数值是人为或计算的结果，在实际环境中可能没有一个生物个体如此表现。极端情况则正相反，一个极值肯定出现在实际环境中的至少一个个体身上。

1964 年，蕾切尔·卡森的死标志着生态学和博物学一个共同的转折点。卡森是科学家出身，但是对文学的热爱激励着她发表更为大众化的科普读物，而不是枯燥的学术论文。《寂静的春天》的大获成功以及利奥波德《沙乡年鉴》的再度流行，引起了同类读物的写作热潮。一时之间，人们似乎纷纷开始购买废弃的农场，并对其大书特书，或揪住一桩最近发生的环境破坏恶性事件，以之为蓝本撰写耸人听闻的未来寓言。环境作家会在自己的写作中引用科学理论，但其中很多人在分析来龙去脉的时候热情有余，知识储备不足，而且他们越来越罔顾利奥波德的警示："不要阴郁地咕哝着：世人若不改弦易辙便会大难临头。厄运诚然即将临头，可在眼

①　恩斯特·迈尔曾经给我讲了一个有趣的故事，有一次他参加伟大的英国遗传学家、统计学家罗纳德·艾尔默·费希尔的讲座，一个观众鲁莽地举手，指出费希尔在所有模型中都假设了一种平衡。费希尔的回答大意为："是这样没错，如果我不假设平衡，那么数学上就不对了。"迈尔说，真正吓人的事情在于，这个回答被认为是完全充分的。

见为实之前，没人能成为生态学家，连业余的都不够格。人们真的会因为畏惧灾难而改变吗？我想不会。激励他们改变的，更可能是纯粹的好奇心和兴趣。"[1]

好奇心和兴趣正是博物学家的标志，20 世纪 60 年代最出色的生态学家之一罗伯特·麦克阿瑟（Robert MacArthur）在他关于莺类的著名论文中使用的野外调查技术，便和很多 19 世纪的博物学家几乎如出一辙[2]。清楚明白的结论，说明他的方法毋庸置疑。不过想象一下，一个科学家自己喃喃自语着"一哒哒，二哒哒……"地数数计时，这画面多么有趣。接下来的五十年中，这篇论文的各种版本出现在不计其数的课本中，但麦克阿瑟本人却转向了更定量化的生态学研究方法，绘制出大量理想化的图表，却不重视实际中的差异[3]。

在保存博物学传统和鼓励博物学发展方面，英国比美国略胜一筹。首先，英国的占地面积比美国要小得多，因此划分出了较小的政治和地理单元。这样一来，博物学家既可以因精通一个特定地点或环境而享誉全国，也可以在短时间内跨越整片国土旅行。其次，英国素有博闻强识的业余爱好者著书立说的传统，这也激励了很多有才之士为博物学贡献才智，他们的工作为很多综合研究奠定了基础[4]。最后，英国热爱博物学和观鸟的人占总人口的比例，远远超过了其他国家［英国全国 6 000 万人口中，皇家

---

[1] 利奥波德，1953，第 64 页。

[2] 麦克阿瑟，1958。

[3] 用长长的优美的文字替代麦克阿瑟完美的三角形"云杉"图的人中，斯蒂林（Stilling，2012）是较近的一位。但他见到麦克阿瑟曾在其下工作的真正的云杉时，斯蒂林教授一定惊骇不已，那里距离我敲下这些文字不过区区 50 英里。这些树很老，也掉了很多枝叶。它们中已没有多少像斯蒂林的图画或麦克阿瑟的图表一样了，但是它们的优势是真实的。

[4] 史蒂文森（Stevenson，1866）写下了 3 卷，超过 1300 页，而诺福克（Norfolk）著作中谈到的鸟类，只覆盖了 2000 平方英里。相反，斯普朗特（Sprunt，1954）用 527 页的著作来讨论佛罗里达州的鸟类，覆盖面积超过 65 700 平方英里。一个更加公平的比较当属道森（Dawson，1923）关于加州鸟类的 4 卷权威著作，超过 2000 页，然而加州总面积有 163 696 平方英里。

鸟类保护学会（Royal Society for the Protection of Birds）成员就超过 100 万；相反，在美国的 3.08 亿人口中，奥杜邦学会（National Audubon Society）的成员只有 55 万人]。

相传，在"二战"最艰难的一段时期里，是防空洞中的一次偶然邂逅拯救了 20 世纪的英国博物①。在这个故事里，出版商威廉·科林斯（William Collins，"比利"）和鸟类学家詹姆斯·费希尔（James Fisher）在寻找空袭掩体的时候相识。费希尔先挑起话头："这个国家需要的是一套博物学佳作。"出版商旋即回应："你说得很对。我们需要一个编辑部。你来管理，我负责提供茶和奶油小面包。"② 这个故事的真假无关紧要，它的结局确凿无疑。不管费希尔和科林斯当初是怎样邂逅的，他们的合作成就了《新博物学家》系列丛书（New Naturalist），堪称出版史上的永恒经典。

《新博物学家》丛书一直在为读者推出通俗好读的专业博物学书籍。这些书由众多领域的爱好者和专家写就，面向有一定教育基础的大众，主题从蛾到关于鸟类的民间传说，再到英国人，几乎应有尽有。有的书关注一个特定的地方，有的则关注一类物种。其中最引人入胜的一本书名为《乡村教区》（A Country Parish）③。当我第一次见到这本书时，还以为它是怀特《塞尔伯恩博物志》的翻版。读过之后我才发现，这是本独树一帜的好书，着实喜出望外。作者显然了解怀特，但在提到他自己的教区时，着重描写的是那个时代的风土人情。作者在该教区生活了三十年，对它了如指掌。书中描述了当地的建筑、风俗、迷信、传说和地名，只在后半部分提到了自然风貌，详细记录了当地的鸟类、哺乳动物和植物。

在我长大的房子里，《新博物学家》系列的书籍汗牛充栋，但直到在

---

① 马伦（Marren），2005。
② 马伦，2005，第 26 页。
③ 博伊德（Boyd），1951。

后来数次访问英国的旅行中，我才发现这套丛书对于培养博物学的广泛兴趣是多么重要。多年后，我读到偶像威廉·唐纳·汉密尔顿（W. D. Hamilton）的著作时，再次深深感受到了这一点[1]。从 20 世纪 60 年代到 90 年代，汉密尔顿通过一系列论文，提出了很多行为生态学和进化方面的有趣观点，我一度以为，他的著作高度理论化和抽象化，他本人应该也是个足不出户的理论家，只是对真实生物的行为方式了解得极为透彻。但令我惊讶的是，他曾为《新博物学家》丛书的前五十册写过一篇热情洋溢的评论，讲述这些书对于他成为生物学家的过程有多么重要。没有什么能比一位才华横溢的理论家的背书更能说明博物学的力量了。在他成长的关键时刻，一本关于蛾的书恰好出现，点燃了他的想象力，引导他去探索无穷无尽的生物形态和理论。在这篇评论的最后一段，汉密尔顿说："博物学家习惯了承受质疑。大自然的不可思议，常常让我们的话听起来就像胡编乱造的天方夜谭，这也正是大部分人对我们的看法。"[2]

在美国，博物学直到 20 世纪 80 年代还保留在大学课程中，对生态学的兴趣甚至在各大院校中掀起了新的高潮。但是很多环境研究却非常抽象，重视肉眼不可见的循环和能量流动，生物体则被概括为食物网和食物链的环节，而不是值得研究的对象。

在环境污染和物种消亡的日益严重的时刻，研究者极度渴望能引起社会对环境更高度的关注，这是生态学成为热门学科的一部分原因，但其他更为现实的原因也不可忽视。考虑到惹上官司的麻烦、高昂的费用和城市扩张的影响，野外旅行已变得非常困难，教师们开始围绕着三尺讲台教学。此外，整个科学界教育的本质已经转变，教师们越来越希望牢牢掌控教学环境。阿瑟·坦斯利（Arthur Tansley）在 1923 年说："每个真正的科学工作者都是探险家，持续不断地遇到新事物和新状况，必须根据这些新

[1] 汉密尔顿，2005。
[2] 同上，第 187 页。

情况来调整自己的设备和心态……对于那些喜欢循规蹈矩来确保得出'保险'结果的人，生态学不适合他们。"[1] 可若是对于一个高中老师来说，每天应付几个三十多名学生的班级足以使他筋疲力尽，"保险"的结果才正中下怀，教科书出版商也更乐于提供简化的图表、幻灯片、课程计划和电脑游戏。

那些诞生出蕾切尔·卡森和奥尔多·利奥波德的小镇，也已经随着 20 世纪一起消亡了（利奥波德的伯灵顿在 1960 年达到了人口峰值，此后一蹶不振），随之而去的是让新博物学家产生共鸣的自然体验。一个人幼时四处玩耍时在池塘边偶遇一只青蛙，很容易就会饶有兴致地研究起来，但是如果第一次见到青蛙是在影片上、学校的水缸中，甚至盛满福尔马林的罐子里，那种兴致就会大打折扣。这本书中谈到的博物学家们，几乎都反复写到或谈到幼年时代与自然亲密接触的经历。爱德华·威尔逊（E. O. Wilson）对此表达得很贴切："一个孩子来到深潭边，满心期待奇妙的事情发生……在一个博物学家成长的关键阶段，决定性的因素并非系统知识，而是亲身经历。"[2] 但假如一个人成长的过程中从未接近过一片深潭，或者这种体验来得太晚，他还能萌生对自然的最真挚的兴趣与热爱吗？

哪怕是在乡村地带，人们对科学的认识也已今非昔比。我在一个岛屿上生活和教书。当地的高中位于一个国家公园中间，附近还有一个遗传学实验室。我女儿和她的朋友们得到了实验室的实习机会，去学习现代的遗传学技术。但是她的老师却不会想要为他们安排国家公园生物学家的实习。我想，女儿能接触到前沿科技应该是件好事，但这些技术肯定会在她大学毕业之前过时。有多少高中时就开始跑电泳的孩子，以后再也用不到

253

---

[1] 坦斯利，1923，第 97 页，转引于埃尔顿，1927，第 3 页。埃尔顿引用吉尔伯特·怀特的话作为自己写作的开头，其中这样说道："生命研究和动物保护是非常麻烦和困难的，只有那些主动、好奇，大部分时间住在野外的人才能做到"（怀特，1911 ［1788］，第 125 页），这对于现在的主题或许同样重要。

[2] 威尔逊，1994，第 11 页。

这项技术？如果这些孩子头顶的树枝上栖着绒啄木鸟和长嘴啄木鸟，又有多少人能区分出来呢？这两种经历之中，哪一种更可能提供绵亘一生的乐趣和教益？或许更紧迫的问题是，下一代的年轻人中到底有多少会有机会去跑电泳，而又有多少能在社会中担起环境审计员这一重任呢？

写这本书的时候，我认为开始构思的最佳地点，就是那个让我第一次遐想自己成为博物学家的地方：安妮·亚历山大的脊椎动物学博物馆。我已经提到了格林内尔在加州大学伯克利分校开设的"脊椎动物博物学"课程，那是我第一次接触到野外生物学这门学问。在伯克利的最后一段时间里，我担任博物馆的馆长助理，有些笨手笨脚地做着其他人无暇参与的工作。大部分时候，我都在尽力不去妨碍别人，但也如饥似渴地从博物馆中的标本和他人的指点中学习。

三十多年后重返，我心中有些忐忑不安。生命科学大楼的外观和我记忆中相差无几，只是入口有些不同。大楼内部经过翻修，已经焕然一新。古生物学博物馆也搬了进来，和脊椎动物博物馆毗邻，大楼中庭摆满了学校各处搜罗来的骨架。我上学时认识的那些人中，只有吉姆·巴顿前来迎接。

巴顿还是我记忆中的那个样子，仍旧活力四射、充满热情，他两天后就要去东南亚的雨林研究啮齿类动物，但是仍愿意抽出时间陪我看看面貌一新的博物馆。我得知脊椎动物博物学课程已不复昔日盛景，感到非常难过。在20世纪70年代，这门长达两学期的课程会带着学生去观察冬春两季的动物经加州山区迁徙的景象。我们会看到冬季候鸟从旧金山湾起飞，春季蝾螈在内陆的池塘中交配，以及诸如此类的自然奇观。这门课在当时非常热门的其中一个原因是，它是医学院预科生物学等很多专业的必修课。在加州大学伯克利分校改为学期制之后，"脊椎动物博物学"被压缩到一个学期，学生再也无法完整了解到全年完整的动物迁徙。再加上学校开设了越来越多的以实验为主的选修课可以用来替换掉费时费力的野外课程，脊椎动物博物学的选修人数也越来越少。遥想我上学时，这门课有一百多名学生和三名全职教授，还分成了几个独立的单元由几名兼职教授一起授课，不禁唏嘘。

在博物学课程消失的同时，同样的变化也发生在其他更专门的自然学科中。这些学科要么不再授课，要么降低了招生频率。大学课程中，在山区和海岸开展的周末野外实习也越来越少，有的已经停止。以前学生必须将制备鸟皮标本的技巧练得炉火纯青，直到博物馆陈列水准，现在这种要求也不复存在。事情原本可以更糟，好在博物馆仍然受益于安妮·亚历山大的遗产，不用像大学实验室一样蜂拥而上追逐热门的研究，也不用太担心研究失败的后果。当学校决定将生命科学院的细胞和分子研究部门转移到生命科学大楼时，博物馆搬迁的资金立即到位，比那些现代实验室的科研基金迅速得多。

令人欣慰的是，教育的天平似乎又开始倒向博物学了。脊椎动物博物学课从1999年仅有三十五名学生的低谷，恢复到2011年的六十五名学生，虽然比起20世纪70年代的数字仍要少得多，但已有欣欣向荣之态。教师们仍坚持带学生去野外实践，比如一次前往环形山谷（Corral Hollow）的传奇野外之旅。这是利弗莫尔武器实验室（Livermore Weapon Lab）边缘一条靠近沙漠的栖息地，师生们在这里观察猫头鹰、蝙蝠，还有那些胆敢在被太阳余温烤得滚热的马路上蜿蜒而过的爬行动物。

巴顿的研究勾勒出了博物学中长线研究的重要性。他毕生研究分类学和生态学时用到的方法，在很多方面是格林内尔和安妮·亚历山大也能迅速理解的——严谨的笔记记录、标本收集、形态特征分析——但他也用到了前沿的分子生物学技术，来进一步明确生态学中的关系和变化。他的最新研究是根据一百年前格林内尔的笔记研究加州境内鸟类和哺乳动物数量的变化。格林内尔再测量项目（Grinnell Resurvey Project）是一次野心勃勃的尝试。20世纪初，脊椎动物学博物馆的生物学家曾在格林内尔指导下

255

进行过一系列研究，再测量项目旨在对当初的研究进行重新取样①。这一项目遵循着格林内尔的整体科学思想，就像他自己说的那样，"在中断了数年——甚至长达一个世纪之久——之后，未来的学生终于能重新获得加州动物区系的原始数据了"②。那些"未来的学生们"便是格林内尔的曾徒孙，根据他的笔记、手绘地图和标本，他们终于可以真正地追随着他的脚步，亲眼看到一个世纪以来加州动物区系的变化了。

　　巴顿和他团队的很多发现符合人们的预期，许多哺乳动物物种都扩展了它们的活动范围，或者在山区向更高的海拔迁徙，这或许是气候变化影响动物行为的结果。如果这种情况属实，那么我们便有理由担心，如果气温持续升高，一些动物可能会从山里跑出来。同样值得研究的，是另外一些动物的行为为什么还和过去没什么两样。正如巴顿所说，如果没有过去的详细记录，我们不可能意识到这些动物的行为是否发生了变化，如果我们不继续进行严谨的博物学记录，在物种行为和生态学方面获得更多新发现，便不可能弄明白在变化的环境中，为什么有些物种特别脆弱，而另一些则适应能力超群。我们可以从实验室中获得很多有用信息，但是最终只有到生物的生存环境中去耐心观察、分析，才能真正得到想要的答案。

　　人们不禁想到，安妮·亚历山大和格林内尔如果地下有知，也会欣慰于终于有人理解了他们的那番苦心，承袭他们捍卫过的种种优良传统，把他们曾经的工作成果与现代科技结合起来，用于研究这片他们熟稔于心的土地在发生着怎样的变化。这一项目大获成功，随后在其他州也推而广之，不过其他地区很少保持着如此详尽的历史记录。与此同时，如我们在上文中提到过的，巴顿再次表达了他的忧虑：如果不重视培养下一代的野外生物学家，可能就没法建立起后续的研究，让将来的学生从中受益了。

　　博物学在学术世界中的衰落持续了超过一个世纪，但是有证据显示，

---

① http：//mvz. berkeley. edu/Grinnell/index. html（访问于 2011 年 1 月 28 日）。
② 同上。

这种趋势已在悄然改变。爱德华·威尔逊选择以"博物学家"命名他的自传，不仅表明了博物学对他个人职业生涯的重要意义，也是向博物学的再一次致敬，提醒其他科学家至少要开始承认博物学的重要性。围绕着爱德华·威尔逊的生物社会学和亲生命理论的不断争议是一把双刃剑，一方面，他的名气让人们注意到整体和美学的方法对于科学的重要性；但另一方面，这一观点也因涉及威尔逊敏感的政治观点而大打折扣。

大学里缺失的博物学课程，因"短期课程"、工作坊以及自然中心和环境教育项目组织的野外实践而得到了弥补①。尽管这些活动有着鲜明的政治和社会学色彩，但是想想洪堡花了多大的精力研究人类社会吧！对他来说，研究人类的重要性绝不逊于其他生物，且 19 世纪和 20 世纪的博物学家几乎都以某种形式参与着环境保护运动。

21 世纪的最初十年里，复兴博物学实践的呼声越来越强，越来越多的作者指出，进一步研究分类学、生活史和种间相互作用，特别是多种生物在病原体变异和传播中的关键作用，具有极其重大的意义②。在我们发现分类学的辉煌岁月没有成为过去时，而是尚未到来的同时，对生物多样性丧失的关注也愈发高涨。我在康奈尔大学的同事哈里·格林（Harry Greene）最近指出，从他 1979 年教授两栖爬行动物学开始，已知的蛙类物种数量已经翻了一倍不止。然而随着我们对两栖爬行动物多样性的了解越来越深入，也越来越意识到它们正在快速灭绝。如果我们连识别它们都做不到，又谈何保护呢？

2007 年，一群教育经历各异的博物学爱好者开始发起一系列对话，商讨如何保证下一代博物学人才的培养。这些对话最终被并入博物学网络

---

① 一次检索显示，仅在美国，就有超过 250 家自然博物馆或机构把博物学作为特色：http：//en. wikipedia. org/wiki/List _ of _ natural _ history _ museums（访问于 2011 年 12 月 22 日）。

② 可参见弗莱施纳（Fleischner，2005），格林（2005），以及施密德利（Schmidly，2005）。

（Natural History Network），这一机构尝试将自然研究的各种不同概念整

257 合起来。2009 年春天，博物学网络决定在美国生态学学会的年会（我也有

幸参加）上以论文报告会的形式举行一次聚会。

这次论文报告会和会后的工作坊座无虚席，给与会者带来了意想不到
的惊喜。一位研究生发言道："请告诉我们的教授，这才是我们进入生态
学领域的初衷。"一位政府官员接着说道："你们这些环境保护者努力促成
了许多法律的通过，要求我们进行环境影响评估。所以我迫切需要野外工
作者帮助我们在野外识别蛇和蜥蜴，可没想到你们的学者都是实验室培养
出来的，连虫子都辨别不出来。你们必须得做点什么。"总之，这是一个
很好的开始。从 2009 年的会议之后，美国生态学学会建立了一个博物学
部门，国家科学基金会（National Science Foundation）——一直是保守的
实验科学大本营——也建立了一系列工作坊来检验博物学在教学、研究、
社会和环境管理方面的作用①。

在科学界开始对博物学流露出肯定的意向——虽然还没有彻底接
纳——的同时，自放大镜和双筒望远镜发明以来，发达的技术为博物学提
供了前所未有的机会。现在的智能手机可以发出鸟叫声，吸引各种鸟类，
还可以在拍摄的同时记录地理位置。像 I-Naturalist 这样的网络群组实现了
物种识别的众包，建立起一个爱好者和专业人士平等交流的社交网络，不
久的将来可能还可以提供数据分析和全面的技术支持。虽然现在庆祝博物
学的复苏还为时尚早，但是一丝曙光已经出现。

在这本书的写作过程中，我荣幸地欣赏到三千年的漫长历史中，一些
真正卓越不凡的人创作出的美文美图。我结识了很多英雄，偶尔也见到几
个我甚至不屑与之为伍的反面角色，但大部分人都让我心生敬慕，满心向
往与他们一起去野外探险。在这个广阔的世界上，文明更迭，王朝兴替，

① 汉普顿（Hampton）和惠勒（Wheeler），2011。

信仰盛极而衰，科技日新月异，但是在漫长的时间里，一些全人类共同的情感却熠熠发光，历久弥新：初次结识某种生灵的惊喜、屏息观察奇特行为的乐趣、与泉畔野花不期而遇的心醉神迷，都令人禁不住感叹造化鬼斧之魔力。即使在我最灰心失望的时候，也相信博物学家和博物学永不会绝迹。我们已经错失了很多，再也没有人能体验到利奥波德所描述的旅鸽铺天盖地飞过而形成的"羽毛风暴"了，虽然就连他本人也没有见过旅鸽最繁荣的岁月，但是我们仍能珍惜现在拥有的一切，继承先辈的胆识和创见，给子孙后代留下值得他们继承和传递的财富。

258

　　这本书篇幅有限，只能从整个博物学历史中撷取一小部分，难免受到个人好恶的影响。如果我的工作做得还算不赖，相信我的读者中，一定会有人走到书本之外，找到书中遗漏的各种美妙的人物。你们中也有人会成为这些奇妙的人中的一员（有些人已经是了），成为未来博物学史的主人公。博物学既不完美，也尚未功成，但无论如何，博物学家可帮约伯与上帝一辩：他们既知"山岩间野山羊的生产时节"，也能"察出母鹿的下犊之期。"

　　为此，也为探索这大千世界无穷无尽的未知，一代又一代男女探险家走向外面的世界，从黑暗中彰显奥义。

参考文献

Adams, H. 2010 [1906]. *The Education of Henry Adams: An Autobiography*. New York: Forgotten Books.

Agassiz, L. 1847. *An Introduction to the Study of Natural History*. New York: Greeley & McElrath.

Agassiz, L. , and C. F. Hartt. 1870. *Scientific Results of a Journey in Brazil: Geology and Physical Geography of Brazil*. Boston: Fields Osgood & Co.

Aiken, P. 1947. The Animal History of Albertus Magnus and Thomas of Cantimprè. *Speculum* 22: 205 – 25.

Alexander, A. 1927. A Further Chronicle of the Passenger Pigeon and of Methods Employed in Hunting It. *Condor* 29: 273.

Aligheri, Dante. 1871. *Divine Comedy*. Vol. 1 of 3. Boston: Fields Osgood and Co.

Allen, E. G. 1937. New Light on Mark Catesby. *Auk* 54: 349 – 63.

Allen, J. L. 1991. *Lewis and Clark and the Image of the American Northwest*. Mineola, NY: Dover.

Alvard, M. S. , and L. Kuznar. 2001. Deferred Harvests: The Transition from Hunting to Animal Husbandry. *American Anthropologist* 103: 295 – 311.

Anonymous. 1803. Review of John Ray's *The Wisdom of God Manifested in the Works of the Creation*. *Philosophical Transactions of the Royal Society of London Abridged: 1683 – 1694* 3: 492 – 95.

Anonymous. 1855 – 61. *Reports of Explorations to Ascertain the Most Practicable and Economical Route for a Railroad from the Mississippi River to the Pacific Ocean, Made under the Direction of the Secretary of War*, *in 1853 - 4*. 13 vols. Washington, DC: Government Printing Office.

Anonymous. 1863. Olaus Celsius. *Notes and Queries: A Medium of Intercommunication for Literary Men*, *General Readers*, *Etc.* 3rd ser. , vol. 4. , 170.

Anonymous. 1893. Cook: 1762 - 1780. *Historical Records of New South Wales*. Vol. 1, pt. 1. Canberra: National Library of Australia.

Anonymous. 1896. Scientific News and Notes. *Science* 4: 109 - 15.

Anonymous. 1899. Gilbert White of Selborne. Private reprint of a proof for the *Dictionary of National Biography*. Vol. 61. Cambridge, MA: Samuel Henshaw Collection, Harvard University Library.

Anonymous. 1913. The Thomas Pennant Collection. *Science N. S.* 37: 404 - 05.

Anonymous. 1956. National Academy Began as Social Club. *Science Newsletter* (November 24, 1956): 322.

Anonymous. 1972. Review: Wallace's Palm Trees of the Amazon. *Taxon* 21: 521 - 22.

Anonymous. 2008. *Cook's Endeavor Journal: The Inside Story*. Canberra: National Library of Australia.

Arber, A. 1912. *Herbals, Their Origin and Evolution: A Chapter in the History of Botany, 1470 - 1670*. Cambridge: Cambridge University Press.

Aristotle. 1984. *The Complete Works of Aristotle: The Revised Oxford Translation*. Ed. J. Barnes. Princeton, NJ: Princeton Bolingen Series XXI.

————. 2004. *History of Animals*. New York: Kessinger Publications.

Ayers, J. B. 1958. Illinois State Natural History Survey. *AIBS Bulletin* 8: 26.

Aylesworth, T. G. 1965. The Heritage of Louis Agassiz. *American Biology Teacher* 27: 597 - 99.

Baas, J. H. 1889. *Outlines of the History of Medicine and the Medical Profession*. New York: J. H. Vail and Co.

Badé, W. F. 1924. *The Life and Letters of John Muir*. New York: Houghton Mifflin & Co.

Bailey, F. M. 1889. *Birds through an Opera Glass*. New York: Houghton Mifflin & Co.

————. 1898. *Birds of Village and Field: A Bird Book for Beginners*. New York: Houghton Mifflin & Co.

————. 1902. *Handbook of Birds of the Western United States Including the Great Plains, Great Basin, Pacific Slope, and Lower Rio Grande Valley*. New York: Houghton Mifflin & Co.

Balch, E. S. 1901. Antarctica: A History of Antarctic Discovery. *Journal of the Franklin Institute* 152: 26 - 45.

Balfour, J. H. 1885. *The Plants of the Bible*. Edinburgh: T. Nelson and Sons.

Bandelier, A. F. 1905. *The Journey of Alvar Nunez Cabeza de Vaca and His Companions from Florida to the Pacific 1528 - 1536. Translated from His Own Narrative by Fanny Bandelier*. New York: A. S. Barnes and Co.

Barlow, N. , ed. 1963. Darwin's Ornithological Notes. *Bulletin of the British Museum (Natural History)*. *Historical Series* 2, no. 7: 201 - 28.

————. 1967. *Darwin and Henslow: The Growth of an Idea: Letters, 1831 – 1860*. Berkeley and Los Angeles: University of California Press.

Barnosky, A. D. , P. L. Koch, R. S. Feranec, S. L. Wing, and A. B. Shabel. 2006. Assessing the Causes of Late Pleistocene Extinctions on the Continents. *Science* 306: 70 – 75.

Barrington, D. 1770. Account of a Very Remarkable Young Musician. In a Letter from the Honourable Daines Barrington, F. R. S. , to Mathew Maty, M. D. Sec. R. S. *Philosophical Transactions of the Royal Society* 57: 204 – 14.

Bartram, W. 1791. *Travels through North and South Carolina , Georgia , East and West Florida , the Cherokee Country , the Extensive Territories of the Muscogulges , or Creek Confederacy , and the Country of the Chactaws ; Containing an Account of the Soil and Natural Productions of Those Regions , Together with Observations on the Manners of the Indians*. Philadelphia: James and Johnson.

Bates, H. W. 1863. *The Naturalist on the River Amazons : A Record of Adventures , Habits of Animals , Sketches of Brazilian and Indian Life , and Aspects of Nature under the Equator , during Eleven Years of Travel*. 2 vols. London: John Murray.

Beddall, B. G. , ed. 1969. *Wallace and Bates in the Tropics : An Introduction to the Theory of Natural Selection*. London: Macmillan.

Beebee, W. 1944. *The Book of Naturalists : An Anthology of the Best Natural History*. New York: Knopf.

Beija-Pereira, A. , D. Caramelli, C. Lalueza-Fox, C. Vernesi, et al. 2006. The Origin of European Cattle: Evidence from Modern and Ancient DNA. *Proceedings of the National Academy of Sciences* 103: 8113 – 18.

Benton, P. 1867. *The History of the Rochford Hundred*. New York: A. Harrington.

Bigelow, J. 1856. *Memoir of the Life and Public Services of John Charles Fremont*. New York: Derby and Jackson.

Birkhead, T. 2010. How Stupid Not to Have Thought of That: Post-Copulatory Sexual Selection. *Journal of Zoology* 281: 79 – 93.

Blunt, W. 1971. *Linnaeus : The Compleat Naturalist*. Princeton, NJ: Princeton University Press.

Bonta, M. 1995. *American Women Afield : Writings by Pioneering Women Naturalists*. College Station, TX: Texas A&M University Consortium Press.

Boone, J. L. 2002. Subsistence Strategies and Early Human Population History: An Evolutionary Ecological Perspective. *World Archaeology* 34, no. 1: 6 – 25.

Botkin, D. B. 1995. *Our Natural History : The Lessons of Lewis and Clark*. New York: Putnam.

Boulger, G. S. 1904. Catesby and the Catalpa. *Nature Notes* 15: 248 – 49.

Boyd, A. W. 1951. *A Country Parish*. London: Collins.

Branch, M. P. 2001. *John Muir's Last Journey : South to the Amazon and East to Africa*. Washington, DC: Island Press.

Breasted, J. H. 1920. The Origins of Civilization. *Scientific Monthly* 10: 182 – 209.

Briant, P. 2002. *History of the Persian Empire : From Cyrus to Alexander*. Trans.

Peter Daniels. Winona Lake, IN : Eisenbrauns. (Originally published Paris: Fayard.)

Brightwell, C. L. 1858. *The Life of Linnaeus*. London: John VanVoorst.

Brown, J. W. 1897. *An Enquiry into the Life and Legend of Michael Scot*. Edinburgh: David Douglas.

Browne, J. 1995. *Charles Darwin: A Biography*. Vol. 1 of 2. *Voyaging*. Princeton, NJ: Princeton University Press.

———. 2002. *Charles Darwin: A Biography*. Vol. 2 of 2. *The Power of Place*. Princeton, NJ: Princeton University Press.

Browne, R. W. 1857. *A History of Roman Classical Literature*. Philadelphia: Blanchard and Lea.

Bruhns, C. , J. Lowenberg, R. Avé-Lallemant, A. Dove, and J. Lassell. 1873. *Life of Alexander von Humboldt*. Vol. 1 of 2. London: Longmans, Green and Co.

Buffon, G. L. 1769. *Histoire naturelle générale et particulière*. Paris: Royal Press. (Later translated into English by William Smellie: Buffon, G. L. 1791. *Natural History General and Particular by the Count du Buffon*. London: Strahan and Cadell.)

———. 1857. *Buffon's Natural History of Man, the Globe, and of Quadrupeds, with Additions from Cuvier, Lacepede, and Other Eminent Naturalists*. New York: Leavitt and Allen.

Burkhardt, F. , ed. 1999. *The Correspondence of Charles Darwin*. Vol. 11. *1863*. Cambridge: Cambridge University Press.

Burkhardt, F. , and S. Smith, eds. 1986. *The Correspondence of Charles Darwin*. Vol. 2. *1837 – 1843*. Cambridge: Cambridge University Press.

Burroughs, J. 1908. Seeing Straight. *The Independent* 64: 34 – 36.

Busk, W. 1855. *Mediaeval Popes, Emperors, Kings and Crusaders : Or Germany, Italy and Palestine from A. D. 1125 to A. D. 1268*. Vol. 2 of 4. London: Hookam and Sons.

Butzer, K. W. 1992. From Columbus to Acosta: Science, Geography and the New World. *Annals of the Association of American Geographers* 82: 543 – 65.

Cabeza de Vaca, A. 1983 [1542]. *Cabeza de Vaca's Adventures in the Unknown Interior of America*. Trans. C. Covey. Albuquerque: University of New Mexico Press.

Canning, G. , J. Frere, G. Ellis, and W. Gifford. 1801. *Poetry of the Anti-Jacobin*. 4th ed. London: J. Wright.

Carson, R. 1941. *Under the Sea Wind*. New York: Simon & Schuster.

———. 1951. *The Sea around Us*. Oxford: Oxford University Press.

———. 1955. *The Edge of the Sea*. New York: Houghton Mifflin & Co.

———. 1962. *Silent Spring*. New York: Houghton Mifflin & Co.

Carter, H. B. 1995. The Royal Society and the Voyage of HMS "Endeavor." *Notes and Records of the Royal Society of London* 49: 245 – 60.

Cary, H. 1882. *Select Dialogs of Plato : A New and Literal Version*. New York: Harper Bros.

Cashin, E. J. 2007. *William Bartram and the American Revolution on the Southern Frontier*. Columbia: University of South Carolina Press.

Catesby, M. 1747a. Of Birds of Passage, by Mr. Mark Catesby, F. R. S. *Philosophical Transactions of the Royal Society of London* 44: 435 - 44.

———. 1747b. Of Birds of Passage. *Gentlemen's Magazine* 17: 447 - 48.

———. 1754 [1731]. *The Natural History of Carolina, Florida, and the Bahama Islands: Containing the Figures of Birds, Beasts, Fishes, Serpents, Insects, and Plants: Particularly the Forest-Trees, Shrubs, and Other Plants, Not Hitherto Described or Very Incorrectly Figured by Authors.* London: Marsh Wilcox and Stitchall.

Caughley, G. 1970. Eruption of Ungulate Populations with Emphasis on Himalayan Thar in New Zealand. *Ecology* 51: 53 - 72.

Chamberlin, T. C. 1897. The Method of Multiple Working Hypotheses. *Journal of Geology* 5: 837 - 48.

Chambers, R. 1845. *Vestiges of the Natural History of Creation.* 2nd ed. New York: Wiley and Putnam.

Chancellor, G., and J. van Wyhe, eds. 2009. *Charles Darwin's Notebooks from the Voyage of the* Beagle. Cambridge: Cambridge University Press.

Chroust, A. 1967. Aristotle Leaves the Academy. *Greece and Rome* 14: 39 - 43.

Clark, P. 1873. The Symmes Theory of the Earth. *Atlantic Monthly* 31: 471 - 80.

Clark, J. W., and T. Hughes. 1890. *The Life and Letters of the Reverend Adam Sedgwick.* Vol. 1 of 2. Cambridge: Cambridge University Press.

Clarke, C. 1821. *The Hundred Wonders of the World and the Three Kingdoms of Nature Described According to the Latest and Best Authorities and Illustrated by Engravings.* New Haven, CT: John Babcock.

Clausen, J., D. Keck, and W. M. Hiesey. 1940. *Experimental Studies on the Nature of Species.* I. *Effect of Varied Environments on Western North American Plants.* Washington, DC: Carnegie Institution of Washington.

Clemmer, R. O. 1991. Seed Eaters and Chert Carriers: The Economic Basis for Continuity in Western Shoshone Identities. *Journal of California and Great Basin Archaeology* 13: 3 - 14.

Clutton-Brock, J. 1999. *A Natural History of Domesticated Mammals.* 2nd ed. Cambridge: Cambridge University Press.

Cochrane, R. C. 1978. *The National Academy of Sciences: The First Hundred Years.* Washington, DC: National Academy of Sciences.

Coleridge, E. H. 1895. *Letters of Samuel Taylor Coleridge.* 2 vols. Boston and New York: Houghton Mifflin.

Creasey, E. S. 1851. *The Fifteen Decisive Battles of the World: From Marathon to Waterloo.* New York: Harper and Bros.

Cronin, G. Jr. 1942. John Mirk on Bonfires, Elephants, and Dragons. *Modern Language Notes* 57: 113 - 16.

Crosby, A. W. 1986. *Ecological Imperialism: The Biological Expansion of Europe 900 - 1900.* Cambridge: Cambridge University Press.

Dadswell, T. 2003. *The Selborne Pioneer: Gilbert White as Scientist and Naturalist: A*

Re-Examination. Aldershot, UK : Ashgate Publishing Ltd.

Daley, S. 1993. Ancient Mesopotamian Gardens and the Identification of the Hanging Gardens of Babylon Resolved. *Garden History* 21: 1 - 13.

Darlington, W. 1849. *Memorials of John Bartram and Humphry Marshall with Notices of Their Botanical Contemporaries*. Philadelphia: Lindsay and Blakiston.

Darwin, C. 1845. *Journal of Researches into the Natural History and Geology of the Countries Visited during the Voyage round the World of H. M. S. "Beagle" under the Command of Captain Fitz Roy, R. N.* London: John Murray.

——. 1851. *Geological Observations on Coral Reefs, Volcanic Islands, and South America*. London: Smith, Elder and Co.

——. 1859. *On the Origin of Species by Means of Natural Selection, or the Preservation of Favored Races in the Struggle for Life*. London: John Murray.

——. 1896. *The Formation of Vegetable Mould through the Actions of Worms with Observations on Their Habits*. New York: D. Appleton and Co.

——. 1897. *The Life and Letters of Charles Darwin*. Ed. F. Darwin. New York: D. Appleton and Co.

——. 1902. *Journal of Researches*. New York: American Home Library Co.

——. 1921. An Appreciation. Foreword in H. W. Bates. *A Naturalist on the River Amazons*. New York: E. P. Dutton and Co. Everyman's Library Edition.

——. 1958. *The Autobiography of Charles Darwin 1809 - 1882. Edited with Appendix and Notes by His Grand-Daughter, Nora Barlow*. 1st complete ed. New York: Harcourt, Brace and Co.

——. 1985. *The Correspondence of Charles Darwin*. Vol. 1 of 19. *1821 - 1836*. Eds. F. Burkhardt and S. Smith. Cambridge: Cambridge University Press.

——. 1986. *The Correspondence of Charles Darwin*. Vol. 2. *1837 - 1843*. Eds. F. Burkhardt and S. Smith. Cambridge: Cambridge University Press.

——. 1999. *The Correspondence of Charles Darwin*. Vol. 11. Ed. F. Burkhardt. Cambridge: Cambridge University Press.

——. 2009. *Charles Darwin's* Beagle *Diary (1831 - 1836)*. Ed. R. Keynes. Cambridge: Cambridge University Press.

Darwin, E. 1785. *The System of Vegetables Translated from the Systema Vegetablium*. London: Ligh and Sotheby.

——. 1794. *Zoonomia, or the Laws of Organic Life*. London: J. Johnson.

——. 1804. *The Temple of Nature or, the Origin of Society, A Poem with Philosophical Notes*. Baltimore: John W. Butler.

——. 1806. *Poetical Works of Erasmus Darwin*. Vol. 2 of 3. *The Loves of Plants*. London: J. Johnson.

Darwin, F., ed. 1887. *The Life and Letters of Charles Darwin, Including an Autobiographical Chapter*. London: John Murray.

Davis, E. B. 1976. A Bicentennial Remembrance: Important Contributors to Mid-Eighteenth Century Biology. *Bios* 47: 178 - 86.

Davis, J. 1853. *Report of the Secretary of War*. Executive Document 1. House of

Representatives, 33rd Cong. , 1st sess. Washington, DC: Government Printing Office.

Dawson, W. 1923. *The Birds of California*. 4 vols. San Diego: South Moulton Co.

De Asua, M. , and R. French. 2005. *A New World of Animals: Early Modern Europeans on the Creatures of Iberian America*. Aldershot, UK : Ashgate Publishing Ltd.

De Beer, E. S. 1950. The Earliest Fellows of the Royal Society. *Notes and Records of the Royal Society of London* 7: 172 – 92.

Debus, A. G. 1978. *Man and Nature in the Renaissance*. Cambridge: Cambridge University Press.

Delia, D. 1992. From Romance to Rhetoric: The Alexandrian Library in Classical and Islamic Traditions. *American Historical Review* 97: 1449 – 67.

Dempsey, J. , ed. 2000 [1637]. *New English Canaan by Thomas Morton of "Merrymount": Text and Notes*. Scituate, MA: Digital Scanning Inc.

Desmond, A. , and J. Moore. 1991. *Darwin: The Life of a Tormented Evolutionist*. New York: W. W. Norton and Co.

———. 2009. *Darwin's Sacred Cause: How a Hatred of Slavery Shaped Darwin's Views on Human Evolution*. New York: Houghton Mifflin.

Dick, N. B. 2006. The Neo-Assyrian Lion Hunt and Yahweh's Answer to Job. *Journal of Biblical Literature* 125: 243 – 70.

Diller, A. 1940. The Oldest Manuscripts of Ptolemaic Maps. *Transactions and Proceedings of the American Philological Association* 71: 62 – 67.

Diogenes Laertius. 1853. *The Lives and Opinions of Eminent Philosophers*. Trans. C. D. Yonge. London: Bohn.

Drury, W. H. Jr. 1998. *Chance and Change: Ecology for Conservationists*. Berkeley and Los Angeles: University of California Press.

Dupree, A. H. 1959. *Asa Gray, 1810 – 1888*. Cambridge, MA: Harvard University Press.

Edwards, W. H. 1847. *A Voyage on the River Amazon Including a Residence at Pará*. New York: D. Appleton and Co.

Egerton, F. 1983. The History of Ecology Achievements and Opportunities, Part One. *Journal of Historical Biology* 16: 259 – 310.

———. 2001. A History of the Ecological Sciences. Part 3. Hellenistic Natural History. *Bulletin of the Ecological Society of America* 82: 201 – 05.

Eiseley, L. 1961. *Darwin's Century: Evolution and the Men Who Discovered It*. New York: Anchor.

———. 1979. *Darwin and the Mysterious Mr. X: New Light on the Evolutionists*. New York: Harcourt.

Elton, C. 1927. *Animal Ecology*. London: Sidgwick and Jackson Ltd.

———. 1942. The Ten-Year Cycle in Numbers of the Lynx in Canada. *Journal of Animal Ecology* 11: 96 – 126.

Enderby, J. 2008. *Imperial Nature: Joseph Hooker and the Practices of Victorian Science*. Chicago: University of Chicago Press.

Erskine, A. 1995. Culture and Power in Ptolemaic Egypt: The Museum and Library of Alexandria. *Greece & Rome*, 2nd ser. , 42: 38 - 48.

Evans, H. E. 1993. *Pioneer Naturalists*. New York: Henry Holt and Co.

Farber, P. L. 1997. *Discovering Birds: The Emergence of Ornithology as a Scientific Discipline, 1760 - 1850*. Baltimore: Johns Hopkins University Press.

———. 2000. *Finding Order in Nature: The Naturalist Tradition from Linnaeus to E. O. Wilson*. Baltimore: Johns Hopkins University Press.

Flannery, T. 2002. *The Future Eaters: An Ecological History of the Australasian Lands*. New York: Grove Press.

Fleischner, T. L. 2005. Natural History and the Deep Roots of Resource Management. *Natural Resources Journal* 45: 1 - 13.

Forbes, S. 1887. The Lake as a Microcosm. Originally published in the *Bulletin of the Illinois Natural History Society*. www. uam. es/personal _ pdi/ciencias/scasado/documentos/Forbes. pdf. (Accessed July 4, 2011.)

Foster, D. R. 1999. *Thoreau's Country: Journey through a Transformed Landscape*. Cambridge, MA: Harvard University Press.

Foster, P. G. M. 1986. The Hon. Daines Barrington F. R. S. — Annotations on Two Journals Compiled by Gilbert White. *Notes and Records of the Royal Society of London* 41: 77 - 93.

Frémont, J. C. 1845. *Report of the Exploring Expedition to the Rocky Mountains*. Washington, DC: Gales and Seaton.

French, R. 1994. *Ancient Natural Histories*. London and New York: Routledge.

Gabrieli, F. 1964. Greeks and Arabs in the Central Mediterranean. *Dumbarton Oaks Papers* 18: 57 - 65.

Gage, A. T. , and W. T. Stearn. 1988. *A Bicentennial History of the Linnean Society*. New York: Academic Press.

Galen. 1985. *Three Treatises on the Nature of Science*. Trans. M. Frede. Indianapolis: Hackett Publishing Co.

Gaudio, M. 2001. Swallowing the Evidence: William Bartram and the Limits of Enlightenment. *Winterthur Portfolio* 36: 1 - 17.

Gee, W. 1918. South Carolina Botanists: Biography and Bibliography. *Bulletin of the University of South Carolina* 72: 9 - 13.

Gilman, D. C. 1899. *The Life of James Dwight Dana*. New York: Harper and Bros.

Goetzmann, W. H. 1967. *Exploration and Empire: The Explorer and the Scientist in the Winning of the American West*. New York: Knopf.

Goetzmann, W. H. , and K. Sloan. 1982. *Looking Far North: The Harriman Expedition to Alaska, 1899*. Princeton, NJ: Princeton University Press.

Goldsmith, O. 1822. *A History of the Earth and Animated Nature: New Edition, with Corrections and Revisions*. Liverpool: Whyte and Co.

Gould, S. J. 1992. *Ever Since Darwin*. New York: W. W. Norton.

Gourlie, N. 1953. *The Prince of Botanists: Carl Linnaeus*. London: H. F. & G. Witherby.

Gray, A. 1836. *Elements of Botany*. New York: G. &. C. Carvill &. Co.

———. 1861. *Natural Selection Not Inconsistent with Natural Theology: A Free Examination of Darwin's Treatise on the Origin of Species, and of Its American Reviewers*. London: Trübner and Co. (Reprinted from the *Atlantic Monthly*, July, August, and October 1860.)

———. 1863. *Botany for Young People and Common Schools: How Plants Grow, a Simple Introduction to Structural Botany*. New York: Ivison, Phinney Blakeman &. Co.

———. 1880. *Natural Science and Religion: Two Lectures Delivered to the Theological School of Yale College*. New York: Charles Scribner's Sons.

Grayson, D. 2001. Did Human Hunting Cause Mass Extinction? *Science* 294: 1459 – 62.

Greene, H. W. 2005. Organisms in Nature as a Central Focus for Biology. *Trends in Ecology & Evolution* 20: 23 – 27.

Grew, N. 1682. *The Anatomy of Plants with an Idea of a Philosophical History of Plants and Several Other Lectures to the Royal Society*. London: W. Rawlins.

Gribbin, J., and M. Gribbin. 2004. *Fitzroy: The Remarkable Story of Darwin's Captain and the Invention of the Weather Forecast*. New Haven, CT: Yale University Press.

Griffin, D. 1953. Acoustic Orientation in the Oil Bird, *Steatornis*. *Proceedings of the National Academy of Sciences* 39: 884 – 93.

Grinnell, H. W. 1940. Joseph Grinnell 1877 – 1939. *Condor* 42: 2 – 34.

———. 1943. Bibliography of Clinton Hart Merriam. *Journal of Mammalogy* 24: 436 – 57.

Gross, J. 2006. *Thomas Jefferson's Scrapbooks: Poems of Nation, Family and Romantic Love Collected by America's Third President*. New York: Steerforth.

Guthrie, J. D. 1919. *The Forest Ranger and Other Verse*. Boston: Richard D. Badger / Gorham Press.

Haeckel, E. 2000 [1869]. *The Philosophy of Ecology: From Science to Synthesis*. Eds. D. Keller and F. Golley. Athens: University of Georgia Press.

Hall, C. M. 1987. John Muir in New Zealand. *New Zealand Geographer* 43: 99 – 103.

Hall, E. R. 1939. Joseph Grinnell (1877 – 1939). *Journal of Mammalogy* 20: 409 – 17.

Hamilton, J. R. 1965. Alexander's Early Life. *Greece and Rome* 12: 117 – 24.

Hamilton, W. D. 2005. *Narrow Roads of Gene Land*. Vol. 3 of 3. *Last Words*. Ed. M. Ridley. Oxford: Oxford University Press.

Hampton, S. E., and T. A. Wheeler. 2011. Fostering the Rebirth of Natural History. *Biology Letters* (August 31, 2011), doi: 10. 1098/rsbl. 2011. 0777.

Hartwich, C. 1882. A Botanist of the Ninth Century. *Popular Science Monthly* 20: 523 – 27.

Haskins, C. 1925. Arabic Science in Western Europe. *Isis* 7: 478 – 85.

Haskins, C. H. 1911. England and Sicily in the 12th Century. *English Historical Review* 104: 641 – 65.

———. 1921. Michael Scot and Frederick II. *Isis* 4: 250 – 75.

Haynes, G., ed. 2009. *American Megafaunal Extinctions at the End of the Pleistocene*. New York: Springer.

Heather, P. J. 1939. Some Animal Beliefs from Aristotle. *Folklore* 50: 243–58.

Henrichs, A. 1995. Graecia Capta: Roman Views of Greek Culture. *Harvard Studies in Classical Philology* 97: 243–61.

Hobbs, W. W. 1934. John Wesley Powell 1834–1902. *Scientific Monthly* 39: 519–29.

Hobson, R. 1866. *Charles Waterton: His Home Habits and Handiwork*. London: Whittaker & Co.

Holmes. A. 1913. *The Age of the Earth*. London and New York: Harper Bros.

Holmes, S. J. 1999. *The Young John Muir: An Environmental Biography*. Madison: University of Wisconsin Press.

Holt-White, R. 1901. *The Life and Letters of Gilbert White of Selborne*. Vol. 2 of 2. New York: E. P. Dutton and Co.

———. 1907. *The Letters of Gilbert White of Selborne from His Intimate Friend and Contemporary the Rev. John Mulso*. London: R. H. Porter.

Hooke, R. 2007 [1665]. *Micrographia: Or Some Physiological Descriptions of Minute Bodies*. New York: Cosimo Classics.

Hooker, J. D. 1847. *The Botany of the Antarctic Voyage of H. M. Discovery Ships Erebus and Terror in the Years 1839–1843*. London: Reeve Bros.

Hooper, S. 2003a. Making a Killing? Of Sticks and Stones and James Cook's Bones. *Anthropology Today* 19: 6–8.

———. 2003b. Cannibals Talk: A Response to Obeyesekere & Arens. *Anthropology Today* 19: 20.

Houston, S., T. Ball, and M. Houston. 2003. *Eighteenth-Century Naturalists of Hudson's Bay*. Montreal and Kingston: McGill-Queens University Press.

Humboldt, A. von. 1812. *Carte générale du royaume de la Nouvelle Espagne*. Paris: Barriere.

———. 1814. *Political Essay on the kingdom of New Spain*. 2nd ed. London: Longman & Co.

———. 1849. *Aspects of Nature in Different Lands and Different Climates*. Philadelphia: Lea and Blanchard.

———. 1852. *Personal Narrative of Travels to the Equinoctial Regions of America, during the Years 1799–1804*. Vol. 1 of 3. Trans. T. Ross. London: H. Bohn.

———. 1885. *Personal Narrative of Travels to the Equinoctial Regions of America, during the Years 1799–1804, by Alexander von Humboldt and Aimé Bonpland*. Vol. 3. Trans. T. Ross. London: George Bell and Sons.

Humboldt, A. von, and A. Bonpland. 1852. *Personal Narrative of Travels to the Equinoctial Regions of America, during the Years 1799–1804*. Vol. 2. Trans. T. Ross. London: H. Bohn.

———. 2009 [1807]. *Essay on the Geography of Plants*. Ed. S. Jackson. Trans. S. Romanowski. Chicago: University of Chicago Press.

Hussakof, L. 1916. Benjamin Franklin and Erasmus Darwin: With Some Unpublished

Correspondence. *Science* 43: 773 – 75.

Huxley, J. 1942. *Evolution: The Modern Synthesis*. London: Allen and Unwin.

Huxley, L. 1900. *The Life and Letters of Thomas Huxley*. New York: D. Appleton and Co.

————. 1918. *Life and Letters of Sir Joseph Dalton Hooker Based on Materials Collected and Arranged by Lady Hooker*. London: John Murray.

Huxley, R. 2007. *The Great Naturalists*. London: Thames and Hudson.

Ivry, A. 2001. The Arabic Text of Aristotle's "De Anima" and Its Translator. *Oriens* 36: 59 – 77.

Jackson, D. D. 1962. *Letters of the Lewis and Clark Expedition, with Related Documents, 1789 – 1854*. Vol 1. Chicago: University of Illinois Press.

————. 1978. *Letters of the Lewis and Clark Expedition, with Related Documents, 1789 – 1854*. Chicago: University of Illinois Press.

James, L. 1997. *The Rise and Fall of the British Empire*. London: St. Martins.

Jardine, W. 1849. *Contributions to Ornithology 1848 – 1852*. London: General Books.

Jefferson, T. 1998 [1785]. *Notes on the State of Virginia*. Ed. F. Shuffelton. New York: Penguin.

Jeffrey, A. 1857. *The History and Antiquities of Roxburghshire and Adjacent Districts, from the Most Remote Period to the Present Time*. London: J. F. Hope.

Johnston, C. 1901. The Fall of Nineveh. *Journal of the American Oriental Society* 22: 20 – 22.

Josselyn, J. 1672. *New England's Rarities Discovered in Birds, Beasts, Fishes, Serpents and Plants of That Country*. London: G. Widdowes.

Keeney, E. B. 1992. *The Botanizers: Amateur Scientists in Nineteenth-Century America*. Chapel Hill: University of North Carolina Press.

Keller, D. , and F. Golley. 2000. *The Philosophy of Ecology: From Science to Synthesis*. Athens: University of Georgia Press.

Kellogg, L. 1910. Rodent Fauna of the Late Tertiary Beds at the Virgin Valley and Thousand Creek, Nevada. *University of California Publications, Bulletin of the Department of Geology* 5: 421 – 37.

Keller, D. and F. Golley, eds. 2000. *The Philosophy of Ecology: From Science to Synthesis*. University of Georgia Press, Athens.

Keynes, R. 2001. *Annie's Box: Charles Darwin, His Daughter and Human Evolution*. London: Fourth Estate.

King-Hele, D. 1998. Erasmus Darwin, the Lunaticks, and Evolution. *Notes and Records of the Royal Society of London* 52: 153 – 80.

Kington, T. L. 1862. *History of Frederick the Second, Emperor of the Romans*. Cambridge: Macmillan.

Knight, R. L. , and S. Riedel, eds. 2002. *Aldo Leopold and the Ecological Conscience*. Oxford: Oxford University Press.

Knopf, A. 1957. Measuring Geologic Time. *Scientific Monthly* 85: 225 – 36.

Koerner, L. 2001. *Linnaeus: Nature and Nation*. Cambridge, MA: Harvard University

Press.

Kohler, R. 2002. *Landscapes and Labscapes*: *Exploring the Lab-Field Border in Biology*. Chicago: University of Chicago Press.

Krause, E. 1880. *Erasmus Darwin*, *with a Preliminary Notice by Charles Darwin*. New York: D. Appleton and Co.

Kretch, S. 2000. *The Ecological Indian*: *Myth and History*. New York: W. W. Norton.

Lack, D. 1957. *Evolutionary Theory and Christian Belief*, *the Unresolved Conflict*. London: Methuen and Co.

Lamarck, J. B. 1783 – 89. *Encyclopédie méthodique botanique*. 8 vols. Paris: n. p.

———. 1801. *Système des animaux sans vertèbres*, *ou Tableau général des classes*, *des ordres et des genres de ces animaux*. Paris: Musée d'Histoire Naturelle.

———. 1802. *Hydrogéologie ou recherches sur l'influence qu'ont les eaux sur la surface du globe terrestre*. Paris: n. p.

Lankester, E. , ed. 1847. *Memorials of John Ray*: *Consisting of His Life by Dr. Derham*; *Biographical and Critical Notices by Sir J. E. Smith*, *and Cuvier and Dupetit Thouars*: *With His Itineraries*, *Etc.* London: Ray Society.

———, ed. 1848. *The Correspondence of John Ray*, *Consisting of Selections From the Philosophical Letters Published by Dr. Derham*, *and Original Letters of John Ray*, *in the Collection of the British Museum*. London: Ray Society.

Lankester, E. R. 1915. *Diversions of a Naturalist*. London: Methuen.

Lansdown, R. 2006. *Strangers in the South Seas*: *The Idea of the Pacific in Western Thought*: *An Anthology*. Honolulu: University of Hawaii Press.

Layard, A. H. 1867. *Nineveh and Babylon*: *A Narrative of a Second Expedition to Assyria during the Years 1848*, *1850*, *and 1851*. London: John Murray.

Lear, L. 1997. *Rachel Carson*: *Witness for Nature*. New York: Henry Holt and Co.

Lee, S. , ed. 1899. *The Dictionary of National Biography*. Vol. 62. London and New York: MacMillan.

Leopold, A. 1933. *Game Management*. New York: Charles Scribners Sons.

———. 1953. *Round River*: *From the Journals of Aldo Leopold*. Ed. L. Leopold. Oxford: Oxford University Press.

———. 1968. *A Sand County Almanac and Sketches Here and There*. Oxford: Oxford University Press.

Lewis, M. W. 1999. Dividing the Ocean Sea. *Geographical Review* 89: 188 – 214.

Lewis, M. , and W. Clark. 1902 [1814]. *History of the Expedition under the Command of Captains Lewis and Clark to the Sources of the Missouri*, *across the Rocky Mountains*, *down the Columbia River to the Pacific in 1804 – 6*. Vol. 2 of 3. New York: New Amsterdam Books.

———. 2002 [1904]. *The Journals of Lewis and Clark*. Ed. F. Bergon. London: Penguin Classics. (Edited version of a version originally published in 1904 by Reuben Thwaites.)

Linnaeus, C. 1811. *Lachesis Lapponica*, *or a Tour in Lapland Now First Published from the Original Manuscript Journal of the Celebrated Linnaeus*. 2 vols. Trans. J. E. Smith. London: White and Cochrane.

Litchfield, H. 1915. *Emma Darwin: A Century of Family Letters, 1792 – 1896*. 2 vols. New York: D. Appleton and Co.

Lockyer, N. 1873. The Birth of Chemistry VII. *Nature* 7: 285 – 87.

Locy, W. A. 1921. The Earliest Printed Illustrations of Natural History. *Scientific Monthly* 13: 238 – 58.

Lovejoy, A. 1936. *The Great Chain of Being: A Study of the History of an Idea*. Cambridge, MA: Harvard University Press.

Lowell, J. R. 1871. *My Garden Acquaintance*. Cambridge, MA: Houghton Mifflin.

Lurie, E. 1988. *Louis Agassiz: A Life in Science*. Baltimore: Johns Hopkins University Press.

Lyell, C. 1831. *Principles of Geology, Being an Attempt to Explain the Former Changes of the Earth's Surface, by Reference to Causes Now in Operation*. 3 vols. London: John Murray.

Lyman, R. L. 2006. Late Prehistoric and Early Historic Abundance of Columbian White-Tailed Deer, Portland Basin, Washington and Oregon, USA. *Journal of Wildlife Management* 70: 278 – 82.

Lyman, R. L. , and S. Wolverton. 2002. The Late Prehistoric – Early Historic Game Sink in the Northwestern United States. *Conservation Biology* 16: 73 – 85.

Lysaght, A. M. 1971. *Joseph Banks in Newfoundland and Labrador, 1766*. Berkeley and Los Angeles: University of California Press.

Lytle, M. 2007. *The Gentle Subversive: Rachel Carson,* Silent Spring, *and the Rise of the Environmental Movement*. Oxford: Oxford University Press.

Mabey, R. 2006. *Gilbert White: A Biography of the Author of* The Natural History of Selborne. London: Profile Books Ltd.

MacArthur, R. 1958. Population Ecology of Some Warblers of Northeastern Coniferous Forests. *Ecology* 39: 599 – 619.

Macauley, D. 1979. *Motel of the Mysteries*. New York: Graphia Press.

Macdougal, D. 2004. *Frozen Earth: The Once and Future Story of Ice Ages*. Berkeley and Los Angeles: University of California Press.

Macgillivray, W. 1834. *Lives of Eminent Zoologists, from Aristotle to Linnaeus, with Introductory Remarks on the Study of Natural History, and Occasional Observations on the Progress of Zoology*. Edinburgh: Oliver and Boyd.

Macleod, R. 2004. *The Library of Alexandria: Centre of Learning in the Ancient World*. Rev. ed. London and New York: I. B. Tauris.

Maddock, F. 2001. *Hildegard of Bingen: The Woman of Her Age*. New York: Random House.

Maplet, J. 1930 [1567]. *A Greene Forest or a Naturall Historie, Wherein May Be Seen First the Most Sovereign Virtues in All the Whole Kinde of Stones and Metals: Next of Plants, as of Herbes, Trees, and Shrubs, Lastly of Brute Beasts, Foules, Fishes, Creeping Wormes, and Serpentes, and That Alphabetically So That a Table Shall Not*

Neede. London: Hesperides Press.

Marren, P. 2005. *The New Naturalists*. London: Collins.

Martin, C. 1978. *Keepers of the Game: Indian-Animal Relationships and the Fur Trade*. Berkeley and Los Angeles: University of California Press.

Martin, P. S. 1984. Prehistoric Overkill: The Global Model. In P. S. Martin and R. G. Kleins, eds. , *Quaternary Extinctions: A Prehistoric Revolution*. Tucson: University of Arizona Press, 354 – 403.

Mater, A. G. 1911. Alexander Agassiz, 1835 – 1910. *Annual Report of the Board of Regents of the Smithsonian Institution for 1910*. Washington, DC: Government Printing Office, 447 – 72.

May, R. 1999. Unanswered Questions in Ecology. *Philosophical Transactions of the Royal Society B: Biological Sciences* 354: 1951 – 59.

Mayr, E. 1982. *The Growth of Biological Thought: Diversity, Evolution, and Inheritance*. Cambridge, MA: Harvard University Press.

———. 1993. *One Long Argument: Charles Darwin and the Genesis of Modern Evolutionary Thought*. Cambridge, MA: Harvard University Press.

———. 2007. *What Makes Biology Unique? Considerations on the Autonomy of a Discipline*. Cambridge: Cambridge University Press.

McCalman, I. 2009. *Darwin's Armada: Four Voyages and the Battle for the Theory of Evolution*. New York: W. W. Norton.

McCormick, R. 1884. *Voyages of Discovery in the Arctic and Antarctic Seas, and round the World: Expedition up the Wellington Channel in Search of Sir John Franklin and Her Majesty's Ships "Erebus" and "Terror" in Her Majesty's Boat "Forlorn Hope" under the Command of the Author*. London: Sampson, Low, Marston, Searle, and Rivington.

McCullough, D. 1992. *Brave Companions: Portraits in History*. New York: Simon and Schuster.

McMahon, S. 2000. John Ray (1627 – 1705) and the Act of Uniformity 1662. *Notes and Records of the Royal Society of London* 54: 153 – 78.

Meine, C. 1988. *Aldo Leopold: His Life and Work*. Madison: University of Wisconsin Press.

Merriam, C. H. 1898. Life Zones and Crop Zones of the United States. *Department of Agriculture Bulletin* 10. Washington, DC: Government Printing Office.

———. 1914. The Museum of Vertebrate Zoology of the University of California. *Science* 40: 703 – 04.

———. 2008 [1910]. *The Dawn of the World: Myths and Weird Tales Told by the Mewan (Miwok) Indians of California*. New York: Forgotten Books.

Merriam, C. H. , and L. Steineger. 1890. Results of a Biological Survey of the San Francisco Mountain Range and the Desert of the Little Colorado, Arizona. *North American Fauna Report* 3. Washington, DC: U. S. Department of Agriculture, Division of Ornithology and Mammalogy.

Meyer, S. 1992. Aristotle, Teleology and Reduction. *Philosophical Review* 101: 791

- 825.

Miall, L. C. 1912. *The Early Naturalists, Their Lives and Work 1530 - 1789*. London: Macmillan and Co.

Middleton, W. S. 1925. John Bartram, Botanist. *Scientific Monthly* 21: 191 - 216.

Moore, J. 1986. Zoology of the Pacific Railroad Surveys. *American Zoology* 26: 331 - 41.

Moulton, G. E. 2003. *An American Epic of Discovery: The Lewis and Clark Journals*. Lincoln: University of Nebraska Press.

Muir, J. 1911. *My First Summer in the Sierra*. New York: Houghton Mifflin &. Co.

———. 1913. *The Story of My Boyhood and Youth*. Boston and New York: Houghton Mifflin &. Co.

———. 1916. *A Thousand Mile Walk to the Gulf*. Ed. W. F. Badé. New York: Houghton Mifflin &. Co.

Nabokov, V. 2000. *Nabokov's Butterflies: Unpublished and Uncollected Writings*. Eds. B. Boyd and R. Pyle. Boston: Beacon Press.

Newbolt, H. 1929. Captain James Cook and the Sandwich Islands. *Geographic Journal* 73: 97 - 101.

Newman, B. 1985. Hildegard of Bingen: Visions and Validation. *Church History* 54: 163 - 75.

Nichols, P. 2003. *Evolution's Captain*. New York: HarperCollins.

Nicholson, H. A. 1886. *Natural History: Its Rise and Progress in Britain as Developed in the Life and Labors of the Leading Naturalists*. London and Edinburgh: W. and R. Chambers.

Numbers, R. L. 2000. "The Most Important Biblical Discovery of Our Time": William Henry Green and the Demise of Ussher's Chronology. *Church History* 69: 257 - 76.

Oehser, P. H. 1952. In Memoriam: Florence Merriam Bailey. *Auk* 69: 19 - 26.

Ogilvie, B. 2003. The Many Books of Nature: Renaissance Naturalists and Information Overload. *Journal of the History of Ideas* 64: 29 - 40.

Ollivander, H. , and H. Thomas, eds. 2008. *Gerard's Herbal*. London: Velluminous Press.

Oppenheim, A. L. 1965. On Royal Gardens in Mesopotamia. *Journal of Near Eastern Studies* 24: 328 - 33.

Outram, A. K. , N. A. Stear, R. Bendrey, S. Olsen, et al. 2009. The Earliest Horse Harnessing and Milking. *Science* 323: 1332 - 35.

Paley, W. 1813. *Natural Theology or Evidences of the Existence and Attributes of the Deity, Collected from the Appearances of Nature*. London: J. Paulder.

Park, M. 1816. *Travels in the Interior Districts of Africa Performed in the Years 1795, 1796 and 1797*. London: John Murray.

Parker King, P. 1839. *Narrative of the Surveying Voyages of His Majesty's Ships* Adventure *and* Beagle *between the Years 1826 and 1836 Describing heir Examination of the Southern Shores of South America and the* Beagle's *Circumnavigation of the Globe*. Ed. R. Fitzory. London: Henry Colburn.

Pattingill, H. R. 1901. The Brazen Head. *Timely Topics* 7: 270.

Patton, J. S. 1919. Thomas Jefferson's Contributions to Natural History. *Natural History Magazine* (April - May). http: //naturalhistorymag. com/picks-from-thepast/ 231435/thomas-jefferson-s-contributions-to-natural-history. (Accessed July 15, 2012.)

Pedrosa, S. , M. Uzun, J. -J. Arranz, B. Gutiérrez-Gil, et al. 2005. Evidence of Three Maternal Lineages in Near Eastern Sheep Supporting Multiple Domestication Events. *Proceedings of the Royal Society B: Biological Sciences* 272: 2211 - 17.

Penn, D. T. 2003. The Evolutionary Roots of Our Environmental Problems: Toward a Darwinian Ecology. *Quarterly Review of Biology* 78: 275 - 301.

Pennant, T. 1781. *History of Quadrupeds*. 2 vols. London: B. White.

———. 1793. *The Literary Life of the Late Thomas Pennant Esq. by Himself*. London: Benjamin & John White.

———. 1784. *Arctic Zoology*. London: Henry Hughs.

Perrine, F. 1926. Uncle Sam's Camel Corps. *New Mexico Historical Review* 1: 434 - 44.

Perry, J. 1981. *The Discovery of the Sea*. Berkeley and Los Angeles: University of California Press.

Perry, M. 1977. Saint Mark's Trophies: Legend, Superstition, and Archaeology in Renaissance Venice. *Journal of the Warburg and Courtauld Institutes* 40: 27 - 49.

Pimm, S. L. , M. P. Moulton, and L. J. Justice. 1994. Bird Extinctions in the Central Pacific. *Philosophical Transactions of the Royal Society of London B: Biological Sciences* 347: 27 - 33.

Porter, B. P. 1993. Sacred Trees, Date Palms, and the Royal Persona of Ashurnasirpal II. *Journal of Near Eastern Studies* 52: 129 - 39.

Powell, D. 1977. The Voyage of the Plant Nursery, H. M. S. *Providence*, 1791 - 1793. *Economic Botany* 31: 387 - 41.

Raby, P. 2001. *Alfred Russel Wallace: A Life*. Princeton, NJ: Princeton University Press.

Rader, K. A. , and V. E. M. Cain. 2008. From Natural History to Science: Display and the Transformation of American Museums of Science and Nature. *Museum and Society* 6, no. 2: 152 - 71.

Railing, C. 1979. *The Voyage of Charles Darwin*. New York: Mayflower Books.

Ramsay, W. 1896. *The Gases of the Atmosphere: The History of Their Discovery*. London: Macmillan and Co.

Raper, H. , and R. Fitzroy. 1854. Hints to Travelers. *Journal of the Royal Geographic Society of London* 24: 328 - 58.

Raven, C. E. 1950. *John Ray: Naturalist*. 2nd ed. Cambridge: Cambridge University Press.

Raverat, G. 1953. *Period Piece: A Cambridge Childhood*. London: Faber and Faber.

Rawling, C. , ed. 1979. *The Voyage of Charles Darwin*. New York: Mayflower Books.

Ray, J. 1660. *A Catalogue of Plants Growing around Cambridge*. Cambridge: Cambridge University Press.

———. 1673. *Observations, Topographical, Moral and Physiological, Made on a Journey through Part of the Low-countries, Germany, Italy, and France, with a*

Catalog of Plants Not Native to England, *Found Growing in Those Parts*, *and Their Virtues*. *Also Is Added*, *a Brief Account of Francis Willughby*, *Esq.*, *His Voyage through a Great Part of Spain*. London: John Martyn.

———. 1686. *De Historia Piscium*. London: Royal Society.

———. 1686, 1693, 1704. *Historiae Plantarum*. 3 vols. London: Smith and Benjamin.

———. 1692. *Three Physico-Theological Discourses*. London: William Innys.

———. 1714 [1691]. *The Wisdom of God Manifested in the Works of the Creation in Two Parts*; *viz. the Heavenly Bodies*, *Elements*, *Meteors*, *Fossils*, *Vegetables*, *Animals (Beasts*, *Birds*, *Fishes*, *and Insects) More Particularly in the Body of the Earth*, *Its Figure*, *Motion*, *and Consistency*, *and in the Admirable Structure of the Bodies of Man*, *and Other Animals*, *and Also in Their Generation Etc.*, *with Answers to Some Objections*. London: William Innys.

———. 1732. *A Compleat Collection of English Proverbs*; *Also the Most Celebrated Proverbs of the Scotch*, *Italian*, *French*, *Spanish*, *and Other Languages*: *The Whole Methodically Digested and Illustrated with Annotations*, *and Proper Explications*. 3rd ed. London: J. Hughs.

———. 1882 [1682]. *Methodus Plantarum Nova*, *Brevitatis & Perspicuitatis Causa Synoptice in Tabulis*: *Exhibita Cum notis Generum tim Summorum tum subalternorum Characteristicis*, *Observationibis nonnullis de feminibus Plantarum & Indice Copioso*. London: Faitborne & Kersey.

Reisner, M. 1993. *Cadillac Desert*: *The American West and Its Disappearing Water*. New York: Penguin Books.

Rich, E. E. 1954. The Hudson's Bay Company and the Treaty of Utrecht. *Cambridge Historical Journal* 11: 183–203.

Richardson, R. 1992. *American Literature and Science*. Ed. R. J. Scholnick. Lexington: University Press of Kentucky.

Riddle, J. 1984. Byzantine Commentaries on Dioscorides. *Dumbarton Oaks Papers* 38: 95–102.

Robbins, P. I. 2007. *The Travels of Peter Kalm*: *Finnish-Swedish Naturalist through Colonial North America*, *1748–1751*. Fleischmanns, NY: Purple Mountain Press.

Rohde, E. S. 1922. *The Old English Herbals*. London: Longman's Green and Co.

Rolle, A. 1991. *John Charles Frémont*: *Character as Destiny*. Norman: University of Oklahoma Press.

Roosevelt, T. R. 1920. Nature Fakers. *Nature Fakers in Roosevelt's Writings*: *Selections from the Writings of Theodore Roosevelt*. Ed. M. Fulton. New York: MacMilllan, 258–66.

Sacks, O. 1999. *Migraine*: *Understanding a Common Disorder*. New York: Vintage.

Sanchez, T. 1973. *Rabbit Boss*. New York: Random House.

Sandwith, N. Y. 1925. Humboldt and Bonpland's Itinerary in Venezuela. *Bulletin of Miscellaneous Information (Royal Gardens*, *Kew)* 1925: 295–310.

Sarton, G. 1924. Review [of Thorndike 1923]. *Isis* 6: 74–89.

Schlesier, K. 1853. *Lives of the Brothers Humboldt*, *Alexander and William*. Trans. J.

Bauer. New York: Harper and Bros.

Schmidly, D. J. 2005. What It Means to Be a Naturalist and the Future of Natural History at American Universities. *Journal of Mammalology* 86: 449 – 56.

Schmidt-Loske, K. 2009. *Maria Sibylla Merian: Insects of Surinam.* New York: Taschen America.

Schofield, R. 1966. The Lunar Society of Birmingham: A Bicentenary Appraisal. *Notes and Records of the Royal Society of London* 21: 144 – 61.

Scholnick, R. J. 1992. *American Literature and Science.* Lexington: University Press of Kentucky.

Semper, K. 1881. *Animal Life as Affected by the Natural Conditions of Existence.* New York: D. Appleton & Co.

Sellers, C. C. 1980. *Mr. Peale's Museum: Charles Wilson Peale and the First Popular Museum of Natural Science and Art.* New York: W. W. Norton.

Seton, E. T. 1898. *Wild Animals I Have Known.* New York: Grosset & Dunlap.

Sheringham, J. 1902. The Literature of Angling. *British Sea Anglers Society Quarterly* 2: 33 – 42.

Silver, B. 1978. William Bartram's and Other Eighteenth-Century Accounts of Nature. *Journal of the History of Ideas* 39: 597 – 614.

Singer, C. 1958. *From Magic to Science Essays on the Scientific Twilight.* New York: Dover.

Singer, D. W. 1932. Alchemical Writings Attributed to Roger Bacon. *Speculum* 7: 80 – 86.

Smith, C. H. , and G. Beccaloni, eds. 2008. *Natural Selection and Beyond: The Intellectual Legacy of Alfred Russel Wallace.* Oxford: Oxford University Press.

Smith, E. 1911. *The Life of Sir Joseph Banks President of the Royal Society with Some Notices of His Friends and Contemporaries.* London: Bodley Head.

Smith, G. 2002 [1875]. *Assyrian Discoveries: An Account of Exploration and Discoveries on the Site of Nineveh during 1873 and 1874.* Piscataway, NJ: Gorgias Press.

Smith, P. 2005. *Memoir and Correspondence of Sir James Edward Smith.* Vol. 1 of 2. London: General Books.

Smith, W. R. 1904. *Brief History of the Louisiana Territory.* St. Louis: St. Louis News Co.

Sprague, T. A. 1933. Plant Morphology in Albertus Magnus. *Bulletin of Miscellaneous Information (Royal Gardens, Kew)* 1933: 431 – 40.

Sprunt, A. 1954. *Florida Bird Life.* New York: Coward-McCann Inc.

Stafleu, F. A. 1971. Lamarck: The Birth of Biology. *Taxon* 20: 397 – 442.

Stanton, W. R. 1975. *The Great United States Exploring Expedition of 1838 – 1842.* Berkeley and Los Angeles: University of California Press.

Steadman, D. W. 1989. Extinction of Birds in Eastern Polynesia: A Review of the Record and Comparison with Other Pacific Island Groups. *Journal of Archaeology* 16: 177 – 205.

————. 1995. Prehistoric Extinctions of Pacific Island Birds: Biodiversity Meets Zooarchaeology. *Science* 267: 1123 – 31.

Stegner, W. E. 1992. *Beyond the Hundredth Meridian: John Wesley Powell and the Second Opening of the West*. New York: Penguin Books.

Stein, B. R. 2001. *On Her Own Terms: Annie Montague Alexander and the Rise of Science in the American West*. Berkeley and Los Angeles: University of California Press.

Stevens, A. 1852. Albertus Magnus. *National Magazine* 1: 309 – 10.

Stevenson, H. 1866. *The Birds of Norfolk with Remarks on Their Habits, Migration, and Local Distribution*. 3 vols. London: John Van Voorst.

Stilling, P. 2012. *Ecology: Global Insights and Investigations*. New York: McGraw-Hill.

Stoddard, R. H. 1859. *The Life and Travels of Alexander von Humboldt with an Account of His Discoveries and Notices of His Scientific Fellow-Labourers and Contemporaries*. London: James Blackwell & Co.

Stoever, D. H. 1794. *The Life of Sir Charles Linnaeus*. Trans. J. Trapp. London: Hobson.

Stothers, R. B. 2004. Ancient Scientific Basis of the "Great Serpent" from Historical Evidence. *Isis* 95: 220 – 38.

Stresemann, E. 1975. *Ornithology from Aristotle to the Present*. Cambridge, MA: Harvard University Press.

Surovell, T., and N. Waguespack. 2009. Human Prey Choice in the Late Pleistocene and Its Relation to Megafaunal Extinctions. In G. Haynes, ed., *American Megafaunal Extinctions at the End of the Pleistocene*. New York: Springer, 77 – 105.

Synge, M. B. 1897. *Captain James Cook's Voyages around the World*. London: Thomas Nelson and Sons.

Tansley, A. 1923. *Practical Plant Ecology*. London: Allen & Unwin.

Thiem, J. 1979. The Great Library of Alexandria Burnt: Towards the History of a Symbol. *Journal of the History of Ideas* 40: 507 – 26.

Thomas, N. 2003. *Discoveries: The Voyages of Capt. James Cook*. London: Penguin.

Thomas, P. D. 1996. Thomas Jefferson, Meriwether Lewis, the Corps of Discovery and the Investigation of Western Fauna. *Transactions of the Kansas Academy of Sciences* 99: 69 – 85.

Thompson, E. T. 1901. *Lives of the Hunted, Containing a True Account of the Doings of Five Quadrupeds & Three Birds*. New York: Charles Scribners Sons.

Thoreau, H. D. 1863 [1842]. Natural History of Massachusetts. In H. D. Thoreau, ed., *Excursions*. Boston: Ticknor and Fields, 26 – 46.

————. 1873 [1849]. *A Week on the Concord and Merrimack Rivers*. New and rev. ed. Boston: James Osgood and Co.

————. 1883 [1863]. *Excursions*. Boston: Houghton Mifflin & Co.

————. 1887 [1860]. *The Succession of Forest Trees & Wild Apples: With a Biographical Sketch by R. W. Emerson*. Boston: Houghton Mifflin & Co.

————. 1907. *The Writings of Henry David Thoreau*: *Journals*. Vol. 9: *August 16*, *1856 - August 7*, *1857*. Ed. B. Torrey. Boston and New York: Houghton Mifflin & Co.

————. 1910 [1854]. *Walden*. Ed. R. M. Alden. New York: Longmans, Green, and Co.

————. 1993 [1854]. *Walden*. New York: Random House.

Thorndike, L. 1914. Roger Bacon and Experimental Method in the Middle Ages. *Philosophical Review* 23: 271 - 98.

————. 1916. The True Roger Bacon II. *American Historical Review* 21: 468 - 80.

————. 1922. Galen: The Man and His Times. *Scientific Monthly* 14: 83 - 93.

————. 1923. *A History of Magic and Experimental Science during the First Thirteen Centuries of Our Era*. 8 vols. New York: Columbia University Press.

Thorpe, T. E. 1894. *Essays in Historical Chemistry*. London: Macmillan and Co.

Tinbergen, N. 1963. On Aims and Methods of Ethology. *Zeitschrift für Tierpsychology* 20: 410 - 33.

Torrey, J. 1824. *A Flora of the Northern and Middle Sections of the United States*: *Or*, *A Systematic Arrangement and Description of All the Plants Hitherto Discovered in the United States North of Virginia*. New York: T. and J. Swords.

Trompf, G. 1973. The Concept of the Carolingean Renaissance. *Journal of the History of Ideas* 34: 3 - 26.

Trotter, S. 1903. Notes on the Ornithological Observations of Peter Kalm. *Auk* 20: 249 - 62.

Turner, W. 1903 [1544]. *Turner on Birds*: *A Short and Succinct History of the Principal Birds Noticed by Pliny and Aristotle*. Ed. A. H. Evans. Cambridge: Cambridge University Press.

Uglow, J. 2002. *The Lunar Men*. 2002. New York: Farrar, Straus and Giroux.

Van Horne, J., and N. Hoffman. 2004. *America's Curious Botanist*: *A Tercentennial Reappraisal of John Bartram (1699 - 1777)*. *Memoirs of the American Philosophical Society*, series 243. Philadelphia: American Philosophical Society.

Vila, R. C. Bell, R. Macniven, B. Goldman-Huertas, et al. 2011. "Phylogeny and Palaeoecology of *Polyommatus* Blue Butterflies Show Beringia Was a Climate-Regulated Gateway to the New World. " *Proceedings of the Royal Society B*: *Biological Sciences*, doi 10: 1098/rspb 2010. 2213.

Voltaire, M. de. 1756. *An Essay on Universal History, the Manners, and Spirit of Nations*. Vol. 4 of 4. *From the Reign of Charlemaign to the Age of Lewis XIV*. London: General Books.

Vuilleumier, F. 2003. Neotropical Ornithology: Then and Now. *Auk* 120: 577 - 90.

Waguespack, N. 2005. The Organization of Male and Female Labor in Foraging Societies: Implications for Early Paleoindian Archaeology. *American Anthropologist* 107: 666 - 76.

————. 2007. Why We're Still Arguing about the Pleistocene Occupation of the Americas. *Evolutionary Anthropology* 16: 63 - 74.

Waguespack, N., and T. Surovell. 2003. Clovis Hunting Strategies, or How to Make Out on Plentiful Resources. *American Antiquity* 68: 333 - 52.

Walker, D. A. 1888. The Assyrian King, Asurbanipal. *Old Testament Student* 8: 57 - 62, 96 - 101.

Wallace, A. R. 1853. *Palm Trees of the Amazon and Their Uses*. London: John Van Voorst.

———. 1855. On the Law Which Has Regulated the Introduction of New Species. *Annals and Magazine of Natural History* 16: 184 - 96.

———. 1858. On the Tendency of Varieties to Depart Indefinitely from the Original Type. *Journal of the Proceedings of the Linnean Society* 3: 53 - 62.

———. 1869. *The Malay Archipelago: The Land of the Orang-Utan, and the Bird of Paradise: A Narrative of Travel with Studies of Man and Nature*. New York: Harper and Bros.

———. 1876. *The Geographical Distribution of Animals, with a Study of the Relations of Living and Extinct Faunas as Elucidating the Past Changes of the Earth's Surface*. 2 vols. New York: Harper and Bros.

———. 1880. *Island Life, or The Phenomena and Causes of Insular Faunas and Floras, Including a Revision and Attempted Solution of the Problem of Geological Climates*. London: Macmillan and Co.

———. 1889a. *Darwinism, an Exposition of the Theory of Natural Selection with Some of Its Applications*. 2nd ed. London: Macmillan and Co.

———. 1889b [1853]. *Travels on the Amazon and the Rio Negro, with an Account of the Native Tribes and Observations on the Climate, Geology, and Natural History of the Amazon Valley*. London: Ward, Locke, and Co.

———. 1899. *The Wonderful Century, Its Successes and Failures*. New York: Dodd, Mead and Co.

———. 1905. *My Life: A Record of Events and Opinions*. Vol. 1. London: George Bell and Sons.

———. 1907. *Is Mars Habitable? A Critical Examination of Professor Percival Lowell's Book "Mars and Its Canals" with an Alternative Explanation*. London: Macmillan and Co.

———. 1908. *My Life: A Record of Events and Opinions*. Vol. 2. London: Chapman and Hall.

———. 1915. *Letters and Reminiscences*. Ed. J. Marchant. New York: Harper and Bros.

Walls, L. D. 2009. *Passage to Cosmos: Alexander von Humboldt and the Shaping of America*. Chicago: University of Chicago Press.

Walters, S. M., and E. A. Stow. 2001. *Darwin's Mentor John Stevens Henslow, 1796 - 1861*. Cambridge: Cambridge University Press.

Walzer, R. 1953. New Light on the Arabic Translations of Aristotle. *Oriens* 6: 91 - 142.

Warner, S. 1982 [1946]. *The Portrait of a Tortoise, Extracted from the Journals of Gilbert White*. London: Avon Books.

Waterfield, G. 1963. *Layard of Nineveh*. London: John Murray.

Weher, E. , A. van der Werf, K. Thompson, M. Roderick, E. Garnier, and O. Eriksson.

1999. Challenging Theophrastus: A Common Core List of Plant Traits for Functional Ecology. *Journal of Vegetation Science* 10: 609 – 20.

Werf, E. V. 1992. Lack's Clutch Size Hypothesis: An Examination of the Evidence Using Meta-Analysis. *Ecology* 73: 1699 – 1705.

White, G. 1774. Account of the House Martin or Martlet, in a Letter from the Rev. Gilbert White to the Hon. Daines Barrington. *Philosophical Transactions of the Royal Society* 64: 196 – 201.

————. 1911 [1788]. *The Natural History and Antiquities of Selborne in the County of Southampton*. London: Macmillan and Co.

————. 1986. *The Journals of Gilbert White 1751 – 1773*. Vol. 1 of 3. Eds. F. Greenoak and R. Mabey. London: Century Hudson.

White, L. Jr. 1936. The Byzantinization of Sicily. *American Historical Review* 42: 1 – 21.

Wyhe, J. van. 2011. *The Complete Works of Charles Darwin Online*. http: //darwin-online. org. uk/EditorialIntroductions/Chancellor _ Humboldt. html. (Accessed July 2 2012.)

Williams, G. C. , and R. M. Nesse. 1991. The Dawn of Darwinian Medicine. *Quarterly Review of Biology* 66: 1 – 21.

Williams, R. M. 1994. Annie Montague Alexander: Explorer, Naturalist, Philanthropist. *Hawaiian Journal of History* 28: 113 – 27.

Williams-Ellis, A. 1966. *Darwin's Moon: A Biography of Alfred Russel Wallace*. London: Blackie and Sons.

Willughby, F. 1686. *Historia Piscum*. London: Royal Society of London.

Wilson, D. S. 1978. *In the Presence of Nature*. Boston: University of Massachusetts Press.

Wilson, E. O. 1994. *Naturalist*. Washington, DC: Island Press.

Winsor, M. P. 1991. *Reading the Shape of Nature: Comparative Zoology at the Agassiz Museum*. Chicago: University of Chicago Press.

Wittkower, R. 1942. Marvels of the East: A Study in the History of Monsters. *Journal of the Warburg and Courtald Institutes* 5: 159 – 97.

Wood, C. A. , and F. M. Fyfe, eds. 1943. *The Art of Falconry by Frederick II of Hohenstaufen*. Stanford, CA: Stanford University Press.

Wood, N. 1834. *Ornithologist's Textbook*. London: John W. Parker.

Wood, W. 1634. *New England's Prospect: A True, Lively, and Experimental Description of That Part of America Commonly Called New England: Discovering the State of That Countrie Both as It Stands to Our New-Come English Planters; and the Old Native Inhabitants*. London: Thomas Cotes.

Woodcock, G. 1969. *Henry Walter Bates, Naturalist of the Amazons*. London: Faber and Faber.

Woodruff, A. W. 1965. Darwin's Health in Relation to His Voyage to South America. *British Medical Journal* 1: 745–50.

Worster, D. 1993. *The Wealth of Nature: Environmental History and the Ecological Imagination*. Oxford: Oxford University Press.

———. 2001. *A River Running West: The Life of John Wesley Powell*. Oxford: Oxford University Press.

———. 2008. *A Passion for Nature: The Life of John Muir*. Oxford: Oxford University Press.

Yoon, C. K. 2009. *Naming Nature: The Clash between Instinct and Science*. New York: W. W. Norton.

Young, C. 2002. *In the Absence of Predators: Conservation and Controversy on the Kaibab Plateau*. Omaha: University of Nebraska Press.

Young, D. A. B. 1997. Darwin's Illness and Systematic Lupus Erythematosus. *Notes and Records of the Royal Society of London* 51: 77–86.

Zeder, M. A., and B. Hesse. 2000. The Initial Domestication of Goats (*Capra hircus*) in the Zagros Mountains 10,000 Years Ago. *Science* 287: 2254–57.

索 引

（索引中的页码为原著页码，即本书边码）

译后记

冯倩丽

　　翻译这本书的机缘，还要从 2017 年夏天说起。当时我正在康奈尔大学读研究生，课余是一个普普通通的自然爱好者。回国度暑假时应朋友相邀，带着一群小朋友和他们的爸爸妈妈在北大校园中认植物。为了避免在讲解中犯错，我提前在校园中观察踩点，又记录了一下想要旁征博引的内容，不知不觉写出一篇两万多字的长文。这篇文章发在网上，被刘华杰老师读到，便联系我翻译他丛书中的一本，《Deep Things out of Darkness》。当时的中译名还叫《彰显奥义》，我总觉得不完全贴切，因这个名字很像古印度经典《奥义书》。没想到后来刘老师福至心灵，想到了《探赜索隐》这个直击原书灵魂的好书名。此外，还要特别感谢刘华杰老师对我的信任，以及在过程中的鼓励和指点。

　　这本书是我的翻译处女作，很担心会交出一份糟糕的译稿，便一边翻译，一边找几个朋友来挑毛病。最初的一两章还有五六个朋友试读，坚持到了十六章完结却只有一人：我在山鹰社的朋友祝锦杰。小祝的批注极为精准，不仅揪出很多错漏，还用流畅优美的文笔帮我润色语言。翻译最开始的两三章时，总能收获来自小祝密密麻麻的订正。那时才知道，小祝本人已经是有几本译著面世的专业译者了。既佩服，又赧颜的我，只好继续认真翻译，不放过每一处疑惑，到后期渐入佳境，甚至偶尔还能在批注里见到几处表扬。此外还有拿不准的段落，我就通过邮件向作者安德森请教，也很快收到了非常详尽的解答。

翻译是一件极需要耐心和时间的事业，可翻译期间我的课业很重，只能在两节课的间隙，坐在草坪上啃三明治的午休和终于写完作业的深夜等碎片时间见缝插针地译上几段。有一次师生四五人傍晚开车从伊萨卡前往巴尔的摩调研，我在后排一直用笔记本电脑做翻译。老师在副驾打趣道："你在研究什么？我一路上都能从挡风玻璃上看到屏幕照亮你的脸。"同年，和男朋友驱车两千多公里纵穿美国南北游玩，一路上都和这本书做伴，伴随着美丽的公路风景，每天一口气能译五千余字，直到笔记本没电为止。

我在旅行中翻译，也在翻译中旅行。随着这本书，我穿越三千年的光阴，和那些博物学史上最了不起的思想家和探险家们一起云游四海，经常因精彩的故事而身心振奋，不忍释卷。循着这本书，我嗅到了吞没老普林尼的庞贝火山灰气味，听见了吉尔伯特·怀特在观测金星凌日时身畔的夜莺啼转，感受到了洪堡和邦普兰亲身试验电鳗时遭受的强烈电击，也沉浸在约翰·缪尔毕生保护的约塞米蒂浩瀚的寂静。正如作者所说，历史是由故事和人的遭际连缀而成的链条，通过它，我们不仅可以了解史实，也可以了解历史背后的环境和情感。我们每个人都是历史的链条上的一环，从身边走向世界，写下一段段传奇。

在翻译这本书的过程中，我感受到了自己这个普普通通的自然爱好者的蜕变。我开始热爱使用 iNaturalist 记录身边的物种，也用画笔去捕捉相机抓不住的万物生灵之美。作者的参考文献是一座宝库，大大扩充了我的博物书籍"想读"列表。翻译期间，我自己的一本记录从植物的名字中发现的诗意的小书也得以出版，写作过程中亦受到书中查尔斯·达尔文的祖父伊拉斯谟·达尔文的植物诗的启发。在给中国读者的赠言中，作者安德森写道："如果这本书能激发你旅行的热望，无论去环游世界还是观赏自家花园，对我而言就是这本书的成功。"至少对我而言，他确实做到了。我深深体会到，自然如同精神世界的氧气，若长久脱离，便会萎靡颓丧。反之，只要风还在吹，水还在流，世界上还有花在开放，我便能感受到体内生命力的狂流。

译稿初稿在 2018 年年底完成，但 2020 年底才正式进入编辑流程。2019 年年初，因担心初稿质量，我也曾撤回初稿，又自己仔细校对过一遍。如果这本书中还有翻译问题，请各位读者原谅！非常欢迎指出我的错误（我的邮箱是 fengqianli1992@outlook.com），让我从中学习！

作为一名职业设计师，我也为本书设计了封面，希望把它作为送给原作者和读者的一份礼物。

最后，衷心感谢上海交大出版社的唐宗先编辑。她的耐心、严谨和专业保证了这本书的质量。